卓越工程师培养计划规划教材

iOS 应用开发基础教程

钟元生　曹　权　万念斌　编著

电子工业出版社
Publishing House of Electronics Industry
北京·BEIJING

内 容 简 介

本书介绍了 iOS 开发的基本知识,从开发环境搭建、Objective-C 基础知识的讲解,到 iOS 开发中的基础界面编程以及高级编程,最后通过一个综合实例讲解 iOS 开发的模块开发过程。

本书内容由浅至深、循序渐进,主要包括:iOS 简介与环境搭建,Objective-C 基础,Objective-C 面向对象方法实现,iOS 开发常用设计模式,iOS 基础界面编程,iOS 高级界面编程,iOS 视图控制器的使用,图形与图像处理,iOS 中的数据存储,iOS 网络编程,AVFoundation 的使用,GPS 位置服务与地图编程,以及综合编程案例。

本书可以作为高等院校相关课程的教材,也可作为 iOS 开发人员的参考书。

未经许可,不得以任何方式复制或抄袭本书之部分或全部内容。
版权所有,侵权必究。

图书在版编目(CIP)数据

iOS 应用开发基础教程 / 钟元生,曹权,万念斌编著. —北京:电子工业出版社,2015.9
ISBN 978-7-121-27277-6

Ⅰ. ①i… Ⅱ. ①钟… ②曹… ③万… Ⅲ. ①移动终端—应用程序—程序设计—高等学校—教材 Ⅳ. ①TN929.53

中国版本图书馆 CIP 数据核字(2015)第 229053 号

策划编辑:章海涛
责任编辑:任欢欢
印　　刷:北京七彩京通数码快印有限公司
装　　订:北京七彩京通数码快印有限公司
出版发行:电子工业出版社
　　　　　北京市海淀区万寿路 173 信箱　邮编　100036
开　　本:787×1 092　1/16　印张:18.5　字数:473.6 千字
版　　次:2015 年 9 月第 1 版
印　　次:2023 年 8 月第 4 次印刷
定　　价:43.00 元

凡所购买电子工业出版社图书有缺损问题,请向购买书店调换。若书店售缺,请与本社发行部联系,联系及邮购电话:(010)88254888。
质量投诉请发邮件至 zlts@phei.com.cn,盗版侵权举报请发邮件至 dbqq@phei.com.cn。
服务热线:(010)88258888。

阅 读 指 南

本书从 iOS 开发入门知识展开，帮助读者快速入门。前提是读者对 iOS 开发有一些了解，学习过 C 语言，具有一定的编程语言基础。如没有任何编程基础，也可以阅读本书，书中有两章内容能够帮助读者快速掌握 Objective-C 编程语言。

本书所有代码均可下载，包括程序源代码和程序中需要用到的图片资源等。在您阅读本书时，请按照章节设置顺序进行阅读，以快速入门，不建议直接打开源代码运行效果。

书中的例子都是使用 Xcode 中 Single View Controller 模板进行创建的，因为该模板提供了一个单视图控制器的模型和 Storyboard，读者可直接运行。但为了让读者更深入地了解根视图控制器的创建过程，代码中增加了在 AppDelegate 中创建根视图控制器的过程。

书中的例子在非 ARC 机制下运行，所以需要手动管理内存，若在创建应用时使用的是 ARC 机制，则建议在 Building Setting 中将内存管理机制设置为非 ARC。

为了方便学习、交流与实现资源共享，相关资源提供免费下载，网址为 http://www.xs360.cn/book。

如对本书有任何意见与疑问，或在学习中遇到问题，可以通过 QQ 群：262779381 或 QQ：443832025、645595894 与我们联系。

前　　言

随着移动互联网技术的快速发展，国家积极推进"互联网+"产业，移动互联网行业发展日新月异。而 iOS 开发作为 App 开发中的重点，因而成为了更多互联网公司关注的热点。

iOS 开发技术更新速度较快，但是基础技术变化不大，我们编写此书的目的就是能够让对 iOS 开发感兴趣的读者快速地步入 iOS 开发大门。相比于其他同类教材，本书具有以下特点：

（1）在讲述 iOS 开发的同时加入了 Objective-C 基础知识的讲解，能够让没有编程基础的读者快速了解、掌握 Objective-C 的知识，从而进行 iOS 开发。

（2）本书内容基本涵盖 iOS 开发涉及的所有知识，内容较为基础，学习的难度总体来说不大，跟随本书章节设置，读者能够顺利掌握 iOS 开发的技术。

（3）通过相关技术的学习，参与到项目开发中，读者可提高动手能力，增强技术开发的信心。

本书由钟元生、曹权、万念斌担任主编，负责全书的方案设计、内容策划、细节把握、质量控制和统编定稿工作。各章分工如下：万念斌负责第 1 章的编写，曹权负责第 3 章、第 5~13 章的编写，钟元生完成第 2 章、第 4 章并参加了其他各章的编写。任祥旭参与了全书程序代码运行与验证等工作，曹权负责全书的排版工作。

通过本书的学习，读者在 iOS 开发道路上会有较大进步。希望本书的出版为"iOS 开发"相关课程的任课教师提供支持，方便备课，提高教学效果；希望为 iOS 开发者快速掌握开发技术提供帮助。

编　者

于江西财经大学麦庐园

目　　录

第1章　iOS 简介与环境搭建 ··············1
1.1　初识 iOS ··············1
1.1.1　iOS 的发展历程 ··············1
1.1.2　iOS 的功能特性 ··············2
1.1.3　iOS 8 的新特性 ··············3
1.2　搭建 iOS 开发环境 ··············4
1.3　开发第一个 iOS 应用程序 ··············4
1.3.1　Xcode 工作区窗口 ··············4
1.3.2　新建 Xcode 项目 ··············6
1.3.3　运行应用程序 ··············9
1.4　iOS 应用程序结构分析 ··············10
本章小结 ··············11
习题 1 ··············11

第2章　Objective-C 基础 ··············12
2.1　Objective-C 基本数据类型和表达式 ··············12
2.1.1　标识符、变量和常量 ··············12
2.1.2　局部变量和实例变量 ··············15
2.1.3　基本数据类型 ··············17
2.3　循环与选择结构 ··············22
2.4　数组和字典 ··············25
2.4.1　数组（NSArray）··············25
2.4.2　字典（NSDictionary）··············29
本章小结 ··············31
习题 2 ··············31

第3章　Objective-C 面向对象方法实现 ··············32
3.1　对象、类、方法介绍 ··············32
3.2　继承 ··············36
3.2.1　@property 属性和点语法 ··············36
3.2.2　类的继承 ··············38
3.3　多态、动态类型和动态绑定 ··············40
3.3.1　多态 ··············40

3.3.2　动态类型 ·· 42
　　3.3.3　动态绑定 ·· 43
3.4　对象的复制 ··· 45
　　3.4.1　系统类的复制 ·· 45
　　3.4.2　深拷贝和浅拷贝 ·· 47
3.5　iOS 中的内存管理 ·· 48
　　3.5.1　内存管理基础知识 ··· 48
　　3.5.2　引用计数 ·· 49
　　3.5.3　自动释放池和 ARC ·· 52
本章小结 ··· 55
习题 3 ·· 55

第 4 章　iOS 开发常用设计模式 ·· 56
4.1　协议代理设计模式 ·· 56
4.2　通知与 KVO 机制 ··· 61
　　4.2.1　通知（NSNotification） ·· 61
　　4.2.2　KVO ··· 62
4.3　MVC 模式 ··· 63
本章小结 ··· 64
习题 4 ·· 64

第 5 章　iOS 基础界面编程 ·· 65
5.1　UIWindow 和 UIView ·· 65
　　5.1.1　窗口和视图 ·· 68
　　5.1.2　iOS 坐标系统 ··· 70
　　5.1.3　视图的层次关系及常用属性 ·· 72
　　5.1.4　UIView 中的 layer 属性 ··· 78
　　5.1.5　内容模式属性（ContentMode） ·· 81
5.2　常用 UIView 控件的使用 ·· 83
　　5.2.1　UILabel ··· 83
　　5.2.2　UIControl ·· 86
　　5.2.3　UISlider ·· 96
　　5.2.4　UISegmentedControl 和 UIPageControl ··· 98
　　5.2.5　UIActivityIndicatorView ·· 103
5.3　UIAlertView 和 UIActionSheet ·· 105
本章小结 ··· 108
习题 5 ·· 108

第 6 章　iOS 高级界面编程 ... 109
6.1　UIImageView 图片控件 ... 109
6.2　UITableView 表视图控件 ... 112
6.2.1　UITableView 的创建 ... 113
6.2.2　UITableView 相关属性的使用 ... 120
6.2.3　表视图的编辑模式 ... 128
本章小结 ... 135
习题 6 ... 135

第 7 章　iOS 视图控制器的使用 ... 136
7.1　UIViewController 视图控制器 ... 136
7.1.1　视图控制器基本概念 ... 137
7.1.2　视图控制器的创建 ... 137
7.1.3　视图控制器的生命周期 ... 140
7.1.4　模态视图 ... 143
7.1.5　模态视图设计方法 ... 146
7.2　UINavigationController 导航控制器 ... 147
7.2.1　导航控制器介绍 ... 148
7.2.2　导航控制器的创建及方法属性的使用 ... 149
7.2.3　导航控制器实现视图之间的切换 ... 158
7.2.4　UIImagePickerController 的使用 ... 163
7.3　UITabBarController 分栏控制器 ... 166
7.3.1　UITabBarController 的创建 ... 167
7.3.2　UITabBarController 的常用属性 ... 170
7.3.3　UITabBarController 和 UINavigationController 的集成 ... 174
7.3.4　自定义 TabBar ... 176
7.4　视图间数据传递方式 ... 181
7.4.1　导航控制器属性传值方法 ... 181
7.4.2　协议传值方法 ... 184
7.4.3　通知传值方法 ... 186
7.4.4　NSUserDefaults 传值方法 ... 188
本章小结 ... 189
习题 7 ... 189

第 8 章　图形与图像处理 ... 190
8.1　简单图片浏览动画实现 ... 190
8.2　自定义绘图（Quartz 2D） ... 192
8.2.1　绘制线条 ... 193
8.2.2　绘制矩形 ... 195

		8.2.3 绘制圆形	197
8.3	iOS 动画		198
	8.3.1	UIView 动画效果的实现	198
	8.3.2	CATransition 动画效果的实现	202
本章小结			209
习题 8			210

第 9 章　iOS 中的数据存储 211

9.1	数据存储的基本方式		211
	9.1.1	数据存储基本方式介绍	211
	9.1.2	属性列表	211
9.2	沙盒（SandBox）和归档（Archive）		214
	9.2.1	沙盒机制	214
	9.2.2	归档	215
9.3	SQLite 数据库		219
	9.3.1	创建数据库表	220
	9.3.2	插入数据	221
	9.3.3	查询数据	223
9.4	获取网络资源		226
	9.4.1	NSData 方法	226
	9.4.2	NSURLRequest 方法	227
	9.4.3	ASIHttpRequest 方法	229
本章小结			230
习题 9			230

第 10 章　iOS 网络编程 231

10.1	HTTP 概述		231
10.2	HTTP 常用方法与使用		232
	10.2.1	同步 GET 方法	232
	10.2.2	异步 GET 方法	234
	10.2.3	同步 POST 方法	235
	10.2.4	异步 POST 方法	235
10.3	服务器返回数据 JSon 解析		236
	10.3.1	JSon 解析格式简介	236
	10.3.2	JSon 解析方法介绍	237
10.4	UIWebView 与 HTTP 综合使用		240
本章小结			244
习题 10			244

第 11 章 AVFoundation 的使用 ... 245
11.1 AVFoundation 介绍 ... 245
11.2 视频与音频播放的方式 ... 245
11.2.1 视频播放 ... 245
11.2.2 音频播放 ... 248
11.3 音乐播放器 ... 248
11.3.1 基本界面的搭建 ... 248
11.3.2 音乐播放功能实现 ... 252
11.3.3 音乐播放相关信息显示 ... 256
本章小结 ... 259
习题 11 ... 259

第 12 章 GPS 位置服务与地图编程 ... 260
12.1 GPS 位置服务编程 ... 260
12.2 MKMapView 编程 ... 263
12.3 MKAnnotation 标注的使用 ... 266
本章小结 ... 269
习题 12 ... 269

第 13 章 综合编程案例 ... 270
13.1 创建推荐学校模块实例并进行界面布局 ... 271
13.2 省份选择功能实现 ... 275
13.3 网络接口读取 ... 279
13.4 显示推荐结果 ... 280
本章小结 ... 282
习题 13 ... 283

参考文献 ... 284

第1章 iOS 简介与环境搭建

【教学目标】
- ❖ 了解 iOS 开发的相关知识
- ❖ 掌握 iOS 开发环境搭建的相关知识
- ❖ 运行第一个 iOS 程序

1.1 初识 iOS

iOS 是由美国苹果公司开发的移动操作系统。苹果公司早在 2007 年 1 月 9 日的 MacWorld 大会上发布了 iOS 系统，最初是设计给 iPhone 使用的，后来陆续套用到 iPod touch、iPad、Apple TV 等产品上。iOS 与苹果的 Mac OS X 操作系统一样，属于类 UNIX 的商业操作系统，原名为 iPhone OS，因为 iPad、iPhone、iPod touch 都使用 iPhone OS，所以在 2010 年苹果全球开发者大会上宣布将其改名为 iOS。

1.1.1 iOS 的发展历程

iOS 经过多年的不断发展和完善，现成为最受用户欢迎的主流手机操作系统之一。2007 年 6 月，苹果公司发布第一版 iOS 操作系统，名为"iPhone Runs OS X"。同年 10 月，苹果公司发布了第一个本地化 iPhone 应用程序开发包（SDK），此版本支持多点触控、虚拟键盘输入、邮件发送等功能。

2008 年 3 月，苹果公司发布了第一个测试版开发包，并且将"iPhone runs OS X"改名为"iPhone OS"。同年 9 月，苹果公司将 iPod touch 系统也换成了 iPhone OS。该版本添加了 APP Store、截图功能，支持手写输入、中文、Office 文档和计时器等功能。

2010 年 2 月，苹果公司发布 iPad，同样搭载了"iPhone OS"。同年，苹果公司重新设计了"iPhone OS"的系统结构和自带程序。

2010 年 6 月，苹果公司将"iPhone OS"改名为"iOS"，同时获得了思科 iOS 的名称授权。到 2010 年第四季度，苹果公司的 iOS 占据了全球智能手机操作系统 26%的市场份额。

2011 年 6 月，苹果公司发布了 iOS 5。该版本增加了联系人黑名单，把 Twitter 和 Siri 也整合到该系统中。自此，iOS 开始增加第三方应用。

2012 年 6 月，苹果公司在 WWDC 2012 大会上发布了 iOS 6，提供了超过 200 项新功能。

2013 年 6 月，苹果公司在 WWDC 2013 大会上发布了 iOS 7，几乎重绘了所有的系统

App，去掉了所有的仿实物化，整体设计风格转为扁平化设计，界面整体透露出简洁、动感、时尚之感。

2014 年 9 月，苹果公司在 WWDC 2014 大会上发布了 iOS 8，在 iOS 7 的界面基础上对一些常用功能进行了大幅的改进，增强了交互功能，如通知中心、短信功能等，同时添加了健康类应用、开放了输入法 API。图 1-1 为 iOS 8 的产品界面。

图 1-1　iOS 8 的产品界面

1.1.2　iOS 的功能特性

iOS 是一款优秀、先进的移动操作系统，具有简单易用的界面、令人惊叹的功能、超强的稳定性，已经成为 iPhone、iPad 和 iPod touch 的强大基础。尽管其他竞争对手一直努力追赶，但 iOS 内置的众多技术和功能让 Apple 设备始终保持着遥遥领先的地位。

iOS 的功能特性主要表现在以下 7 个方面。

1．界面直观优雅

苹果公司的产品（如 iPhone、iPad 和 iPod touch）容易操作，得益于 iOS 极具创新的 Multi-Touch 界面专为手指而设计。主屏幕简洁美观，从内置 App 到 App Store 提供的近百万款 App 和游戏，从进行 FaceTime 视频通话到用 iMovie 剪辑视频，用户所触及的一切，无不简单、直观、充满乐趣。

2．功能丰富

iOS 不断丰富的功能，内置 App 越来越多，让 iPhone、iPad 和 iPod touch 比以往更强大、更具创新精神，用户使用起来其乐无穷。

3．软件、硬件配置完美、高效

iPad、iPhone 和 iPod touch 的硬件和操作系统都是由苹果公司制造的，不需要考虑兼容性问题，可以让软件、硬件完美配置和高度整合。App 也能充分利用 Retina 显示屏、

Multi-Touch 界面、加速感应器、三轴陀螺仪、加速图形功能和更多的硬件加速功能。

4．数量庞大的移动 App

iOS 平台拥有数量庞大的移动 App，几乎每类 App 都有数千种，而且每种 App 都很出色。苹果公司为第三方开发者提供了丰富的工具和 API，使得第三方开发者设计的 App 能充分利用每部 iOS 设备蕴含的先进技术。苹果公司将所有 App 都集中在服务器中，使用 Apple ID 即可轻松访问、搜索和购买这些 App。用户需要做的只是在设备上访问 App Store，然后下载。

5．更新方便

iOS 免费更新，可以将其下载到 iPhone、iPad 或 iPod touch 上，更新非常方便。

6．高安全性

iOS 提供内置的安全性、专门设计的低层级的硬件和固件功能，用来防止恶意软件和病毒，同时提供高层级的 OS 功能，在访问个人信息和企业数据时确保安全性。

为了保护用户的隐私，从日历、通讯录、提醒事项和照片获取位置信息的 App 必须先获得用户的许可。用户可以设置密码锁，以防有人未经授权访问自己的设备，还可以进行相关设置，允许设备在多次尝试输入密码失败后删除所有数据。该密码会为用户存储的邮件自动加密和提供保护，并能允许第三方 App 为其存储的数据加密。iOS 支持加密网络通信，用于保护 App 传输过程中的敏感信息。如果设备丢失或失窃，可以利用"查找我的 iPhone"功能在地图上定位设备，并远程擦除所有数据。一旦 iPhone 失而复得，还能恢复上一次备份的全部数据。

7．内置众多辅助功能

引导式访问、VoiceOver 和 AssistiveTouch 功能，让更多的人可以体验 iOS 设备的迷人之处。例如，凭借内置的 VoiceOver 屏幕阅读技术，视力不佳的人可以听到其手指在屏幕上触摸到的项目说明。iOS 开箱即可支持 30 多种无线盲文显示屏，还能提供许多备受赞誉的辅助功能，如动态屏幕放大、隐藏式字幕视频播放、单声道音频、黑底白字显示等。

1.1.3 iOS 8 的新特性

iOS 8 是苹果公司推出的最新一代的 iOS 操作系统，其新特性主要表现在以下 5 方面。

① 扁平化。IOS 8 在 iOS 7 的扁平化外观的基础上进行了一些改动，增加了许多炫目的效果，让手机使用起来更加炫酷。

② 通知/控制中心。IOS 8 中，苹果公司修改了控制中心的外观以及一些细节部分。通知中心还添加了插件编辑功能，用户可以根据自己的需求增减通知中心里插件显示的内容。

③ 拍照。iOS 8 对拍照功能进行了大幅优化，在拍照的选项中提供了自动补光、智能曝光，还在照片处理中增加了照片着色、主题风格、光效、颜色以及图片裁剪、旋转等功能。

④ 开放输入法 API。在用户强烈的要求下，苹果公司终于开放了输入法 API，用户现在可以选择自己喜欢的输入法了。

⑤ 健康应用。在人们越来越关注自身健康的趋势下，iOS 系统通过健康应用的数据平

台与移动应用相结合,用户可以方便地查看自身健康状况,获取相应的医疗服务。

1.2 搭建 iOS 开发环境

若要在 iOS 系统中开发应用程序,就需要下载并安装 iOS SDK 和开发工具 Xcode。Xcode 是苹果公司的开发工具,可用于管理工程、编辑代码、构建可执行文件,它是一个集成开发环境(IDE),也可进行源代码调试、管理、性能调节等。iOS SDK 一开始是与 Xcode 独立发布的,从 Xcode 3.1 开始,Xcode 已经集成了 SDK,也就是说,用户下载 Xcode 后就不需要再下载 SDK。每个 SDK 会对应当前最新版本的 iOS 系统,因此在开发的时候尽可能选择新的开发环境,使得 App 可以适应新的系统。

Xcode 是一个集成开发环境(IDE),与 Eclipse 一样,可用于创建和管理 iOS 的项目、源文件,可将源代码编译为可执行文件,可在设备(或模拟器)运行代码或调试代码。

打开 App Store,在搜索栏中输入 Xcode,即可找到当前最新版本的 Xcode。下载并安装即可,图 1-2 是已经下载安装好的界面,直接打开即可进入 Xcode。

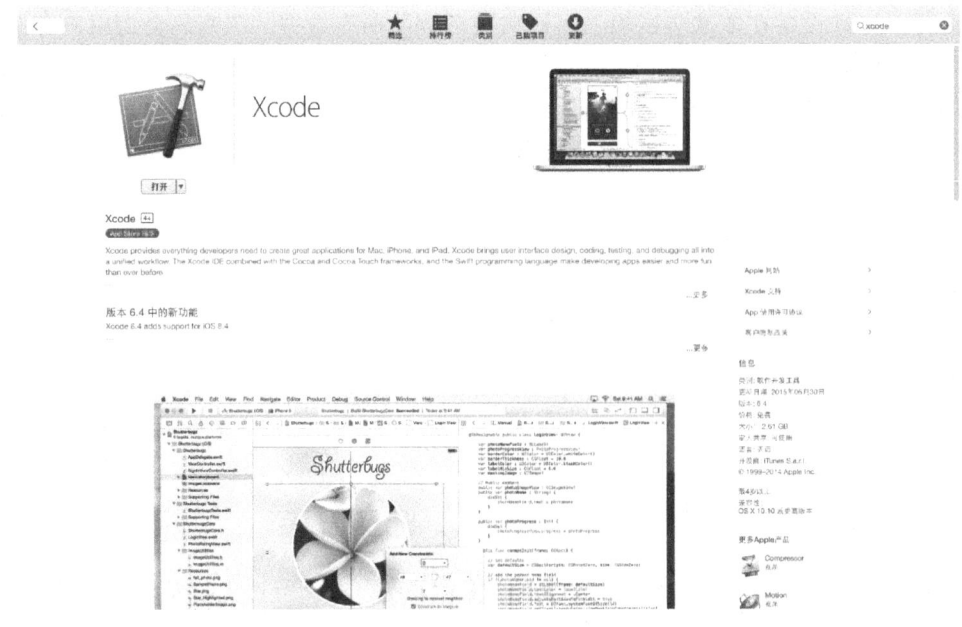

图 1-2 下载 Xcode

1.3 开发第一个 iOS 应用程序

1.3.1 Xcode 工作区窗口

Xcode 的工作区窗口(如图 1-3 所示)分为上、下两部分,上部分为工具栏,下部分从左到右分别为导航器区域、编辑器区域和实用工具区域,不同区域担负着不同职责与功能。

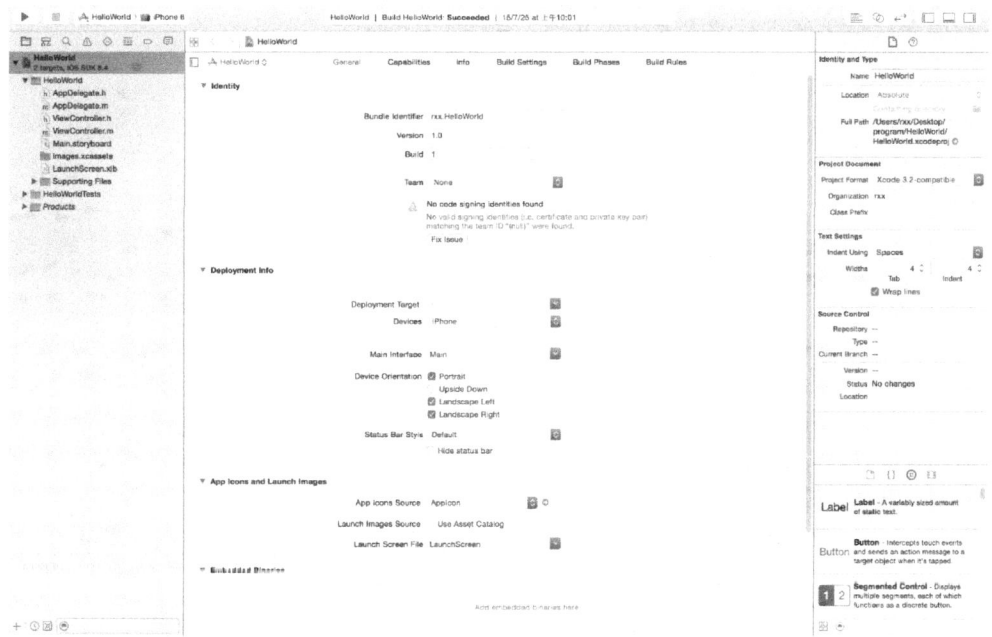

图 1-3 Xcode 的工作区窗口

工具栏左侧依次是用于启动和停止项目运行的控制按钮、用于选择运行方案的下拉菜单以及用于启动和禁用断点的按钮；工具栏中间的大方框是活动视图，用来显示当前正在进行的操作或处理；工具栏右侧是标准/辅助视图切换按钮、控制导航面板和实用工具面板的显示与隐藏按钮、打开 Organizer 窗口按钮，如图 1-4 所示。

图 1-4 工具栏

导航器区域有项目导航面板、符号导航面板、搜索导航面板、问题导航面板、调试导航面板、断点导航面板、日志导航面板。不同面板提供不同配置，供开发者从不同的视角查看项目，单击导航器区域顶部的图标可以在不同导航面板中进行切换，如图 1-5 所示。

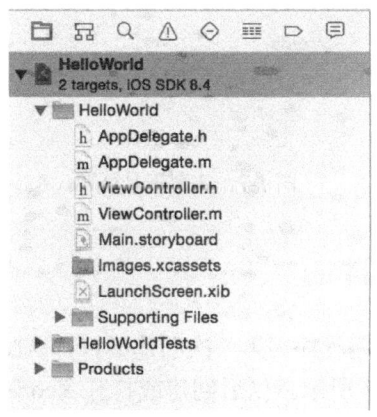

图 1-5 导航器区域

编辑器区域主要进行编辑源代码文件，如图 1-6 所示。

```
//
//  main.m
//  HelloWorld
//
//  Created by sirwan on 15-2-28.
//  Copyright (c) 2015年 ___FULLUSERNAME___. All rights reserved.
//

#import <UIKit/UIKit.h>

#import "HelloWorldAppDelegate.h"

int main(int argc, char * argv[])
{
    @autoreleasepool {
        return UIApplicationMain(argc, argv, nil, NSStringFromClass([HelloWorldAppDelegate class]));
    }
}
```

图 1-6　编辑器区域

实用工具区域主要用于打开、关闭实用工具面板，与检查器面板类似，它也是上下文相关的，其内容随着编辑器面板的显示内容而变化，如图 1-7 所示。

图 1-7　实用工具区域

1.3.2　新建 Xcode 项目

〖步骤 1〗 打开 Xcode 应用程序。第一次创建或打开 Xcode 项目会出现一个 "Welcome to Xcode" 欢迎窗口，如图 1-8 所示。以后创建或打开 Xcode 项目时会出现一个项目窗口。

图 1-8 "Welcome to Xcode" 欢迎窗口

〖**步骤 2**〗新建应用程序窗口。在"Welcome to Xcode"欢迎窗口中单击"Create a new Xcode project"行，或选择"File"→"New"→"New project"选项（或按快捷键 Shift+Command+N），Xcode 将打开一个新窗口并显示对话框（如图 1-9 所示），在左侧选择"Application"选项，在右侧选择"Single View Application"选项，然后单击"Next"按钮，弹出一个新对话框。

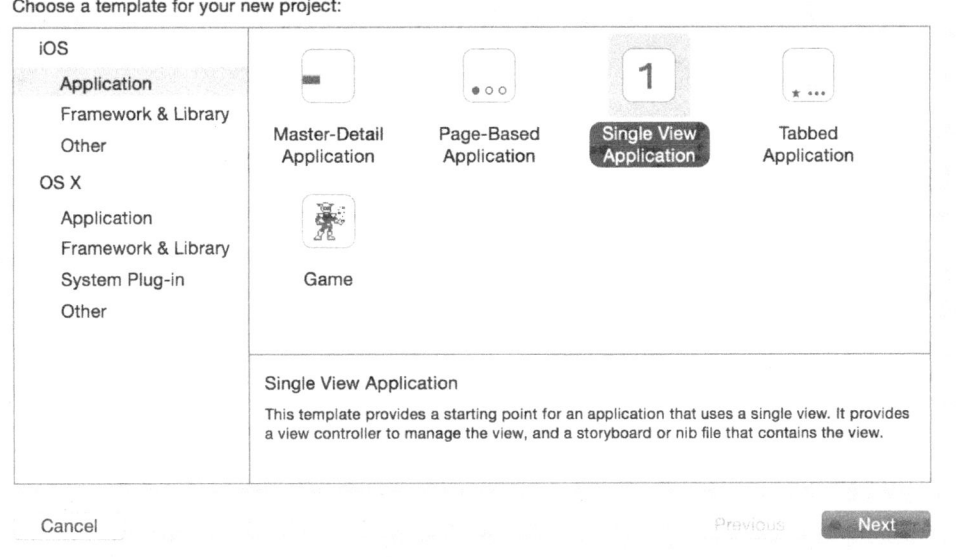

图 1-9 新建应用程序对话框

Xcode 中内置了一些应用程序模板，可以使用这些模板开发常见类型的 iOS 应用程序。如"Tabbed Application"模板可以创建类似 iTunes 的应用程序，"Master-Detail Application"

模板可以创建类似邮件的应用程序。

〖步骤 3〗 填写项目信息。在"Product Name"栏中输入项目名（如 Hello World），在"Organization Name"栏中输入机构名称（如用户的英文名称或公司机构的简写），在"Organization Identifier"栏中输入机构标识符，一般形式为 com.Company Name，在"Language"栏中选择"Objective-C"，在"Devices"栏中选择"iPhone"，如图 1-10 所示。

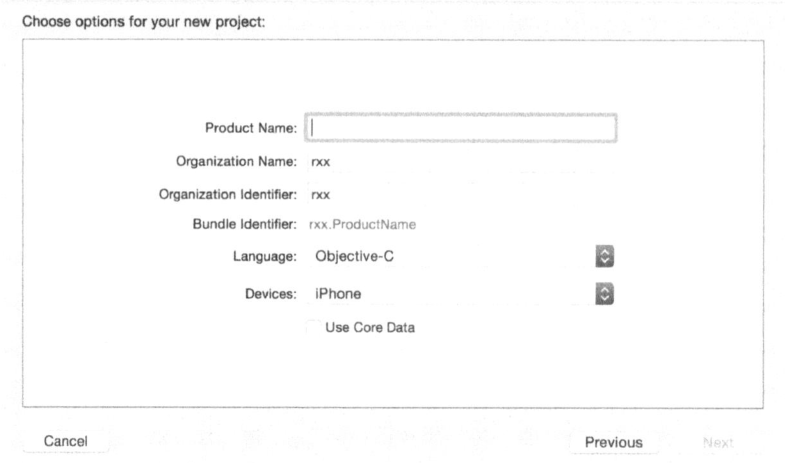

图 1-10 填写项目信息对话框

〖步骤 4〗 单击"Next"按钮，弹出一个新的对话框，用来指定项目存储的位置，如图 1-11 所示。不选择"Source Control"选项，然后单击"Create"按钮，将弹出新的项目窗口，如图 1-12 所示。

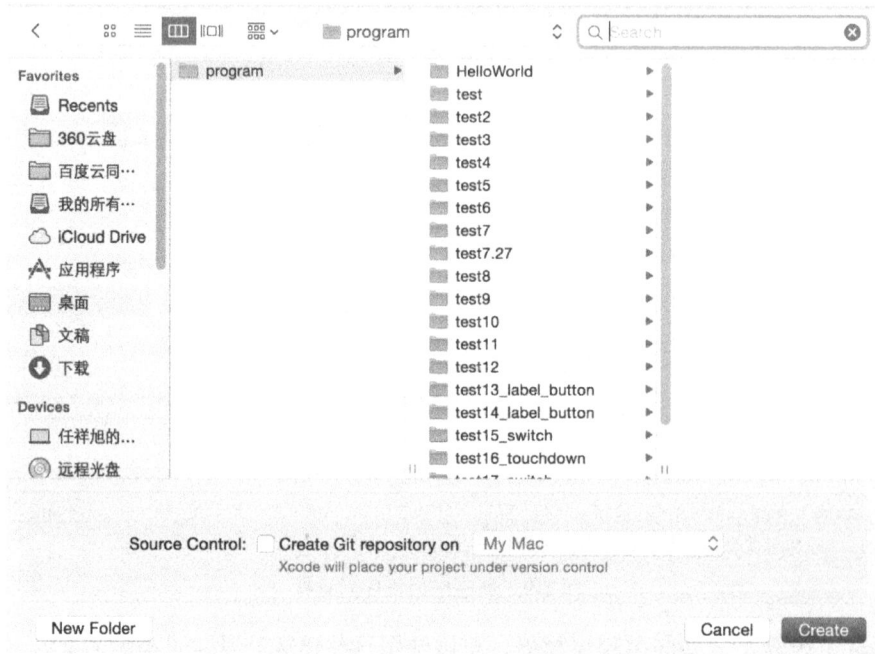

图 1-11 指定项目存储的位置窗口

第 1 章　iOS 简介与环境搭建

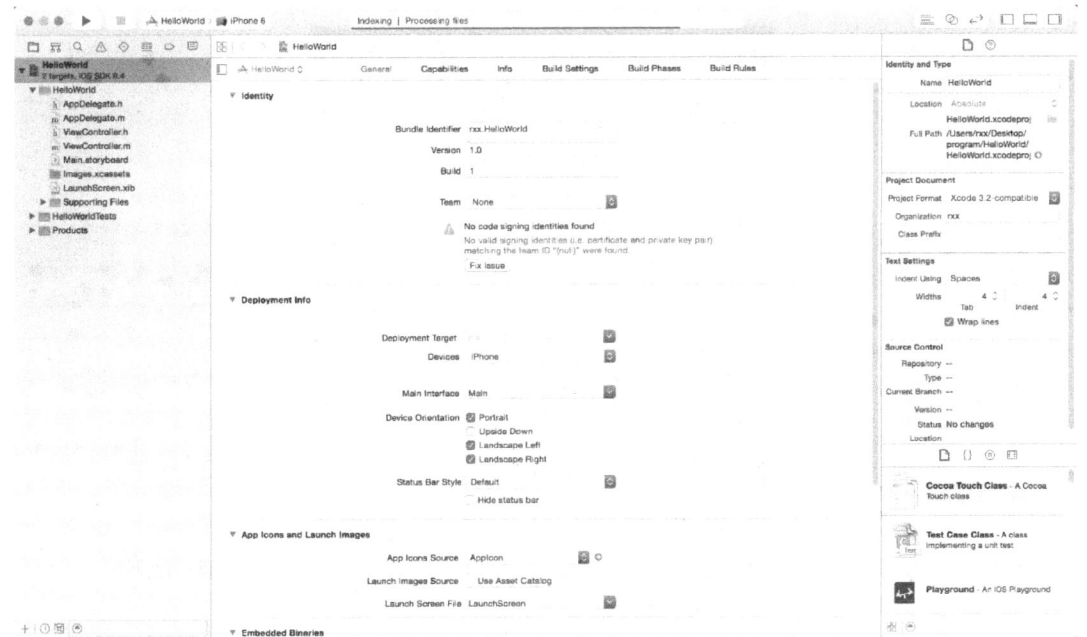

图 1-12　打开新项目窗口

1.3.3　运行应用程序

即使不编写任何代码，也可以构建应用程序。运行应用程序有两种方式：iPhone Simulator SDK 和 iPhone Device SDK。iPhone Simulator SDK 通过此 SDK 来构建的应用程序运行在 iPhone Simulator（模拟器）下，iPhone Device SDK 通过此 SDK 来构建的应用程序运行在 iPhone Device（iPhone 设备）下。如果没有 iPhone Device，建议使用 iPhone Simulator，模拟器可模拟应用程序在 iPhone 设备上运行，让开发者了解应用程序的外观和行为。操作如下。

〖步骤 1〗　在 Xcode 工具栏的"Scheme"弹出式菜单中选择"HelloWorld"→"iPhone Retina(4-inch)"选项。如果弹出式菜单中该选项未被选定，可以将它打开，然后从菜单中选择"iPhone Retina(4-inch)"选项，如图 1-13 所示。

图 1-13　设置运行模拟设备

〖步骤 2〗　单击 Xcode 工具栏中的"Run"按钮，或选择"Product"→"Run"选项。在 Xcode 生成项目后，模拟器会自动启动。因为指定的是 iPhone 产品而非 iPad 产品，所以模拟器会显示一个类似 iPhone 的窗口。在模拟 iPhone 屏幕上，用模拟器打开应用程序，运行结果如图 1-14 所示。

图 1-14　程序运行结果

1.4　iOS 应用程序结构分析

一个简单的 Xcode 项目 HelloWorld 包含 HelloWorld、Supporting Files、HelloWorldTests、Products 等文件夹，如图 1-15 所示。

图 1-15　项目文件结构

HelloWorld 文件夹是第一个文件夹，以项目名来命名，包含了应用程序的大部分代码以及用户界面文件，可以在该文件夹下创建子文件夹。

Xcode 中扩展名为.m 的文件是源程序文件，相当于.java、.c、.cpp 等。

Xcode 中扩展名为.h 的文件是头文件，文件 HelloWorldAppDelegate.h 和 HelloWorldAppDelegate.m 是实现应用程序委托。委托是负责为其他对象处理特定任务的对象，能够在某些预定时间点为 UIApplication 类调用。这两个文件是由 Single View Application 模板提供的。

HelloWorldViewController 是视图控制器，由 Single View Application 模板提供，应用程序启动时首先载入视图控制器，视图控制器由 HelloWorldViewController 对象来管理。

Main.storyboard 文件主要用于描述应用程序中有哪些界面、界面有哪些控件和事件以及界面之间的导航关系。

Images.xcassets 主要用于存放图片资源，用户的图片资源可以存放在这里，使用的时候进行调用即可。

Supporting Files 文件夹包含项目中必需的非 Objective-C 类的源代码文件和资源文件。

HelloWorld-Info.plist 文件是一个属性列表，包含应用程序相关的各种信息。

Info.plist 文件是文本文件，包含可能被信息属性列表引用到的可读字符串。

main.m 文件为整个应用程序执行的入口文件。main.m 文件中有 main()方法，通常不需要编辑或修改该文件。

HelloWorldTests 是测试文件夹，对程序测试时使用。本书中基本不涉及这方面的知识。

Products 文件夹包含构建项目时生成的应用程序。展开该文件夹，可以看到一个名为 HelloWorld.app 的文件，它就是项目创建出来的应用程序。

本章小结

本章讲述了 iOS 的发展历程、功能特性和 iOS7 的新特性，重点介绍了 iOS 开发环境的搭建、创建，并运行第一个 iOS 应用程序，分析了 iOS 应用程序的结构。后面的章节将会依据本章重点内容由易到难逐步展开介绍，可以基于 iOS 框架开发出更多、更好的应用程序。

通过本章的讲解，读者可以对 iOS 编程有一个基本的认识，并且掌握 Xcode 开发工具的基本操作界面。

习题 1

1. 在 Apple 官网下载最新 Xcode，搭建 iOS 开发环境。
2. 熟悉 Xcode 工具，掌握各工作区域的功能。
3. 在 Xcode 中新建一个项目，并实现 1.3 节的内容。

第 2 章　Objective-C 基础

【教学目标】
- ❖ 通过本章的学习，读者应了解 Objective-C 语言的基本概念与相关知识点的运用情况
- ❖ 能够了解并掌握 Objective-C 中基本数据类型与表达式的使用
- ❖ 掌握 Objective-C 中选择、判断和循环三种语言结构
- ❖ 对 Objective-C 中的数组与字典有充分认识，并掌握其基本方法的使用

经过第 1 章的学习，想必现在的你对 iOS 编程有了一定的认识，我们也试图通过一些例子让读者找到 App 应用中的乐趣，但现在并没有开始接触构建 App 的工具。"工欲善其事，必先利其器"，现在来共同了解 iOS 开发语言 Objective-C。

在 2015 年 5 月份公布的 TIOBE 编程语言排行榜上，Objective-C 排在第三位，仅次于 C 语言和 Java，而 Objective-C 还在呈现上升的趋势，这说明我们现在学习 Objective-C 也算是顺应时代的潮流。

Objective-C 最早是在 20 世纪 80 年代由 Brad J.Cox 设计的，以 SmallTalk-80 语言为基础。Objective-C 实际上是在 C 语言的基础上加上了一层，对 C 语言进行了扩展。

1988 年，NeXT 计算机公司获得了 Objective-C 语言的授权，并创建了语言库和开发环境，即 NEXTSTEP。

1996 年 12 月，苹果公司正式收购 NeXT 公司，Objective-C 语言正式被用于开发苹果系统的软件，NEXTSTEP/OPENSTEP 环境成为了苹果操作系统下一个主要发行版本 OS X 的基础。这个开发环境的版本被 Apple 公司称为 Cocoa，内置了对 Objective-C 语言的支持。

2.1 Objective-C 基本数据类型和表达式

2.1.1 标识符、变量和常量

1. 标识符

在编写程序过程中，经常需要定义一些变量，变量的要素要包括变量名、变量类型和作用域。例如，"int _num = 10;"语句的意思是定义了一个名为_num 的整型变量，并给它赋值为 10。定义变量的一般方法：

类型 变量名 = 初始值;

从本质上来说，变量是内存中的一小部分，用户通过变量名来访问该变量的区域，所以我们在使用变量前必须声明变量名并进行赋值。

在 Objective-C 中，将标识变量名、方法名和类名的有效字符称为**标识符**。在上述例子中，_num 是一个标识符。标识符可以由字母、数字、美元符号$和下画线组成，但标识符只能以字母、美元符号$和下画线开头，并且 Objective-C 中是区分大小写的，所以说变量 a 和变量 A 是两个不同的变量。一般在命名标识符时，最好做到"见名思义"，看到标识符名称时就能知道定义的变量的含义。还有很重要的一点要指出，就是不能以系统的关键字来命名标识符，这样也会报错，如 auto、char、int、enum 等。（在 Xcode 编写代码的过程中，Objective-C 中关键字在代码中会以特殊的颜色标出，读者也能清楚地看到标识符是否存在命名错误。）

下面列出一些变量名，读者可以一起来判断以下哪些是合法的变量名。

member   _ios   4u_u   #abc   float   u4

根据上面介绍的标识符命名规则可以轻松判断，member、_ios、u4 是合法的标识符，而 4u_u、#abc 和 float 是非法的标识符。

2. 变量

确定一个标识符之后，通常还要给它赋值，并确定类型。上述"int _num = 10"语句就是 Objective-C 的一种变量赋初值的方法。变量定义赋初值的一般形式如下：

类型说明符 变量a = 值1, 变量b = 值2, …；

注意，不允许给变量连续赋值，如 int a=b=c=5 是不合法的。

下面在 Xcode 的"Command Line"中定义一些变量并给它们赋初值。

〖**步骤 1**〗 在 Xcode 中新建一个项目，如图 2-1 所示。之后选择"Application"中的"Command Line Tool"命令行窗口，如图 2-2 所示。

图 2-1　在 Xcode 中新建项目

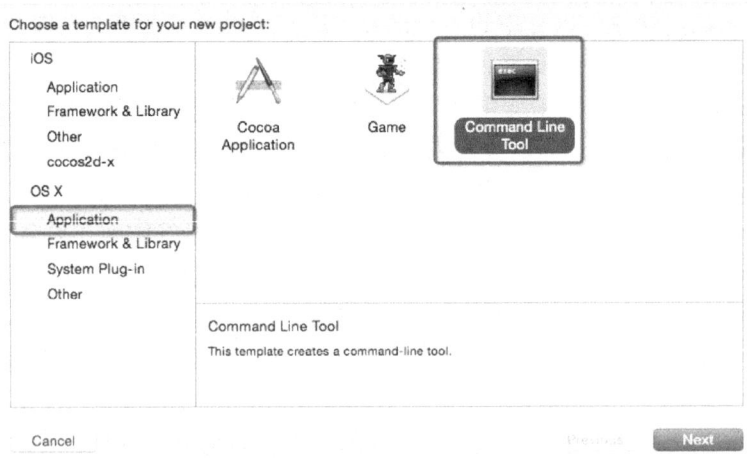

图 2-2 "Command Line Tool"命令行窗口

〖步骤 2〗 在 main.m 文件中的 main()方法中输入如下代码。

```
1.  #import <Foundation/Foundation.h>
2.  int main(int argc, const char * argv[])
3.  {
4.      @autoreleasepool {
5.          int a = 10, b, c = 8;
6.          b = a + c;
7.          NSLog(@"a = %d,b = %d,c = %d",a,b,c);
8.      }
9.      return 0;
10. }
```

〖步骤 3〗 代码输入完成后,单击导航栏中的"编译"按钮,运行代码,如图 2-3 所示。

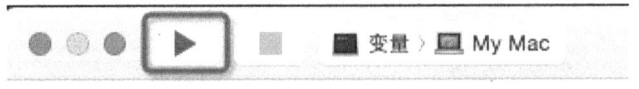

图 2-3 导航栏中的"编译"按钮

〖步骤 4〗 单击"编译"按钮之后,命令行输出如图 2-4 所示。

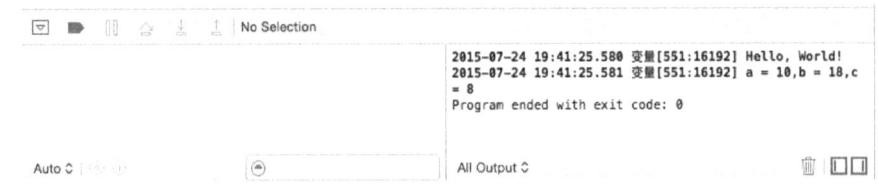

图 2-4 命令行输出

这样就定义了 3 个整型变量,并给它们分别赋了初值。

3. 常量

Objective-C 中的常量主要有 5 种:整型常量(如 12345)、实型常量(如 1.2345)、字符常量（如'a'）、字符串常量（如" abc "）、逻辑常量（如 true、false）。

注意字符常量与字符串常量的不同，字符常量是用单引号且引号中只有一个常量，而字符串常量用双引号引起，引号中可以由多个字符组成。在程序中使用较多的是后 3 种常量。

2.1.2 局部变量和实例变量

在 Objective-C 中我们将定义在方法或者语句内部的变量称为局部变量，而将定义在方法外部和类内部的变量称为实例变量或成员变量。下面举几个例子来说明这两种变量的区别。代码如下：

```
11. #import <Foundation/Foundation.h>
12. int main(int argc, const char * argv[])
13. {
14.     @autoreleasepool {
15.         int a = 10,b,c = 8;
16.         b = a + c;
17.     }
18.     NSLog(@" a = %d,b = %d,c = %d ",a,b,c);
19.     return 0;
20. }
```

我们在上述代码中调整了一下 NSLog 函数的位置，再来看代码，其中所示的三个变量 a，b，c 就是局部变量，它们都定义在一个大括号语句块内部，而在语句块外部又通过一个 NSLog 函数调用了这三个局部变量，这样肯定会出错。果不其然，在编译的时候，编译器就提示"Use of undeclared identifier 'a'"，因为局部变量的作用域范围就是在它定义的方法或语句块内部，离开了语句块内部，编译器就不认识它了。如果将 NSLog 函数移到语句块内或者在语句块外声明三个变量，这样就能顺利地通过编译了。

下面来介绍实例变量，在上面内容中也提到了，实例变量是定义在类内部或方法外部的。我们来创建一个类，右键单击项目选择"New File"项，如图 2-5 所示，然后选择"Cocoa Touch"类中的"Objective-C class"选项，如图 2-6 所示。

图 2-5　在项目中新建文件　　　　图 2-6　新建 Cocoa Touch 类

给新类命名之后,在.h 文件中定义一个实例变量(成员变量),然后这个变量就能在这个类的文件中使用了。

程序清单:SourceCode\02\instanceVariable\abc.h

```
1.  #import <Foundation/Foundation.h>
2.  @interface abc : NSObject
3.  {
4.      int a;
5.  }
6.  - (void)print;
7.  @end
```

程序清单:SourceCode\02\instanceVariable\abc.h

```
8.  #import "abc.h"
9.  @implementation abc
10. - (void)print
11. {
12.     NSLog(@"a = %d",a);
13. }
14. @end
```

程序清单:SourceCode\02\instanceVariable\main.m

```
15. #import <Foundation/Foundation.h>
16. #import "abc.h"
17. int main(int argc, const char * argv[])
18. {
19.     @autoreleasepool {
20.         abc *num = [[abc alloc]init];
21.         [num print];
22.     }
23.     return 0;
24. }
```

我们在类中定义了一个实例变量 a,在实现文件中实现了一个简单的打印 a 的函数,并且在主函数引入了 abc 这个类,这样就不需要在主函数中再定义变量了,然后又初始化了一个 abc 类的对象,通过对象 num 调用 print 函数。

如果是在真正的项目过程中,这样的写法会显得很烦琐,在这里只是通过这个例子让读者了解到实例变量的用法。

还有一个重要的知识点,实例变量不能在定义的时候初始化,如图 2-7 所示。

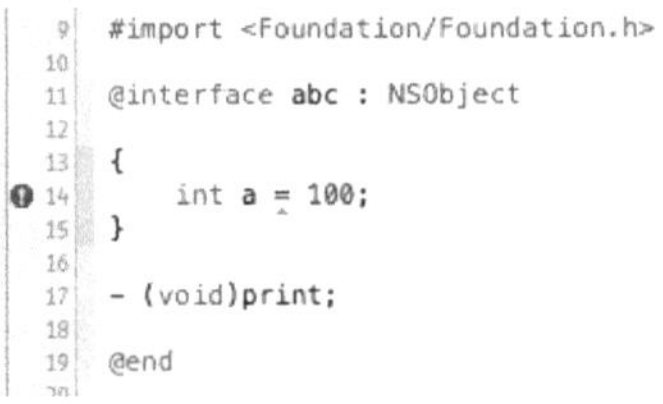

```
9   #import <Foundation/Foundation.h>
10
11  @interface abc : NSObject
12
13  {
14      int a = 100;
15  }
16
17  - (void)print;
18
19  @end
```

图 2-7 变量的初始化错误

如果在定义实例变量时给它赋值，编译器就会报错。如果要初始化实例变量，会有专门的方法，后面的内容里会详细介绍。而局部变量在定义的时候可以给它赋初值，这也是两者的区别之一。

2.1.3 基本数据类型

在前面的章节中我们介绍了 int 类型，下面介绍 Objective-C 中另外 3 种基本数据类型：float、double 和 char。还有一种特殊的类型 id 类型，id 类型的数据可以存储任何类型的对象，它是一般对象类型。

前 4 种基本数据类型 int、float、double 和 char 在实际中运用的比较少，因为 Objective-C 是面向对象的编程语言，所以更多的是要对对象进行操作，而这 4 个基本数据类型定义的变量不是对象，操作起来就会比较麻烦，效率比较低，在后面的内容中会介绍 Objective-C 提供的基本数据类。这里用一个例子来查看一下这几个基本数据类型的精度和所占字节数即可。在 Xcode 中新建 "Command Line Tool" 命令行窗口。

程序清单：SourceCode\02\dataType\main.m

```
1.  #import <Foundation/Foundation.h>
2.  int main(int argc, const char * argv[])
3.  {
4.      @autoreleasepool {
5.          int intVar = 100;
6.          float floatVar = 3.1415;
7.          double doubleVar = 3.13e+11;
8.          char charVar = 'A';
9.          NSLog(@"intVar = %d",intVar);
10.         NSLog(@"floatVar = %f",floatVar);
11.         NSLog(@"doubleVar = %e",doubleVar);
12.         NSLog(@"doubleVar = %g",doubleVar);
13.         NSLog(@"charVar = %c",charVar);
14.         NSLog(@"intVar = %ld",sizeof(intVar));
15.         NSLog(@"floatVar = %lu",sizeof(floatVar));
16.         NSLog(@"doubleVar = %lu",sizeof(doubleVar));
17.         NSLog(@"charVar = %ld",sizeof(charVar));
18.     }
19.     return 0;
20. }
```

控制台输出结果如下所示。

```
intVar = 100
floatVar = 3.141500
doubleVar = 3.130000e+11
doubleVar = 3.13e+11
charVar = A
```

```
intVar = 4
floatVar = 4
doubleVar = 8
charVar = 1
```

从上面打印出的结果,读者可以清楚地看到这 4 种基本数据类型的精度和所占内存大小。double 类型和 float 类型都能存储实型类型的变量,只是 double 所占字节数为 float 的 2 倍。在这里给出基本数据类型 NSLog 打印时的字符表,如表 2-1 所示。

表 2-1 基本数据类型

类型	NSLog 字符
char	%c
short int	%hi、%hx、%ho
int	%i、%x、%o
long int	%li、%lx、%lo
float	%f、%e、%g、%a
double	%f、%e、%g、%a
long double	%Lf、%Le、%Lg
id	%p

上述提到的数据类型 int、float、double、char 都是 Objective-C 中的基本数据类型,但它们不是对象,不能向它们发送消息。下面介绍 Foundation 框架中的一些用于数据对象处理的一些重要的类,这些数据对象能将基础类型进行封装,从而进行对对象的操作。

• NSNumber

要对 NSNumber 进行操作,首先要创建并初始化 NSNumber 对象,通常的创建方法有两种:一种是类方法,另一种是实例方法。类方法不需要用户进行手动的内存管理,而实例方法则需要用户手动的释放内存。下面一起来学习这两种方法。

类方法

程序清单:SourceCode\02\NSNumber\classMethod\NSNumber\main.m

```
1.  #import <Foundation/Foundation.h>
2.  int main(int argc, const char * argv[])
3.  {
4.      @autoreleasepool {
5.          //用类方法创建 NSNumber 对象
6.          NSNumber *ageNumber = [NSNumber numberWithInt:2];
7.          NSNumber *weightNumber = [NSNumber numberWithFloat:20.5];
8.          NSLog(@"ageNumber is %@",ageNumber);
9.          NSLog(@"weightNumber is %@",weightNumber);
10.     }
```

控制台输出结果如下所示。
```
ageNumber is 2
weightNumber is 20.5
```
现在就能对这些数字对象进行操作了，例如将它们放在数组、字典中，后面会进行讲解。

实例方法

程序清单：SourceCode\02\ NSNumber\instanceMethod\NSNumber\main.m

```
1.  #import <Foundation/Foundation.h>
2.  int main(int argc, const char * argv[])
3.  {
4.      @autoreleasepool {
5.          //用实例方法创建NSNumber对象
6.          NSNumber *ageNumber = [[NSNumber alloc]initWithInt:2];
7.          NSNumber *weightNumber = [[NSNumber alloc]initWithFloat:20.5];
8.          NSLog(@"ageNumber is %@",ageNumber);
9.          NSLog(@"weightNumber is %@",weightNumber);
10.     }
11.     return 0;
12. }
```

控制台输出结果和类方法的输出结果一致。以上就是两种创建 NSNumber 对象的方法。在封装之后要对数据进行解封，也就是将数字对象还原成 Objective-C 中的基本数据类型。

在实例方法基础上进行基础数据类型的还原。代码如下。

```
1.  #import <Foundation/Foundation.h>
2.  int main(int argc, const char * argv[])
3.  {
4.      @autoreleasepool {
5.          //用实例方法创建NSNumber对象
6.          NSNumber *ageNumber = [[NSNumber alloc]initWithInt:2];
7.          NSNumber *weightNumber = [[NSNumber alloc]initWithFloat:20.5];
8.          NSLog(@"ageNumber is %@",ageNumber);
9.          NSLog(@"weightNumber is %@",weightNumber);
10.         //对数据对象的还原
11.         int age = [ageNumber intValue];
12.         float weight = [weightNumber floatValue];
13.         NSLog(@"age is %d",age);
14.         NSLog(@"weight is %.1f",weight);
15.     }
16.     return 0;
17. }
```

控制台输出结果如下所示。
```
ageNumber is 2
weightNumber is 20.5
age is 2
weight is 20.5
```
这样又将数据对象还原成了基本数据类型，这就是 NSNumber 和基本数据类型之间相互转换的操作，比较简单。还有许多的类方法和实例方法，读者可以在 Xcode 中查看有关文档去学习。

- **NSString**

在前面的内容中有提到过 NSString，但当时创建的是字符串常量，例如：
```
NSString *MyString = @"This is a Sting!";
```
现在要学习如何创建字符串对象，并对它们进行相应的操作。代码如下。
```
1.  #import <Foundation/Foundation.h>
2.  int main(int argc, const char * argv[])
3.  {
4.      @autoreleasepool {
5.          NSString *MyString1 = [[NSString alloc]initWithString:@"abcdefg"];
6.          NSLog(@"MyString is %@",MyString1);
7.      }
8.      return 0;
9.  }
```
控制台输出结果如下所示。
```
MyString is abcdefg
```
还可以用占位符方法创建字符串对象，代码如下。
```
1.  #import <Foundation/Foundation.h>
2.  int main(int argc, const char * argv[])
3.  {
4.      @autoreleasepool {
5.          NSString *MyString1 = [[NSString alloc]initWithString:@"abcdefg"];
6.          NSString *MyString2 = [[NSString alloc]initWithFormat:@"The same string %@",MyString1];
7.          NSLog(@"MyString is %@",MyString1);
8.          NSLog(@"MyString is %@",MyString2);
9.      }
10.     return 0;
11. }
```
控制台输出结果如下所示。
```
MyString is abcdefg
MyString is The same string abcdefg
```
使用占位符创建字符串对象可以在对象中添加其他类型的字符。在上述的例子中，就把 MyString1 的内容加到 MyString2 中了。

下面介绍几种常用的字符串对象的操作。

·改变字符串大小写

在文档中可以看到对于字符串大小写操作的方法有三种：全部大写、全部小写和首字母大写。只需要在输出的时候在代码中加上需要对字符串相应处理的命令即可。大写：[MyString1 uppercaseString]，小写：[MyString1 lowercaseString]，首字母大写：[MyString1 capitalizedString]。读者可以自行在代码中修改。

·比较字符串

我们可以定义一个 BOOL 类型的变量，然后通过"[MyString1 isEqualToString: MyString2];"语句判断两个字符串是否相同，0 为假，非 0 为真。

·截取字符串

程序清单：SourceCode\02\NSStringSubString\main.m

```
1.  #import <Foundation/Foundation.h>
2.  int main(int argc, const char * argv[])
3.  {
4.      @autoreleasepool {
5.          //截取字符串
6.          NSString *MyString1 = @"abcdefg";
7.          NSString *SubString1 = [MyString1 substringToIndex:2];
8.          NSString *SubString2 = [MyString1 substringFromIndex:4];
9.          //创建NSRange结构具体对象
10.         NSRange range;
11.         range.location = 2;
12.         range.length = 4;
13.         NSString *subString3 = [MyString1 substringWithRange:range];
14.         NSLog(@"SubString1 is %@",SubString1);
15.         NSLog(@"SubString2 is %@",SubString2);
16.         NSLog(@"SubString3 is %@",subString3);
17.     }
18.     return 0;
19. }
```

控制台输出结果如下所示。

```
SubString1 is ab
SubString2 is efg
SubString3 is cdef
```

在这里解释下这三种截取字符串的方法，第一种"substringToIndex：2"，它的作用是让字符串字串从字符串第一位开始取，取 2 位；第二种"substringFromIndex:4"，它的作用是让字符串字串从字符串的第 4 位开始取，直到字符串结束。因为字符串第 1 位为 0，所以字符串"abcdefg"的第 4 位是"e"；第三种方法"substringWithRange"是规定一个范围，由起始位和长度确实，NSRange 是一个结构体，它里面包含了两个结构体变量

location 和 length。

```
NSString *subString3 = [MyString1 substringWithRange:range];
```

这行代码的作用就是让字符串字串 3 从字符串的第 2 位开始截取，截取长度为 4，range 中初始化了位置和长度两个变量。

- **字符串的拼接**

字符串拼接是利用"tringByAppendingString"这条语句来完成的，读者可以根据上述功能的用法自行完成。

2.3 循环与选择结构

其实，Objective-C 中的循环语句、选择语句与 C 语言、Java 中的语句基本差不多，在这里做一个简单的介绍（有 C 或 Java 基础的读者可以略过）。

主要的循环结构有三种：for、while 和 do…while。

for 循环语句的一般格式为：

```
for（初始值设置;循环条件;循环表达式）
```

初始值设置就是定义一个变量，然后对它赋初值，变量作用于循环语句中；循环条件则是设置一个循环进行下去的条件，如果不满足这个条件，循环将结束；最后一个循环表达式的意思是在结束一次循环之后，要对变量进行新一次的求值，看这个新得出的值是否满足进行循环的条件。下面介绍 for 循环语句执行的步骤。

① 计算初始表达式的值。
② 计算循环条件的值。如果不满足循环条件（表达式为 false），则循环结束，然后执行循环体外的语句。
③ 执行循环体内的语句。
④ 计算循环表达式的值。
⑤ 返回步骤②继续执行。

下面用一个最简单的 for 循环例子来了解具体的执行情况。代码如下。

```
1.  #import <Foundation/Foundation.h>
2.  int main(int argc, const char * argv[])
3.  {
4.      @autoreleasepool {
5.          int sum = 0;
6.          for (int i = 1;i <= 100;i++)
7.          {
8.              sum = sum + i;
9.          }
10.         NSLog(@" sum = %d ",sum);
11.     }
12.     return 0;
13. }
```

控制台输出结果如下所示。

sum = 5050

这是在编程语言中最常见的 for 循环语句，求 1 到 100 的和，就从这个简单的例子来分析 for 循环执行过程。首先我们定义了一个整型变量 sum 用于存储最后所求的结果，然后给它赋值为 0；接下来在 for 循环中定义了一个整型变量 i 用于循环中的控制，并设定循环的条件 i<=100，每次循环之后，i 的值加 1；然后执行循环体内的语句 sum = sum + i，当 i 递增到 101 时，就不符合 i<=100 这个循环条件，所以循环就结束；继而执行循环体外的输出语句，将 sum 的结果打印在控制台上。

while 语句的一般格式为：

```
while（循环条件）{
    循环语句
}
```

将上面用 for 循环计算 1 到 100 的和的例子改写用 while 循环语句实现。代码如下。

```
1.  #import <Foundation/Foundation.h>
2.  int main(int argc, const char * argv[])
3.  {
4.      @autoreleasepool {
5.          int i = 0,sum = 0;
6.          while(i <= 100)
7.          {
8.              sum = sum + i;
9.              i++;
10.         }
11.         NSLog(@"sum = %d",sum);
12.     }
13.     return 0;
14. }
```

可以看到，while 循环的结构也是非常明确，在 while 后面列出执行循环的条件，当条件不满足循环条件时就跳出循环。do…while 语句和 while 语句类似，只是 do…while 语句先要执行 do 中的一条语句，然后再判断是否符合循环条件。

在循环语句中可以人为地跳出循环，可以用 break 语句和 continue 语句，我们通过例子来解释这两个语句的不同。代码如下。

```
1.  #import <Foundation/Foundation.h>
2.  int main(int argc, const char * argv[])
3.  {
4.      @autoreleasepool {
5.          for(int i = 0;i < 10;i++)
6.          { if(i == 5)
7.              {
8.                  break;
9.              }
10.             printf(" i = %d",i);
```

```
11.         }
12.         return 0;
13.    }
14. }
```

控制台输出结果如下所示。

```
i = 0 i = 1 i = 2 i = 3 i = 4
```

在循环体中，我们添加了一个 if 判断语句，然后执行 break 语句，若满足 if 语句的条件，则执行 break 语句跳出整个循环。

而如果使用 continue 的话，会有什么不同？代码如下。

```
1.  #import <Foundation/Foundation.h>
2.  int main(int argc, const char * argv[])
3.  {
4.       @autoreleasepool {
5.          for(int i = 0;i < 10;i++)
6.          {  if(i == 5)
7.             {
8.                 continue;
9.             }
10.            printf(" i = %d",i);
11.         }
12.         return 0;
13.    }
14. }
```

控制台输出结果如下所示。

```
i = 0 i = 1 i = 2 i = 3 i = 4 i = 6 i = 7 i = 8 i = 9
```

可以看到输出结果中唯独没有 i = 5，这说明当 i=5 的时候，continue 语句直接将这条语句跳过了，然后执行循环表达式进入下一次循环。

从而可以看到 break 和 continue 的语句的区别，break 语句是跳出整个循环，而 continue 则是跳出本次循环。

在选择结构中，简单介绍 if 语句和 switch 语句。

- **if 语句**

if 语句经常和 else 语句搭配使用，当满足 if 条件时就执行语句 A，如果不满足条件，就执行语句 B。还可以嵌套使用，但是要注意 if 和 else 需要配套地使用，而 else 会寻找系统中上一个未配对的 if 语句来配对，读者也需要注意代码书写的规范，这样就能正确地使用 if…else 语句。

- **switch 语句**

switch 语句也是在编写程序中经常要用到的一种重要的结构。它的一般形式为：

```
switch(表达式)
{
case value1: 陈述语句;break;
```

```
case value2: 陈述语句;break;
default;break;}
```

将圆括号中的表达式与 value 值相匹配,如果匹配成功,则执行相应的陈述语句。break 语句表示一种特定情况的结束,并导致 switch 语句的结束。读者可以在课后练习上述不同结构的语句。

2.4 数组和字典

在 Apple 提供的 Foundation framework 的框架中提供了三种收集 NSObject 对象的集合,它们是数组（NSArray）、集合（NSSet）和字典（NSDictionary）。NSArray 用于存储有序的对象集合,NSSet 用于存储无序的对象集合,NSDictionary 用于存储键值对的集合。在本节中主要介绍 NSArray 和 NSDictionary。

在介绍内容之前,还有一点需要读者注意,这三个集合类只能存储 cocoa 对象（NSObject 对象）,如果要保存一些原始的 C 数据,如 int 类型,那么就需要将 int 类型转换为 NSObject 对象,再存储到集合中,我们会在后面的内容中详细讲解如何转换。

2.4.1 数组（NSArray）

在 iOS 中,数组分为不可变数组和可变数组,不可变数组在数组初始化后,就不能改变其内容,而可变数组,顾名思义,在初始化后仍可以对其内容进行修改。

1. 初始化数组

说到数组,首先介绍如何在项目中初始化一个数组。新建一个 XCode 项目,使用 OS X 中"Application"中的"Command Line Tool"模板,如图 2-8 所示,然后创建一个数组对象,并通过实例方法,对数组进行初始化操作。

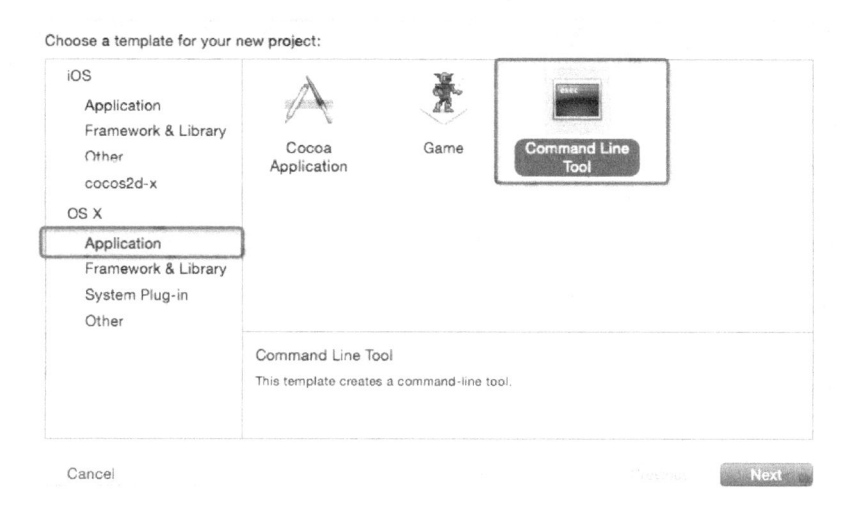

图 2-8 新建"Command Line Tool"模板

```
        NSArray *array1 = [[NSArray alloc]initWithObjects:@"1",@"4",@"3",@"
5", nil];
```
当使用 init 实例初始化方法时,可以发现,框架中为开发人员提供了多种初始化数组的方法,表 2-2 列出了几种常用的数组实例初始化方法。

表 2-2 数组实例初始化方法

方法名称	方法描述
-(instancetype)initWithObjects:(id)firstObj;	直接将数组中元素添加到数组中的初始化方法
-(instancetype)initWithArray:(NSArray *)array;	通过拷贝另一个数组的方法初始化一个数组
-(NSArray*)initWithContentsOfFile:(NSString *)path;	使用一个文件来创建数组
-(NSArray*)initWithContentsOfURL:(NSURL *)url;	使用一个 URL 连接来创建数组

如果使用的是类方法创建,则如下所示。
```
        NSArray *array1 = [NSArray arrayWithObjects:@"1",@"4",@"3",@"5",nil];
```
同样地,框架为开发人员也提供了许多类方法初始化数组,表 2-3 列出了几种常见的数组类初始化方法。

表 2-3 数组类初始化方法

方法名称	方法描述
+ (instancetype)arrayWithObject:(id)anObject;	直接将数组中元素添加到数组中的初始化方法
+ (instancetype)arrayWithArray:(NSArray *)array;	通过拷贝另一个数组的方法初始化一个数组
+ (NSArray *)arrayWithContentsOfFile:(NSString *)path;	使用一个文件来创建数组
+ (NSArray *)arrayWithContentsOfURL:(NSURL *)url;	使用一个 URL 连接来创建数组

细心的读者可能会发现,实例方法和类方法的方法名都相同,方法描述也相同,只是前面实例方法是"-"号,而类方法是"+"号,它们到底有什么不同之处呢?在创建与初始化数组时候该选择哪种呢?下面介绍这两者的异同。

简单来说,顾名思义,类方法不需要实例化对象就可以使用,直接通过类调用;而实例化方法,必须通过类创建一个实例(对象)才能使用。因为初始化数组的方法有些特殊,它的实例方法和类方法都一样,所以体现不出区别,在后面的项目中,会遇到实际的情况,类方法一般是作为工具来使用的,因为它不需要创建实例。

2. 输出数组元素

在创建并初始化数组后,应该怎样取出数组中的内容呢?可以用 2 种方法遍历数组,第一种方法是直接通过 NSLog 函数输出,代码如下。
```
        NSLog(@"array1:%@",array1);
```
控制台打印结果如下所示。
```
array1:(
1,
```

```
4,
3,
5
)
```
第二种方法是通过循环来遍历数组，循环的方法也有 2 种，第一种与 C 语言中的 for 循环一样；第二种是 Objective-C 中的新语法。代码如下。

```
for (int i = 0;i<array1.count;i++){
    NSLog(@"第%d个元素是:%@",i,[array1 objectAtIndex:i]);
}
```
控制台打印结果如下所示。
```
NSArray[841:62657] 第 0 个元素是:1
NSArray[841:62657] 第 1 个元素是:4
NSArray[841:62657] 第 2 个元素是:3
NSArray[841:62657] 第 3 个元素是:5
```
在 for 循环中，我们使用了一个数组的实例方法，objectAtIndex，这个函数的目的是取出数组中下标为特定值的元素，在方法中通过一个变量 i 依次打印出数组的值。array1.count 中 count 值返回的是数组中元素的个数。

第二种 for 循环的使用方法如下。
```
for(id obj in array1){
    NSLog(@"%@",obj);
}
```
控制台打印结果如下所示。
```
NSArray[1006:67779] 1
NSArray[1006:67779] 4
NSArray[1006:67779] 3
NSArray[1006:67779] 5
```
因为数组中的元素可能是字符串对象，也可能是整型对象，还可能是其他的对象，所以在 for 循环中声明了一个类型为 id 类型的变量 obj，用于返回数组 array1 中的元素。

3．数组的排序

有些情况下，数组中元素是打乱存储的，而有时会需要将数组按照一定的顺序进行排序并输出，那么可以使用数组的一个实例方法完成数组的排序，再创建一个新的数组，用于存放排序后的元素。代码如下。

```
1.  NSArray *sortArray = [array1
sortedArrayUsingComparator:^NSComparisonResult(id obj1, id obj2) {
2.          if ([obj1 intValue]>[obj2 intValue]) {
3.              return NSOrderedDescending;
4.          }
5.          if ([obj1 intValue]<[obj2 intValue]) {
6.              return NSOrderedAscending;
7.          }
8.          return NSOrderedSame;
```

```
 9.              }];
10. NSLog(@"排序后的数组:%@",sortArray);
```

sortedArrayUsingComparator 实例方法中使用了一个 block 语句块（读者看不懂没有关系，我们会在后续的章节中进行介绍），然后将两个类型为 id 的变量进行比较，比较之前，需要将这两个变量转换为 int 类型的值，最后输出排序后数组的元素。

控制台打印结果如下所示。

```
排序后的数组:(
    1,
    3,
    4,
    5
)
```

4．可变数组（NSMutableArray）

可变数组（NSMutableArray）是数组的子集，所以它继承了父类 NSArray 的属性。相比数组来说，可变数组最大的不同点就是在初始化数组后，还可以根据用户的需要来向数组中添加元素或在数组中修改元素。

下面来了解可变数组的一些常用方法。表 2-4 列出了可变数组的常用方法。

表2-4　可变数组的常用方法

方法名称	方法描述
- (void)addObject:(id)anObject;	在数组的尾端添加一个元素
- (void)insertObject:(id)anObjectatIndex:(NSUInteger)index;	向指定位置添加一个元素
- (void)removeLastObject;	删除数组中最后一个元素
- (void)removeObjectAtIndex:(NSUInteger)index;	删除指定位置的元素
- (void)replaceObjectAtIndex:(NSUInteger)index withObject:(id)anObject;	更新指定位置的元素
- (void)exchangeObjectAtIndex:(NSUInteger)idx1 withObjectAtIndex:(NSUInteger)idx2;	交换两个特定位置元素的值

与不可变数组一样，可变数组的初始化方法是相同的，在此就不再赘述了。以下将创建一个数组元素为字符串的可变数组 mArray。

```
NSMutableArray *mArray = [[NSMutableArray alloc]
initWithObjects:@"jack",@"rose", nil];
```

然后在数组的第 1 个位置添加一个元素"mick"。

```
[mArray insertObject:@"mick" atIndex:1];
NSLog(@"mArray:%@",mArray);
```

控制台打印结果如下所示。

```
mArray:(
    jack,
```

```
    mick,
    rose
)
```

2.4.2 字典（NSDictionary）

字典也是在 Objective-C 中以及实际项目开发中使用较多的一种存储结构，它以键值对的形式（key-value）进行存储，然后通过 key 属性名称来获取与 key 对应的 value 的值。value 是一个对象指针，通过实例方法 valueForKey 访问相应的值。通常访问字典查询的速度非常快，因为它是使用 hash 表进行存储的。

1．初始化字典

与数组类似，字典创建的实例方法和类方法都相同，这里就使用一个实例方法初始化字典。其他方法，读者可以查看相应的 SDK。

```
NSDictionary *dic = [[NSDictionary alloc]
initWithObjectsAndKeys:@"jack",@"name",@24,@"age", nil];
```

使用这个实例方法时要注意，后面插入元素的顺序与位置是以一个键值对为一组进行添加的，所以添加的个数一定不为奇数，第一个位置存放值（value），第二个位置存放（key），以此类推。如果让它的添加元素个数为奇数，看看会出现什么问题。

```
NSDictionary *dic = [[NSDictionary alloc]
initWithObjectsAndKeys:@"jack",@"name",@24, nil];
```

系统直接崩溃了，log 日志如下所示。

```
Terminating app due to uncaught exception 'NSInvalidArgumentException',
reason: '-[__NSPlaceholderDictionary initWithObjectsAndKeys:]: second object of
each pair must be non-nil. Or, did you forget to nil-terminate your parameter
list?'
```

它的大概意思是第二个键值对的值一定不能为空，或者是不是忘记结束了参数表？这个问题也说明了在向字典中添加元素时一定要注意它是以键值对的形式进行存储的，要与数组区分开来。

2．查看字典相关信息

初始化字典后，需要去查看字典的相关信息，例如字典中有多少个键值对，有哪些键，有哪些值，某个键对应的值是多少等，下面一一为读者介绍相应的属性与方法。

- **查看键值对数量**

```
NSLog(@"键值对个数:%ld",[dic count]);
```

控制台打印结果如下所示。

键值对个数:2

- **查看所有键**

查看方法的返回值，发现它的返回值是 NSArray 数组，然后创建一个数组用于保存字典的键。

```
NSArray *keys = [dic allKeys];
```
allkeys 方法返回的是字典中所有键的数组，然后再将 keys 数组打印输出。
```
NSLog(@"键为:%@",keys);
```
控制台输出结果如下所示。
```
键为:(
    name,
    age
)
```

- **查看特定键对应的值**

查看特定键对应的值使用的是 valueForKey 方法，返回 name 键对应的值。
```
NSLog(@"name%@",[dic valueForKey:@"name"]);
```
控制台输出结果为：
```
name:jack
```

3. 数组与字典的混合使用

在许多实际情况中，都是使用已经存在的字典去创建一个数组，也就是说，数组中存储的是一个字典，那么该如何进行存储呢？存储之后怎样读取相应的数据呢？我们先创建一个字典。注意添加元素时，外面是大括号，数组是中括号。

程序清单：SourceCode\02\NSArray\main.m
```
NSDictionary *dic1 = [[NSDictionary alloc]init];
dic1 = @{@"name":@"jack",@"age":@20};
```
然后初始化一个数组对象，它的内容就是字典 dic1；最后输出键为 age 对应的值，使用数组的 valueForKey 方法实现。
```
NSArray *array = [NSArray arrayWithObject:dic1];
NSLog(@"age:%@",[array valueForKey:@"age"]);
```
控制台打印结果如下所示。
```
age:(
    20
)
```

4. 可变字典（NSMutableDictionary）

可变字典（NSMutableDictionary）是 NSDictionary 的子类，在创建一个可变字典的实例后，用户可以对其 Key-Value 键值对进行修改，这也是与 NSDictionary 的不同之处。我们初始化一个可变字典，并将它的容量定位 10，也就是说这个可变字典可以存储的键值对为 10 组。
```
NSMutableDictionary *dictionary = [NSMutableDictionary dictionaryWithCapacity:10];
```
然后向可变字典中添加 4 组键值对。
```
[dictionary setObject:@"jack" forKey:@"name"];
[dictionary setObject:@20 forKey:@"age"];
[dictionary setObject:@"China" forKey:@"nationality"];
[dictionary setObject:@"JiangXi" forKey:@"province"];
```

通过 NSLog 函数输出可变字典中的所有键值对。
```
NSLog(@"dictionary:%@",dictionary);
```
控制台打印结果如下所示。
```
dictionary:{
    age = 20;
    name = jack;
    nationality = China;
    province = JiangXi;
}
```
如果要删除 province 键，那么可以通过 removeObjectForKey 方法来删除。
```
[dictionary removeObjectForKey:@"province"];
```
控制台打印结果如下所示。
```
dictionary:{
    age = 20;
    name = jack;
    nationality = China;
}
```

本章小结

通过本章内容，我们了解了 Objective-C 中变量和基本数据类型的操作，并掌握了在 Objective-C 中的三大语言控制结构，最后了解了数组和字典的基本使用方法，**特别注意的是**，读者需要区分字典和数组的使用，而字典也是 Objective-C 中比较有特色的结构，希望读者能够掌握。

习题 2

1. 分别用 for 循环和 while 循环打印九九乘法表，并将乘法表以三角形的形式输出。
2. 整数的阶乘可以写成 n!，它表示 1 到 n 之间所有连续整数的成绩。试编写一个程序打印出 1 到 n 之间的阶乘，n 由用户输入，并将结果打印出来。
3. 编写一个程序，计算整数各个位上数字的和。例如，整数 1234 各个位上的数字和为 1+2+3+4，等于 10。整数的值由用户输入。
4. 定义一个数组，它拥有 5 个元素，遍历数组并将数组的元素从后向前打印出来。
5. 定义一个字典，字典的元素包括 5 个数组，并遍历之。

第 3 章 Objective-C 面向对象方法实现

本章将介绍 Objective-C 语言的一些特性，这些特性使得 Objective-C 语言成为一门功能强大的编程语言，也使得它具有与其他面向对象编程语言不同的优点，如 C++、Java 等。本章主要引入了 Objective-C 面向对象概念，并引入多个关键概念，如：类、对象、方法、继承、多态、动态绑定等。

【教学目标】
- ❖ 通过本章的学习，读者应了解 Objective-C 语言面向对象编程的思想及方法实现
- ❖ 掌握类、对象和方法的概念及方法定义
- ❖ 掌握 Objective-C 面向对象编程特征——继承、多态
- ❖ 了解动态类型和动态绑定的概念及在编程中的运用

3.1 对象、类、方法介绍

从本章开始将给读者介绍 Objective-C 中面向对象的一些关键概念，并介绍如何创建和使用类和方法。

首先，什么是对象？简单来说，对象就是一个实体，我们能够感受到的事物，一辆汽车、一间房子、一只小动物，这些都是对象，对象对于我们来说也是相对具体的。例如一只小白兔，它是一个对象，它有许多的特征，例如颜色，重量，年龄等，这些可以看成这只特定的小白兔的属性。

而类则是对对象的抽象，简单来说，就是对这个类的一个概括，还是从小动物说起，动物可以是一个很广的概念，而其中有小白兔、小狗、乌龟，我们可以将动物作为小白兔、小狗、乌龟等这些动物的一个类，而兔子又有许多的种类，从某种意义上来说，又可以将兔子作为它这个种类中的一个类。只需记住，类不是单指某个对象，而是指它们的统称。

方法的概念也很好理解，还是拿小白兔来说，小白兔能吃东西、奔跑、睡觉，我们就可以将这些生活中的动作作为方法来进行定义和使用。在 C 语言中，我们是将方法称为函数。

在介绍完基本概念之后，再来看看在 Objective-C 中如何定义和使用类。在 Objective-C 中，类的定义分为两个部分：接口部分和实现部分。

1. 接口部分（interface）

接口中声明了类和父类的名称，还声明了一些实例变量和方法。接口部分中的声明应

在@interface 和@end 中间。

该部分一般的格式为：

```
@interface NewClassName : ParentClassName
{
    memberDeclarations;
}
methodDeclarations;
@end
```

在 Objective-C 中命名类的时候，一般采取波峰波谷命名法，例如一个新车类，可以将它定义为 BrandNewCar，波峰波谷命名法的意思是每个单词的首字母大写，虽然系统中并没有规定单词的首字母大写，但这样命名之后，我们能够清楚地了解到类的具体含义，有利于别人读懂你的代码。

- 类和实例方法

关于实例变量在前面的章节中有过介绍，这里介绍类和实例方法，Objective-C 中方法的声明格式为：

方法类型（返回值）方法名称（参数类型）参数名
- （void）setNumber：（int）n；

Objective-C 中有两种方法类型：开头是符号"-"代表该方法是一个实例方法，而开头是符号"+"则代表该方法是类方法。简单地说，实例方法是对类中的特定实例执行的一些操作，例如小白兔最近饮食很好，体重增加了，就可以定义一个体重实例的方法来反映小白兔体重的变化情况。类方法是对类本身执行的某些操作，例如创建一个新的实例，小白兔妈妈生了一个小白兔宝宝，相当于创建了一个新的实例，此时就能定义一个类方法。随着不断地学习，读者可以自行区别何时定义实例方法，何时定义类方法。

- 返回值

在声明方法的时候，还要声明方法是否有返回值，若有，则要声明是整型还是实型。如果有返回值，那么在方法实现的最后，要加一条 return 语句来返回相对应类型的值，如果无返回值，则不需要写这条语句。

- 参数

上文中的 setNumber 方法就带有一个整型参数，这样就能指定向该方法中传递一个整型参数。方法中也可以带多个参数，例如，
- （void）intWithNumber：（int）n andAge：（int）a；

以上方法中就带了两个参数，但是这个方法的名称是什么呢？这也是 Objective-C 中特有的一种命名方式，它的方法名是 intWithNumberandAge，通过冒号":"来接收一个参数，也便于区分。虽然对于这种命名规则读者不是很习惯，但是随着学习的深入，读者可以发现这种命名方法的好处就是参数和名称对应非常直观。

2. 实现部分（implementation）

实现部分则包含了在接口中声明的方法的方法的具体实现。

接口部分生成.h 文件，实现部分则是生成.m 文件。

下面完成一个例子来加深对类、对象和方法的理解。

〖**步骤 1**〗 在 Xcode 中新建 "Command Line Tool" 命令行窗口，然后新建 "LittleRabbit" 类，如图 3-1 所示。

图 3-1 新建 "LittleRabbit" 类

〖**步骤 2**〗 在 LittleRabbit.h 文件中创建 3 个变量，分别代表年龄、名称和体重。接下来创建 4 个方法，如下述程序清单所示。

程序清单：SourceCode\03\LittleRabbit\LittleRabbit.h

```
1.  #import <Foundation/Foundation.h>
2.  @interface LittleRabbit : NSObject
3.  {
4.      int age;
5.      NSString *name;
6.      int weight;
7.  }
8.  - (void)initWithAge:(int)_age andName:(NSString *)_name;
9.  - (void)sleep;
10. - (void)weightUp:(int)_weight;
11. - (void)info;
12. @end
```

程序清单：SourceCode\03\LittleRabbit\LittleRabbit.m

```
13. #import "LittleRabbit.h"
14. @implementation LittleRabbit
15. - (void)initWithAge:(int)_age andName:(NSString *)_name
16. {
17.     age = _age;
18.     name = _name;
19. }
20. - (void)sleep
21. {
```

```
22.        NSLog(@"小白兔累了,它在睡觉!");
23.    }
24.    - (void)weightUp:(int)_weight
25.    {
26.        weight = _weight + 10;
27.        NSLog(@"小白兔长胖了,现在已经%d斤了!",weight);
28.    }
29.    - (void)info
30.    {
31.        NSLog(@"%@, %d, %d",name,age,weight);
32.    }
33.    @end
```

程序清单:SourceCode\03\LittleRabbit\main.m

```
34.    #import <Foundation/Foundation.h>
35.    #import "LittleRabbit.h"
36.    int main(int argc, const char * argv[])
37.    {
38.        @autoreleasepool {
39.            //LittleRabbit *rabbit = [[LittleRabbit alloc]initWithAge:2 andName:@"Ramsey"];
40.            LittleRabbit *rabbit = [LittleRabbit alloc];
41.            [rabbit initWithAge:2 andName:@"Ramsey"];
42.            [rabbit sleep];
43.            [rabbit weightUp:10];
44.            [rabbit info];
45.        }
46.        return 0;
47.    }
```

控制台输出结果如下所示。

小白兔累了,它在睡觉!
小白兔长胖了,现在已经20斤了!
Ramsey, 2, 20

从代码中可以看到,我们定义了一个名为"LittleRabbit"的类,然后在类的声明文件中,给类定义了3个实例变量和4个实例方法,这里要提的 Objective-C 中字符串的声明,它也是声明一个字符串对象,然后再对对象进行操作,在后面的章节里会进行详细的介绍。

在 main 函数中,我们定义了一个 LittleRabbit 类的对象,然后通过初始化方法给它赋初值,最后调用 3 个方法,将结果打印在控制台中。注意要将类的声明文件包含进来。其中在初始化对象时,第一种方法和第二种方法的作用完全一样,因为便于初学者阅读代码,就先运用第二种方法,其实在后面的学习中,读者可以发现更多的时候是运用第一种方法来创建对象。

读者也可以看到将不同功能的代码写在不同的文件中的好处,条理非常清晰,也利于后期对代码进行维护。初学者要从一开始就养成良好的编程习惯。

3.2 继承

3.2.1 @property 属性和点语法

本节我们将学习类的继承,在学习继承前,通过一个例子来讲解@property 属性和点语法。

程序清单:SourceCode\03\pointsytax\number.h

```
1.  #import <Foundation/Foundation.h>
2.  @interface number : NSObject
3.  {
4.      int Mynumber;
5.  }
6.  - (id)setNumber:(int)_number;
7.  - (int)Number;
8.  - (void)print;
9.  @end
```

程序清单:SourceCode\03\pointsytax\number.m

```
10. #import "number.h"
11. @implementation number
12. - (id)setNumber:(int)_number
13. {
14.     if(self == [super init]){
15.         Mynumber = _number;
16.     }
17.     return self;
18. }
19. - (int)Number
20. {
21.     return Mynumber;
22. }
23. - (void)print
24. {
25.     NSLog(@"Mynumber is %d",Mynumber);
26. }
27. @end
```

程序清单:SourceCode\03\pointsytax\main.m

```
28. #import <Foundation/Foundation.h>
29. #import "number.h"
30. int main(int argc, const char * argv[])
31. {
32.     @autoreleasepool {
33.         number *intNumber = [[number alloc]init];
```

```
34.         [intNumber setNumber:10];
35.         [intNumber print];
36.     }
37.     return 0;
38. }
```

控制台输出结果如下所示。

```
Mynumber is 10
```

我们看到要通过对象调用方法来使用实例变量必须要声明并实现 set 方法和 get 方法，也就是常说的设置器和访问器，在上面的例子中因为只有一个实例变量，所以只需定义和实现一个 set 方法和一个 get 方法。在 set 方法中，还需要调用父类的 init 方法，也是一个较好的编程习惯。但是如果类中有许多实例变量呢？那不是要定义许多的 set 和 get 方法吗？正是出于这种考虑，在 OBC 2.0 中，系统提供了 @property 方法来自动生成 set 和 get 方法，现在学习如何使用 @property 方法来简化代码。

程序清单：SourceCode\03\property\number.h

```
1.  #import <Foundation/Foundation.h>
2.  @interface number : NSObject
3.  {
4.      int Mynumber1;
5.      float Mynumber2;
6.  }
7.  @property(nonatomic) int Mynumber1;
8.  @property(nonatomic) float Mynumber2;
9.  - (void)print;
10. @end
```

程序清单：SourceCode\03\property\number.m

```
11. #import "number.h"
12. @implementation number
13. @synthesize Mynumber1,Mynumber2;
14. - (void)print
15. {
16.     NSLog(@"Mynumber1 is %d,Mynumber2
17. is %.1f",Mynumber1,Mynumber2);
18. }
19. @end
```

程序清单：SourceCode\03\property\main.m

```
20. #import <Foundation/Foundation.h>
21. #import "number.h"
22. int main(int argc, const char * argv[])
23. {
24.     @autoreleasepool {
25.         number *intNumber = [[number alloc]init];
26.         intNumber.Mynumber1 = 10;
```

```
27.         intNumber.Mynumber2 = 20.5;
28.         [intNumber print];
29.     }
30.     return 0;
31. }
```

控制台输出结果如下所示。

```
Mynumber1 is 10,Mynumber2 is 20.5
```

在 Objective-C 中通过对象调用方法有两种：一种是我们在以前的例子中运用到的中括号的方法，另一种就是利用@property 方法中的点语法方法。声明@property 属性之后，在.m 实现文件中要使用@synthesize 方法来完成这个方法。这样在调用实例变量的时候就会较为方便。

其实在@property 属性中有许多的参数可供选择，下面列出几种供读者参考。

readonly：只产生简单的 getter 方法，没有 setter 方法。

retain：setter 方法对参数进行 release 旧值，再 retain 新值。

nonatomic：禁止多线程，保护变量。

assign：默认类型，setter 方法直接赋值，而不进行 retain 操作。

初学者可能对这里面的参数不是很清楚，那么可以先只添加一个 nonatomic 参数，在以后的学习中将会体会到其他参数的用法。

3.2.2 类的继承

类的继承知识点中要引入父类和子类的概念，NSObject 类是所有类的父类，子类能够继承父类的实例变量和方法，子类可以直接访问这些方法和实例变量，就像直接在类中定义了一样。

需要将一个类声明为另一个类的子类可以在新建类的时候就定义好父类，如图 3-2 所示。

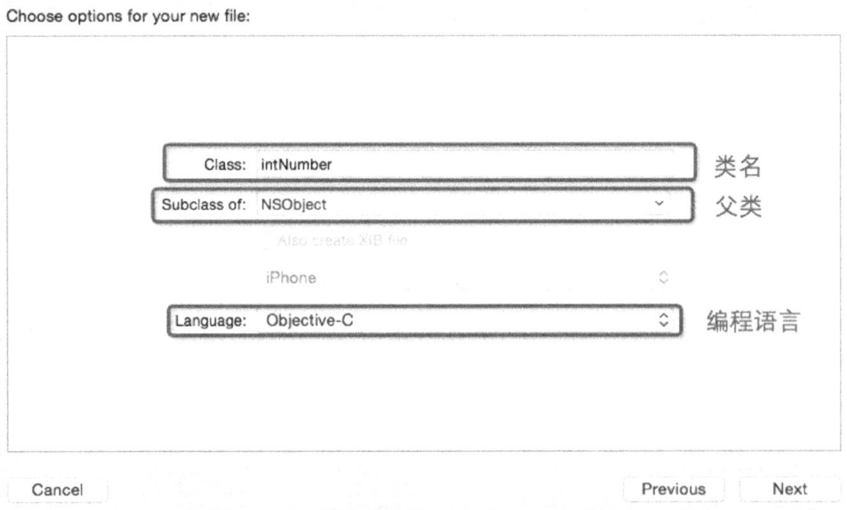

图 3-2 指定子类的父类

然后我们通过一个例子来解释类的继承的概念。

程序清单：SourceCode\03\inherit\ClassA.h

```
1.  #import <Foundation/Foundation.h>
2.  @interface Class_A : NSObject
3.  {
4.      int x;
5.  }
6.  - (void)initX;
7.  @end
```

程序清单：SourceCode\03\inherit\ClassA.m

```
8.  #import "Class A.h"
9.  @implementation Class_A
10. - (void)initX
11. {
12.     x = 10;
13. }
14. @end
```

程序清单：SourceCode\03\inherit\ClassB.h

```
15. #import "Class A.h"
16. @interface Class_B : Class_A
17. - (void)print;
18. @end
```

程序清单：SourceCode\03\inherit\ClassB.m

```
19. #import "Class B.h"
20. @implementation Class_B
21. - (void)print
22. {
23.     NSLog(@"x = %d",x);
24. }
@end
```

程序清单：SourceCode\03\inherit\main.m

```
25. #import <Foundation/Foundation.h>
26. #import "Class A.h"
27. #import "Class B.h"
28. int main(int argc, const char * argv[])
29. {
30.     @autoreleasepool {
31.         ClassB *number = [[ClassB alloc]init];
32.         [number initX];
33.         [number print];
34.     }
35.     return 0;
36. }
```

控制台输出结果如下所示。

x = 10

在上面的例子中，我们创建了两个类，ClassA 继承了 NSObject 类，而 ClassB 继承了 ClassA 类，同时，ClassB 类又间接地继承了 NSObject 类，可以直接访问 NSObject 基类中的方法。

在本例中，ClassB 中并没有定义变量 x 和 initX 方法，但是因为它是 ClassA 的子类，所以它能够使用这些变量和方法，在实现文件中调用这些变量和方法是没有问题的。

有时候，不想让其他的类使用自己的成员变量，就可以将它定义为 private 私有变量，例如在上面的例子中，我们将实例变量 x 定义为 private，那么在编译的时候就会报错，ClassB 就没有权限去使用这个私有实例变量，该私有变量只能在本类中使用。而 @protected 定义的实例变量（默认情况）可被该类及任何子类中定义的方法直接访问，@public 定义的实例变量不仅可以供本类的方法使用，还可以被其他的类和模块中定义的方法直接访问。

3.3 多态、动态类型和动态绑定

3.3.1 多态

下面我们一起学习 Objective-C 中面向对象另一个非常重要的概念——多态。多态使得在程序中来自不同类的对象可以定义相同名称的方法，简单地说，就是相同的名称，不同的类。通过一个实例来了解多态的概念。在 XCode 中新建 Command Line 命令行程序，并创建类。

程序清单：sourceCode\03\duotai\Basketball.h

```
1.  #import "ball.h"
2.  @interface basketball : ball
3.  - (void)player:(int)f;
4.  - (void)play;
5.  @end
```

程序清单：sourceCode\03\duotai\Basketball.m

```
6.  #import "basketball.h"
7.  @implementation basketball
8.  - (void)player:(int)b
9.  {
10.     players = b;
11. }
12. - (void)play
13. {
14.     NSLog(@"篮球是%d个人的运动",players);
15.     NSLog(@"篮球比赛开始了！");
16. }
17. @end
```

程序清单：sourceCode\03\duotai\football.h

```
18. #import "ball.h"
19. @interface football : ball
20. - (void)player:(int)f;
21. - (void)play;
22. @end
```

程序清单：sourceCode\03\duotai\football.m

```
23. #import "football.h"
24. @implementation football
25. - (void)player:(int)f
26. {
27.     players = f;
28. }
29. - (void)play
30. {
31.     NSLog(@"足球是%d个人的运动",players);
32.     NSLog(@"足球比赛开始了！");
33. }
34. @end
```

程序清单：sourceCode\03\duotai\ball.h

```
35. #import <Foundation/Foundation.h>
36. @interface ball : NSObject
37. {
38.     int players;
39. }
40. - (void)player:(int)b;
41. - (void)play;
42. @end
```

程序清单：sourceCode\03\duotai\ball.m

```
43. #import "ball.h"
44. @implementation ball
45. - (void)player:(int)b
46. {
       players= b;
47. }
48. - (void)play
49. {
50.     NSLog(@"比赛开始了！");
51.     NSLog(@"球类比赛不是%d个人的比赛",players);
52. }
53. @end
```

程序清单：sourceCode\03\duotai\main.m

```
54. #import <Foundation/Foundation.h>
```

```
55. #import "basketball.h"
56. #import "football.h"
57. int main(int argc, const char * argv[])
58. {
59.     @autoreleasepool {
60.         ball *ballgame = [[ball alloc]init];
61.         ball *basketballgame = [[basketball alloc]init];
62.         ball *footballgame = [[football alloc]init];
63.         [ballgame player:1];
64.         [basketballgame player:5];
65.         [footballgame player:11];
66.         [ballgame play];
67.         [basketballgame play];
68.         [footballgame play];
69.     }
70.     return 0;
71. }
```

控制台输出结果如下所示。

比赛开始了!
球类比赛不是 1 个人的比赛
篮球是 5 个人的运动
篮球比赛开始了!
足球是 11 个人的运动
足球比赛开始了!

我们定义了三个类，ball 类的父类是 NSObject 类，而 basketball 类和 football 类是 ball 类的子类，可以看到这三个类中都有 play 这个方法，但是它们属于不同的类，这就是多态的应用，能使得同一个函数有不同的表达方式。两个子类中还有 player 方法也是多态的运用。

其实如果要算是完整的一个多态的表现，还要满足下面三个条件：有继承关系，上述例子中 basketball 类和 football 类就是继承了 ball 类，所以有继承关系；有方法重写，在两个子类中都分别重写了 player 方法和 play 方法；父类的声明变量指向子类对象，在主函数中，声明对象的时候都是用的两个子类的父类 ball 类，所以满足多态的三个条件。读者在使用多态的时候，也要注意完整定义这三个条件。

当在主函数中通过这三个类的对象分别调用 play 方法的时候，系统如何知道执行哪个方法呢？要知道，系统总是携带有关"一个对象属于哪个类"这样的概念信息，所以当程序运行时，系统知道消息的接收者具体是哪一个类的对象，这样就能选择定义在该类中的方法，而不会去调用其他类中的同名方法。通过这样的概念就能轻松理解面向对象中多态的概念。

3.3.2 动态类型

在 Objective-C 中，除了基本的数据类型外，还有一种特殊的数据类型，那就是动态类型——id 类型。

id 类型可以存储任何类型的对象，换句话说，也可以将它划分到基础数据类型中。下面声明一个 id 类型的变量。

```
id Numbers
```

在声明了 id 类型的变量后，Numbers 可以存储任何类型的对象，那么可以声明一个具有 id 类型返回值的方法，用于创建实例。

```
-(id) NewNumbers:(int)number;
```

可以发现，id 类型不仅仅可以定义变量，可以定义方法，使方法的返回值是动态的，这就可以在编程中实现更好的代码灵活性。

3.3.3 动态绑定

上一节我们介绍了 id 数据类型，如果在编程中使用这种数据类型存储对象，那么在程序执行期间，这种数据类型的真正优势就展现出来了。下面通过一个例子来说明动态绑定的使用。

打开 XCode，创建 2 个类：intNumber 类和 floatNumber 类。创建方法如图 3-3 所示。

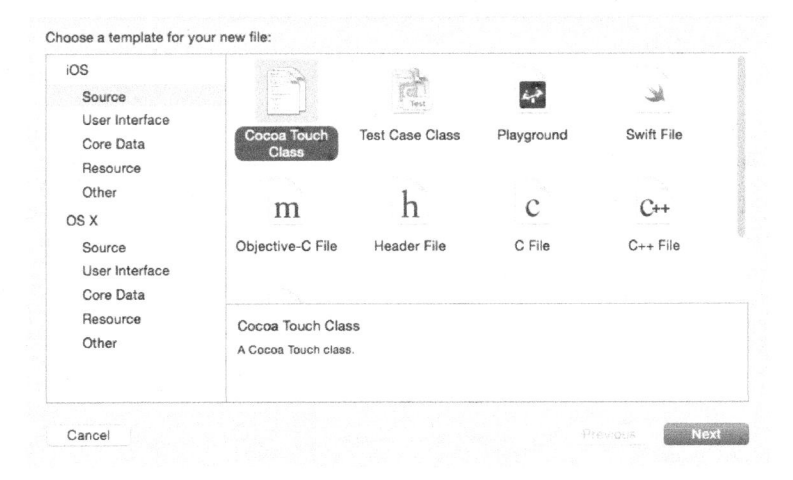

图 3-3 创建 Cocoa Touch 类

程序清单：SourceCode\03\DBind\intNumber.h

```
1.  #import <Foundation/Foundation.h>
2.  @interface intNumber : NSObject
3.  @property int A,B;
4.  - (void)setA:(int)a andB:(int)b;
5.  - (int)add;
6.  @end
```

程序清单：SourceCode\03\DBind\intNumber.m

```
7.  #import "intNumber.h"
8.  @implementation intNumber
9.  @synthesize A,B;
10. - (void)setA:(int)a andB:(int)b
```

```
11.  {
12.      A = a;
13.      B = b;
14.  }
15.  - (int)add
16.  {
17.      int result;
18.      result = A + B;
19.      NSLog(@"%d + %d =%d",A,B,result);
20.      return result;
21.  }
22.  @end
```

程序清单：SourceCode\03\DBind\floatNumber.h

```
23.  #import <Foundation/Foundation.h>
24.  @interface floatNumber : NSObject
25.  @property float A,B;
26.  - (void)setA:(float)a andB:(float)b;
27.  - (float)add;
28.  @end
```

程序清单：SourceCode\03\DBind\floatNumber.m

```
29.  #import "floatNumber.h"
30.  @implementation floatNumber
31.  @synthesize A,B;
32.  - (void)setA:(float)a andB:(float)b
33.  {
34.      A = a;
35.      B = b;
36.  }
37.  - (float)add
38.  {
39.      float result;
40.      result = A + B;
41.      NSLog(@"%f + %f =%f",A,B,result);
42.      return result;
43.  }
44.  @end
```

程序清单：SourceCode\03\DBind\main.m

```
45.  #import <Foundation/Foundation.h>
46.  #import "intNumber.h"
47.  #import "floatNumber.h"
48.  int main(int argc, const char * argv[]) {
49.      @autoreleasepool {
50.          id dataValue;                        //动态类型变量
```

```
51.     intNumber *numberInt = [[intNumber alloc]init];
52.     floatNumber *numberFloat = [[floatNumber alloc]init];
53.     [numberInt setA:10 andB:20];
54.     [numberFloat setA:12.57 andB:32.31];
55.     dataValue = numberInt;              //第一个 dataValue
56.     [dataValue add];
57.     dataValue = numberFloat;            //第二个 dataValue
58.     [dataValue add];
59.     }
60.     return 0;
61. }
```

控制台输出结果如下所示。

```
DBind[982:55699] 10 + 20 =30
DBind[982:55699] 12.570000 + 32.310001 =44.880001
```

在代码中，我们看到变量 dataValue 被声明为 id 对象类型，但是需要特别注意的是，声明中并没有使用 '*'。因为是 id 类型，所以，dataValue 可以用来保存程序中任何类型的对象。

intNumber 被设置为 10+20，floatNumber 被设置为 12.57+32.31。我们看到代码第 55 行，赋值语句"dataValue = numberInt;"将 numberInt 保存到 dataValue 中。那么现在 dataValue 可以实现什么功能呢？其实，可以使用 dataValue 调用 intNumber 对象的所有方法，即保证 dataValue 是一个 id 类型，而不是 intNumber。

以上还可以看到，在程序清单中的第 56 行和第 58 行分别调用了 add 方法，然而运行后控制台打印出的结果不同，那么系统怎么知道 dataValue 调用的是哪一个 add 方法呢？这是因为 Objective-C 语言的系统总是跟踪对象所属的类，运行时先判定对象所属的类，然后在运行时再确定需要动态调用的方法，而不是在编译的时候。因此，在程序执行的时候，当系统准备将 add 消息发送给 dataValue 时，它会检查 dataValue 中存储的对象所属的类，例如这里检查到 dataValue 变量保存了一个 intNumber 对象，此时，系统将 intNumber 类中定义的 add 方法发送给 dataValue，这就是动态绑定的概念。

在实际的编程中，动态绑定的思想运用非常广泛，笔者希望通过这个简单的例子，可以使读者具备在编程中思考合适的时机加入动态绑定的思想。

3.4 对象的复制

3.4.1 系统类的复制

与 C++和 Java 等面向对象编程语言类似，Objective-C 中也有对象复制（拷贝）的概念。那么对象复制是什么？什么时候会用到呢？下面通过一个场景对其进行分析。

假设一个对象中拥有一个数组对象，现在又需要生成一个对象，同时将现有的对象赋值给这个新对象，那么问题出现了，这两个对象中的数组对象是同一个，也就是说，当在一个对象中对数组对象进行修改时,那么另一个对象中的数组对象也会同时被修改,也就是说这两个对象中的数组对象是共享的。有时,也需要不同时改变这两个数组对象,所以对象复制的概念由此而生。

我们还是通过一个例子对系统类的复制,也称为 copy 与 mutableCopy 进行讲解。在 XCode 中新建一个对象拷贝工程。

程序清单:SourceCode\03\copy\main.m

```
1.  #import <Foundation/Foundation.h>
2.  int main(int argc, const char * argv[])
3.  {
4.      @autoreleasepool {
5.          NSMutableArray *array1 = [NSMutableArray arrayWithObjects:@"one",@"two",nil];
6.          NSMutableArray *array2 = [array1 retain];
7.          //retain只是引用计数+1,没有创建新的对象
8.          //array1与array2指针相同,指向同一个对象
9.          if(array1 == array2){
10.             NSLog(@"array1 == array2");
11.             NSLog(@"array1的引用计数:%ld",array1.retainCount);
12.         }
13.     }
14.     return 0;
15. }
```

控制台运行结果如下所示。

```
[1102:66787] array1 == array2
[1102:66787] array1 的引用计数:2
```

在讲解对象复制前,引出一个 retain 的概念,与 copy 类似,retain 也可以快速创建对象。但是,retain 只是使原对象的引用计数+1,并没有创建新的对象,这两个对象的指针相同,指向同一个对象。所以在控制台中看到程序运行的结果是,array1 的引用计数为 2。

注意,这里需要去掉 ARC 机制选项才能使用 retain 方法,修改的方法在前面也已经提到,这里就不再赘述了。

下面对程序清单 copy 进行修改,加入对象复制。代码如下。

```
NSMutableArray *array1 = [NSMutableArrayarrayWithObjects:@"one",@"two",nil];
    NSMutableArray *array2 = [array1 copy];
    if(array1 != array2){
        NSLog(@"array1 != array2");
        NSLog(@"array1的引用计数:%ld",array1.retainCount);
        NSLog(@"array2的引用计数:%ld",array2.retainCount);
    }
```

控制台运行结果如下所示。

```
[1128:68639] array1 != array2
```

```
[1128:68639] array1 的引用计数:1
[1128:68639] array2 的引用计数:1
```

如代码清单所示，通过 copy 方法，快速创建了一个数组 array2，copy 方法用于不可变数组，mutableCopy 方法用于可变数组。我们看到控制台的结果是，array1 和 array2 的引用计数都是 1，这就说明 copy 方法是新建一个对象，和 retain 方法有所区分，并且通过代码可以看出，array1 并不等于 array2。

3.4.2 深拷贝和浅拷贝

拷贝也分深拷贝和浅拷贝，我们用简单的语句描述这两者的区别。

深拷贝：拷贝属性对象的所有内容。

浅拷贝：只拷贝所有属性对象的指针。

举一个浅拷贝的例子。

程序清单：SourceCode\03\shallowCopy\main.m

```
1.   #import <Foundation/Foundation.h>
2.   int main(int argc, const char * argv[]) {
3.       @autoreleasepool {
4.           NSMutableArray *dataArray = [NSMutableArray arrayWithObjects:
5.                               [NSMutableString stringWithString:@"1"],
6.                               [NSMutableString stringWithString:@"2"],
7.                               [NSMutableString stringWithString:@"3"],
8.                               nil];
9.           NSMutableArray *dataArray2;
10.          NSMutableString *msg;
11.          NSLog(@"dataArray: ");
12.          for (NSString *string in dataArray) {
13.              NSLog(@"   %@",string);
14.          }
15.          dataArray2 = [dataArray mutableCopy];
16.          msg = [dataArray objectAtIndex:0];
17.          [msg appendString:@"0"];
18.          NSLog(@"dataArray: ");
19.          for (NSString *string in dataArray) {
20.              NSLog(@"   %@",string);
21.          }
22.          NSLog(@"dataArray2: ");
23.          for (NSString *string in dataArray2) {
24.              NSLog(@"   %@",string);
25.          }
26.      }
27.      return 0;
28.  }
```

控制台运行结果如下所示。

```
[1181:75993] dataArray:
[1181:75993]    1
[1181:75993]    2
[1181:75993]    3
[1181:75993] dataArray:
[1181:75993]    10
[1181:75993]    2
[1181:75993]    3
[1181:75993] dataArray2:
[1181:75993]    10
[1181:75993]    2
[1181:75993]    3
```

在代码中，我们首先创建了一个数组，并对其赋了字符串值，然后拷贝一份，并对数组下标为 0 的元素进行修改，通过 objectAtIndex 方法找到下标为 0 的元素，然后通过 appendString 方法在字符串后面添加内容。**注意**，修改后，dataArray 和 dataArray2 的下标为 0 的元素的值都改变了，这是为什么呢？因为在 dataArray 调用 objectAtIndex 方法时，返回的对象与 dataArray 中的第一个元素都指向内存中的同一个对象，虽然说 mutableCopy 方法为新对象创建了一个新的内存空间，但是它的指针指向的是同一块地址，这就是浅拷贝的概念，只是对属性对象的指针。

要解决这种情况，需要进行对象的深拷贝，这里笔者希望读者能够自己去实现深拷贝，在习题中对其进行训练。

3.5 iOS 中的内存管理

我们知道在 Java 和 .NET 等其他语言当中，都为用户提供了自动内存管理的机制，因此我们不需要去关心内存会不会泄露等问题。但是在 iPhone 开发中需要开发者手动管理内存，所以需要了解 iPhone 开发中内存管理的相关知识，下面就带读者了解 Objective-C 中内存管理机制和一些特性。

3.5.1 内存管理基础知识

我们知道 iOS 设备的 RAM（Random Access Memory）大小是有限的，所以要对 RAM 进行实时的管理。当应用程序运行时占用的内存都是取于 RAM 的。操作系统启动应用时，会为应用保留一部分空闲的 RAM，称为**堆区**。在创建实例时，会从堆区中取出一小块供其使用，当不需要使用对应的对象时，应该及时地释放分配给它的内存。

在前面学习的知识中，了解到 Objective-C 中是使用 alloc 方法为所有 Objective-C 类创建实例的，但是当为实例分配内存之后，还不能使用，要通过 init 方法将实例化对象进行初始化。init 方法是一个实例方法，一个类中会含有多个 init 方法，这些方法都是以 init 开头的。以下面几行代码为例来说明。

```
1.  #import <Foundation/Foundation.h>
2.  #import "person.h"
3.  int main(int argc, const char * argv[])
4.  {
5.      @autoreleasepool {
6.          person *Person1 = [person alloc];
7.          [Person initWithName:@"jack" AndAge:20];
8.      }
9.      return 0;
10. }
```

以上代码中，我们创建了一个 person 类对象，并用相应的变量将其进行了初始化。在 Objective-C 中，局部变量是放在栈区中的，而 alloc 的内存区域是在堆区中的。

Person 对象在栈区中有一块区域，而这个区域又指向堆区属于自己的内存区域。

一般在重写 init 方法时，会调用父类的初始化方法，通过"[super init]"，init 方法返回的值是 id 类型，描述了被初始化的对象。代码如下。

```
1.  - (id)init
2.  {
3.      self = [super init];
4.      if(self){
5.          //初始化代码
6.      }
7.      return self;
8.  }
```

如果父类初始化失败，则会返回 nil，就无法进行当前类的初始化操作。我们也可以这样理解上述代码，init 方法完成对子类对象的初始化，可以将此工作分为两个部分：继承父类的对象的初始化，子类对象本身对象的初始化，所以"[super init]"其实就是父类对象的初始化，而在中括号内才是对子类自身的对象进行初始化。

在分配内存之后如果想将该内存还给堆区，可以通过 dealloc 方法来实现，当对象收到 dealloc 消息时，会将其占用的内存还给堆区。

其实 Objective-C 作为 C 语言的超集，两者在内存管理方面还是有许多相似之处，例如 Objective-C 使用 alloc 方法来分配内存，而 C 语言使用 malloc 方法；在内存释放方面，Objective-C 使用 dealloc 方法，代替了 C 语言中的 free 方法。但是我们要知道在 Objective-C 中不能直接向对象发送 dealloc 消息，只能由对象自己向自己发送 dealloc 消息。那么对象如何知道什么时候释放内存呢？这就要引入引用计数的概念。

3.5.2 引用计数

Cocoa Touch 框架采用手动引用计数（mrc）来管理内存，对象不知道具体的拥有方，只是知道拥有方的个数，当拥有方（引用计数）为零时，就调用 dealloc 方法来释放内存。我们举个简单的例子来帮助读者理解引用计数这个概念。小明家有一只小狗，家人吃完饭带着这只小狗去遛弯,爸爸、妈妈和小明都牵着小狗,当 3 个人都将手中的绳子松开时,小狗就"自由"了,没有拥有方,就会"释放"自己。

- retain 计数和 release 管理内存

对象通过 retain 计数知道拥有方的个数。当用户创建一个实例后,对象将得到一个拥有方,此时的 retain 计数值为 1;如果又有一个拥有方加入,则 retain 计数加 1;当对象失去一个拥有方时,会收到 release 消息,此时的 retain 计数减 1;当 retain 计数为 0 时,对象就会向自己发送一个 dealloc 消息,释放相应的内存。**还有重要的一点,当引用计数为 0 时,对象就不能再使用 release 和其他方法,否则系统会出现内存方面的错误。**

我们在上述代码的基础上,再创建一个对象,来理解 retain 和 release 的使用。代码如下。

```
1.  #import <Foundation/Foundation.h>
2.  #import "person.h"
3.  int main(int argc, const char * argv[])
4.  {
5.      @autoreleasepool {
6.          person *Person1 = [person alloc];
7.          [Person1 initWithName:@"jack" AndAge:20];
8.          person *Person2 = Person1;
9.          [Person2 retain];
10.         [Person1 release];
11.         [Person2 release];
12.     }
13.     return 0;
14. }
```

我们看到创建 Person1 对象时,因为调用了 alloc 方法,所以此时的引用计数为 1。创建 Person2 时也要使用该对象,但此时还不能使用,必须先 retain 才能使用,此时的引用计数为 2。当 Person1 不使用该对象时,通过 release 将引用计数减 1,此时的计数为 1,然后 Person2 使用完之后,调用 release 将引用计数再减 1,此时的 retainCount 为 0,对象就会向自己发送一个 dealloc 消息,释放相应的内存给堆区。

我们也可以来总结一下其中的规则,例如谁使用,谁先 retain;用完要注意 release。这样就不会出现内存泄露。

> Tips:
> 虽然说内存管理的规则很简单,但是在实际项目中,内存管理还是很复杂的部分。

- 实例变量的属性

我们在定义变量的 getter 和 setter 方法时,需要设置实例变量的属性,如

@property (nonatomic,retain) NSString *name;

那么,括号中的两个属性又是什么含义呢?接下来我们就来了解实例变量的属性。

常见的属性有 assign, copy, retain, readonly 和 nonatomic 等。

(1) assign:对基础数据类型(NSInteger)和 C 类型数据(int, float, char 等)使用 assign

属性只是简单的赋值，不改变引用计数。

（2）copy：copy 属性用于 NSString 对象，它将创建一个引用计数为 1 的对象，然后释放原先的旧对象。

（3）retain：用于其他 NSObject 和 NSObject 子类。当添加 retain 属性时，将释放旧的对象，将旧对象的值赋予输入对象，再提高输入对象的引用计数为 1。

我们举一个例子来看这三种属性的区别：

```
NSString *myString = [[NSString alloc]initWithString:@"hello"];
```

以上代码执行时会完成两个操作，因为 alloc 了一块内存区域，所以会在堆区分配一段内存来存储字符串，例如内存地址为 0X1234，内容为"hello"，此时就会在栈区分配一段内存来存储字符串对象 myString，假设地址为 0XABCD，内容为堆地址 0X1234。

（1）当使用 assign 属性时，例如

```
NSString *myString2 = [myString assign];
```

此时 myString2 和 myString 完全相同，地址都是 0XABCD，内容为 0X1234，那么对这两者任何一个进行操作均相当于对另一个进行操作，所以引用计数不改变。

（2）当使用 retain 属性时，例如

```
NSString *myString2 = [myString retain];
```

此时 myString2 的地址不再与 myString 一样，但是内容还是一样，为 0X1234。因此 myString2 和 myString 都可以来管理@"hello"所在的内存，都是拥有方，因此运用此属性时引用计数要加 1。

（3）当使用 copy 属性时，例如

```
NSString *myString2 = [myString copy];
```

此时会在堆区重新分配一段内存存储字符串@"hello"，例如内存为 0X1222，内容为@"hello"，同时会在栈区为 myString2 分配空间，例如地址为 0XBBCD，内容为 0X1222，因此引用计数要加 1。

还有 2 种主要的属性，一个是 readonly，它表示这个属性是只读的，只生成 getter 方法，没有 setter 方法，例如，在.h 文件中声明实例变量的属性。

```
@property(nonatomic,readonly) NSString *name;
```

这说明 name 变量只有 getter 方法，如果在 main 函数中调用 name 变量的 setName 方法，系统就会报错。代码如下。

```
1.   #import <Foundation/Foundation.h>
2.   #import "person.h"
3.   int main(int argc, const char * argv[])
4.   {
5.       @autoreleasepool {
6.           person *Person1 = [[[person alloc]init]autorelease];
7.           [Person1 setAge:20];
8.           [Person1 setName:@"jack"];//'person' may not respond to 'setName'
9.           person *Person2 = Person1;
10.          [Person2 retain];
```

```
11.         //[Person1 release];
12.         [Person2 release];
13.     }
14.     return 0;
15. }
```

另一个属性 nonatomic，表示非原子访问，不加同步，多线程并发访问会提高性能。在我们没有学习多线程编程时，一般使用这个属性。

3.5.3 自动释放池和 ARC

• autoreleasepool

autorelease 提供了一种延迟释放的功能，实际上是把对 release 的调用延迟了，对于每一个 autorelease，系统只是把该对象放入了当前的 autoreleasepool 中，当自动释放池被释放时，该 pool 中的所有对象会调用 release。那么有的读者就会问：自己手动地 release 来管理内存不行吗？这种 autorelease 有什么好处呢？我们对此的理解是，它有一个作用就是可以做到使每个函数对自己申请的对象负责，即自己申请，自己释放，该函数的调用者不需要关心其内部申请对象的管理。

要使用 autorelease 命令，首先要手动创建一个自动释放池。

NSAutoreleasePool *pool = [[NSAutoreleasePool alloc]init];

以下我们在上述代码中调用 autorelease 命令。

```
1.  #import <Foundation/Foundation.h>
2.  #import "person.h"
3.  int main(int argc, const char * argv[])
4.  {
5.      @autoreleasepool {
6.          person *Person1 = [[[person alloc]init]autorelease];
7.          [Person1 setAge:20];
8.          [Person1 setName:@"jack"];
9.          person *Person2 = Person1;
10.         [Person2 retain];
11.         //[Person1 release];
12.         [Person2 release];
13.     }
14.     return 0;
15. }
```

我们将新创建的对象设置了 autorelease，就不需要再对 Person1 进行 release 了。当程序运行到最后时，该对象的引用计数还是 1，那么该对象什么时候才会被释放呢？其实，autoreleaspool 就是一个 NSMutableArray。当 autoreleasepool 销毁时，会遍历其内部 release 数组中的每一个成员。如果数组中某元素的引用计数为 1，那么经过[pool drain]后的值变为 0，则该元素被销毁。

所以，在代码中被标记 autorelease 的对象只有在程序结束时才会被销毁，它体现了延迟释放的特点。

> **Tips：**
> 在新版本的 Xcode 中，用@autoreleasepool{}代替了原先定义自动释放池的方法，效果是一样的。

正是因为 autorelease pool 是当程序结束时才会被销毁，如果在程序运行的过程中创建许多标记了 autorelease 的实例，那么这些对象只有在程序运行结束后才会被销毁，这样的话，内存得不到及时的释放，可用的内存越来越少，就会造成在应用程序运行当中内存不足的情况。因此用户可以自己手动创建一个自动释放池，代码如下。

```
1.  #import <Foundation/Foundation.h>
2.  #import "person.h"
3.  int main(int argc, const char * argv[])
4.  {
5.      @autoreleasepool {
6.          person *Person1 = [[[person alloc]init]autorelease];
7.          person *Person2 = Person1;
8.          [Person2 retain];
9.          [Person2 release];
10.         NSAutoreleasePool *objectpool = [[NSAutoreleasePool alloc]init];
11.         {
12.             person *a = [[[person alloc]init]autorelease];
13.             person *b = [[[person alloc]init]autorelease];
14.             person *c = [[[person alloc]init]autorelease];
15.             [objectpool drain];
16.         }
17.     }
18.     return 0;
19. }
```

这样嵌套了一个自动释放池，可以将定义了 autorelease 的对象及时释放掉，以增加可用的内存空间。

ARC 机制为程序员提供了自动管理引用计数的功能，因此就不需要在代码中使用 retain、release 来管理内存了，统统交给系统自动完成。在以前版本的 Xcode 中如果要加入 ARC 功能，则在新建工程时勾选"Use Automatic Reference Counting"这个选项即可，如图 3-4 所示。

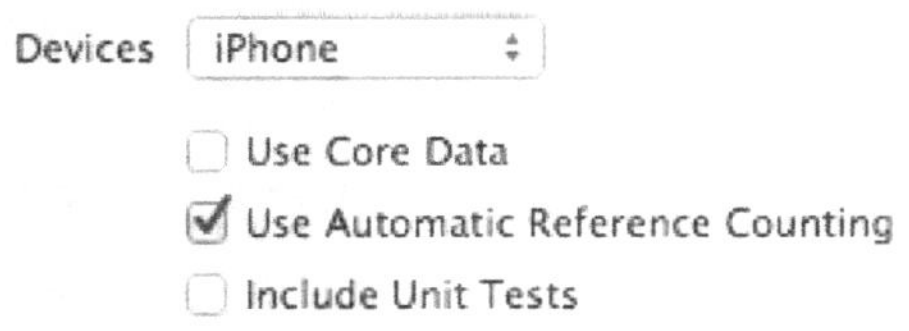

图 3-4 在工程中加入 ARC 功能

在最新版本的 XCode（6.0）中，新建之后的项目都是使用 ARC 机制的，如果不需要使用 ARC 机制，则需要在项目的 Build Setting 中去除 ARC 选项，如图 3-5 所示。

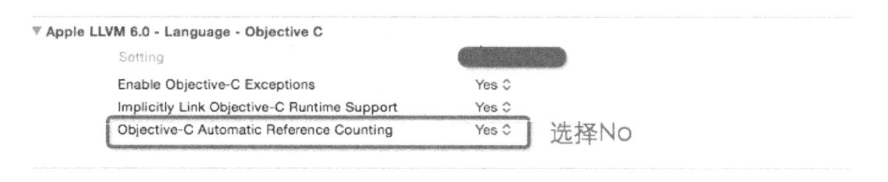

图 3-5　勾选 Objective-C ARC 机制为 No

ARC 机制能让用户的代码量减少许多，因为不需要再考虑令人头痛的内存管理问题了，只需要将全部的精力放到产品的设计和实现上，我们可以查看使用 ARC 和不使用 ARC 时的代码量的情况，图 3-6 来自苹果公司官方文档。

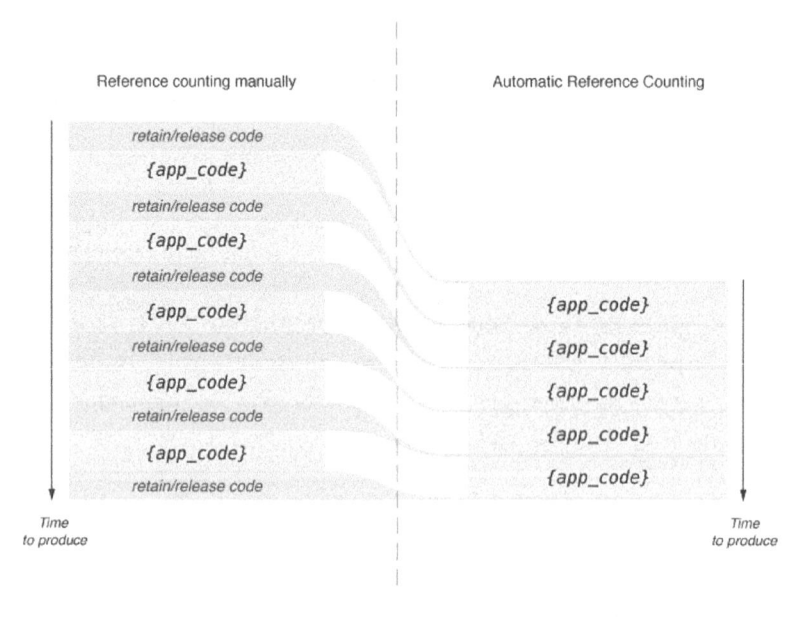

图 3-6　非 ARC 和 ARC 代码量比较

可以看出，使用 ARC 之后，工作量减少了许多。但是读者又会有疑问，有 ARC 机制为什么还要学习前面的内存管理呢？确实 ARC 机制可以免去自己管理内存的麻烦，但是 ARC 机制并不是那样的完美，往往会出现这样或那样的问题。有许多的工作人员就抱怨使用 ARC 之后还会有内存的问题，是因为存在 ARC 代码和非 ARC 代码混用的问题，如果不是非常熟悉 Objective-C 中的内存管理机制，还是尽量不要使用 ARC 机制，手动管理引用计数虽然比较麻烦，但是它很直观，便于后期的维护。如果使用的是 ARC 机制，那么它自动地 release 消息是看不到的，这样不利于修改和维护。

总而言之，作为初学者，最好先熟悉手动管理内存，当熟悉内存管理机制之后可以考虑在项目中加入 ARC 机制。我们在这里只是告诉读者 Xcode 中提供了一种 ARC 机制供编程人员使用。在本书中，大多情况下都是使用 ARC 机制，若代码中出现与内存管理有关的代码，如 release，retain 等，读者可以通过对 ARC 机制的勾选实现最后的效果。

本章小结

在本章中，我们了解了 Objective-C 面向对象的相关知识，了解了 iOS 中面向对象的编程思想，其中动态绑定是 Objective-C 的特点，掌握其用法，能够让自己的代码具有更强的灵活性和可读性。内存管理也是 iOS 开发中的重中之重，因为移动设备的内存有限，如何合理地管理内存，就成为了 iOS 开发中的关键点。

习题 3

1. 选择身边的事物为一个类，并定义相应的实例变量，定义至少 5 个方法，并实现它。通过相应的方法将结果输出在控制台上。

2. 在第 1 题的基础上，定义一个类的子类，并重写父类中的方法，通过对象分别调用相应的方法。

3. 编写一个程序，能够分别计算矩形、正方形和三角形的周长和面积。用面向对象的知识完成。

4. 定义两个类，一个为父类，另一个为子类，在子类中分别用深拷贝和浅拷贝去初始化对象，并实现父类的方法。

第 4 章　iOS 开发常用设计模式

谈起设计模式，开发者的第一印象可能是有些畏惧但也会激发开发的热情，因为如果开发人员能够在开发中很好地利用某些特定的开发模式，则能对自己编写的程序起到画龙点睛的作用。但是，设计模式其实是一个非常复杂的庞大体系，即使是同一个设计模式在不同的环境下，它的执行也存在着差异，要真正地掌握好设计模式还是需要开发者花费许多心血的。

本章中，笔者意在用最简单的表达方式，让读者了解到设计模式的概念及运用情况。说了这么多，到底什么是设计模式呢？设计模式是在开发特定场景中解决特定问题的方案，而这些方案都是通过开发人员反复论证测试出来的结论，供其他开发人员使用。

【教学目标】
❖ 了解 iOS 开发中的设计模式
❖ 掌握协议代理、通知及 MVC 设计模式，并灵活使用

4.1　协议代理设计模式

在讲解协议代理设计模式之前，首先需要介绍 iOS 编程中一个比较重要的概念，就是协议（protocol）。协议比较类似于 Java 中的接口，但与接口不同的是，协议没有父类，也不能定义实例变量，我们在协议中定义相应的方法，在其他的类中进行实现，因此，协议也是 iOS 开发中比较特殊的一种程序设计结构。

协议的结构如下：

```
#import <Foundation/Foundation.h>
@protocol HelloProtocol <NSObject>
- (void) requiredMethod;
@optional
- (void) optionalMethod1;
- (void) optionalMethod2;
@end
```

协议有两种方法：一种是必须实现的方法，也就是 required 方法；另一种是可选的方法，即 optional。引入了协议的类，必须实现 required 方法，可以选择实现 optional 方法。

我们下面来看怎样在编程中加入协议，也就是协议的声明方法。打开 XCode，新建一个 Command Line Tool 应用，并新建一个 Person 类（Person 类包括姓名字符串变量）和一个设置名字的方法。

程序清单:SourceCode\04\protocol-delegate\Person.h
1. #import <Foundation/Foundation.h>
2. @interface Person : NSObject
3. {
4.   NSString *_name;
5. }
6. - (void)setName:(NSString *)name;
7. @end

程序清单:SourceCode\04\protocol-delegate\Person.m
8. #import "Person.h"
9. @implementation Person
10. - (void)setName:(NSString *)name
11. {
12.   _name = name;
13. }
14. @end

接下来我们新建一个 protocol 协议,创建的步骤如图 4-1 所示。

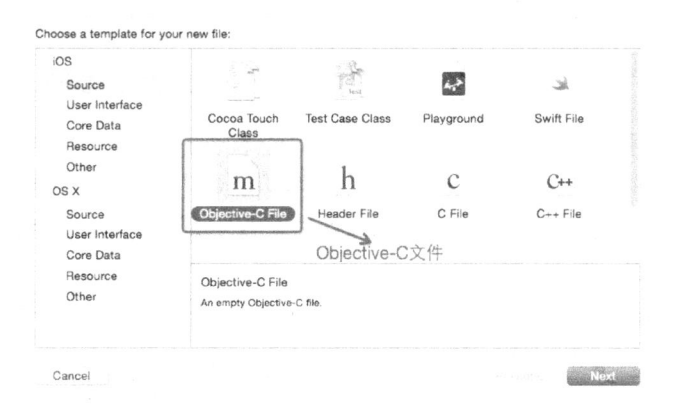

图 4-1 创建 Objective-C 文件

〖步骤 1〗 首先在"iOS"→"Source"中新建 Objective-C 文件,然后在弹出的对话框中选择文件类型,选择 Protocol 文件,如图 4-2 所示。

图 4-2 选择 Objective-C 文件类型为 Protocol

【步骤 2】 在 protocol 协议文件中,我们定义一个 required 方法和一个 optional 方法。

程序清单:SourceCode\04\protocol-delegate\sayHelloProtocol.h

```
1.  #import <Foundation/Foundation.h>
2.  @protocol sayHelloProtocol <NSObject>
3.  @required
4.  - (void)sayHello;
5.  @optional
6.  - (void)handshake;
7.  @end
```

【步骤 3】 定义了一个必须实现的 sayHello 方法和一个选择实现的 handshake 方法,接下来需要在 Person 类中引入创建好的 sayHelloProtocol。引入方法如下。

程序清单:SourceCode\04\protocol-delegate\Person.h

```
8.  #import <Foundation/Foundation.h>
9.  #import "sayHelloProtocol.h"
10. @interface Person : NSObject<sayHelloProtocol>
11. {
12.     NSString *_name;
13. }
14. - (void)setName:(NSString *)name;
15. @end
```

注意代码中加粗的部分,这就是引入 protocol 文件的方法,先使用 import 语句将 protocol 头文件引入,然后在 NSObject 父类后面用尖括号将协议引用,这样就完成了在 Person 类中引用 sayHelloProtocol 协议。引用完成后需要实现协议中定义的方法,如果不实现,系统会报错,报错信息如下。

```
protocol-delegate/protocol-delegate/Person.m:11:17: Method 'sayHello' in protocol 'sayHelloProtocol' not implemented
```

系统告诉我们,'sayHello' 这个协议方法没有实现,但没有提示 'handshake' 方法,这也进一步说明了 required 方法和 optional 方法的区别。

【步骤 4】 接下来在 Person 类中实现协议方法。

程序清单:SourceCode\04\protocol-delegate\Person.m

```
16. #import "Person.h"
17. @implementation Person
18. - (void)setName:(NSString *)name
19. {
20.     _name = name;
21. }
22. - (void)sayHello
23. {
24.     NSLog(@"%@ say hello to everyone!",_name);
25. }
26. @end
```

【步骤 5】 最后,通过 main.m 文件测试 Person 实现的协议方法。

程序清单：SourceCode\04\protocol-delegate\main.m

```
27. #import <Foundation/Foundation.h>
28. #import "Person.h"
29. int main(int argc, const char * argv[]) {
30.     @autoreleasepool {
31.         Person *p = [[Person alloc]init];
32.         [p setName:@"Jack"];
33.         [p sayHello];
34.     return 0;
35.     }
36. }
```

我们看到 main 方法中，通过 Person 类创建了一个 p 实例，然后调用 Person 本身的方法 setName，设置实例 p 的名字为 Jack，之后调用 sayHelloProtocol 协议中的 sayHello 方法，运行模拟器，一起看看最后的结果如何。

控制台运行结果如下所示。

```
protocol-delegate[542:32919] Jack say hello to everyone!
```

这里，我们通过一个比较简单直观的例子讲述了协议方法的使用。读者在了解到了协议的使用方法后，对协议代理模式会有一个更好的理解。下面就深入讲解协议代理设计模式。

我们假设的实例背景如下：有一户人家，主人叫 Peter，他养了一只狗叫 puppy，有一天，Peter 的朋友要到家里做客，本来 Peter 要出门迎接，打招呼和握手，但 Peter 要做饭，不能出门迎接，所以让自己的小狗 puppy 去迎接，puppy 需要帮主人做这两件事（打招呼和握手）。这里就需要实现一个协议，让 puppy 帮主人迎接客人。

从背景介绍中可以看出，通用类（Person 类）保持指向委托对象 puppy（viewController）的"弱引用"（id<sayHelloProtocol>delegate），委托对象 puppy 实现了 sayHelloProtocol 中的两个方法——sayHello 和 handShake。

程序清单：SourceCode\04\协议代理设计模式\sayHelloProtocol.h

```
1. @protocol sayHelloProtocol <NSObject>
2. - (void)sayHello;
3. - (void)handShanke;
4. @end
```

程序清单：SourceCode\04\协议代理设计模式\viewController.h

```
5. #import <UIKit/UIKit.h>
6. #import "sayHelloPtotocol.h"
7. @interface ViewController : UIViewController<sayHelloPtotocol>
8. @end
```

程序清单：SourceCode\04\协议代理设计模式\viewController.m

```
9. #import "ViewController.h"
10. #import "Person.h"
11. @interface ViewController ()
12. @end
```

```
13. @implementation ViewController
14. - (void)viewDidLoad {
15.     [super viewDidLoad];
16.     // Do any additional setup after loading the view, typically from a nib.
17.     Person *Peter = [[Person alloc]init];
18.     Peter.delegate = self;
19.     [Peter welcome];
20. }
21. #pragma mark - sayHelloProtocol 协议方法实现
22. - (void)sayHello
23. {
24.     NSLog(@"我代表主人欢迎您!");
25. }
26. - (void)handShanke
27. {
28.     NSLog(@"我代表主人和您握手!");
29. }
30. - (void)didReceiveMemoryWarning {
31.     [super didReceiveMemoryWarning];
32.     // Dispose of any resources that can be recreated.
33. }
34. @end
```

那么我们的委托对象，也就是 puppy（viewController）如何与 Person 类建立联系呢？可以看到代码中，引入了 Person 类，并创建了一个 Person 的实例，也就是 puppy 的主人 Peter，通过"Peter.delegate=self"语句来指定委托对象和 Person 类之间的引用关系。在 viewController 中，还实现了 sayHelloProtocol 协议方法。

程序清单：SourceCode\04\协议代理设计模式\Person.h

```
35. #import <Foundation/Foundation.h>
36. #import "sayHelloPtotocol.h"
37. @interface Person : NSObject
38. @property (nonatomic, weak)id<sayHelloPtotocol>delegate;
39. - (void)welcome;
40. @end
```

程序清单：SourceCode\04\协议代理设计模式\Person.m

```
41. #import "Person.h"
42. @implementation Person
43. - (void)welcome
44. {
45.     [self.delegate sayHello];
46.     [self.delegate handShanke];
47. }
48. @end
```

在上述代码中，我们定义了 delegate 属性，它的类型是 id<sayHelloProtocol>，它可以保存委托对象的引用。在 Person 类中，我们通过 welcome 方法让 Peter 对 puppy 发出迎接客人的指令，并让 puppy 去执行。

这就是一个简单的协议代理设计模式，Peter 让 puppy 去迎接客人。

控制台输出结果如下所示。

协议代理设计模式[675:40675] 我代表主人欢迎您！
协议代理设计模式[675:40675] 我代表主人和您握手！

4.2 通知与 KVO 机制

在 MVC 模式中，有一种重要的设计模式，称为观察者模式（Observer），那什么是观察者设计模式呢？例如，你对英美文学非常感兴趣，在学校订阅了关于英美文学的杂志与新闻，一旦有英美文学相关信息更新，就会发一份杂志或新闻给你，告诉你相应的变化。简单地说就是 A 对 B 感兴趣，就设置 B 为观察者，当 B 的内容发生变化时，就告诉 A，这就是典型的观察者模式。而观察者模式包括通知与 KVO，本节中我们将对这两种机制进行详细的讲述。

4.2.1 通知（NSNotification）

通知的使用非常简单，一个通知包括通知发布、通知监听和通知移除三个部分。我们看到通知的原理图如图 4-3 所示。

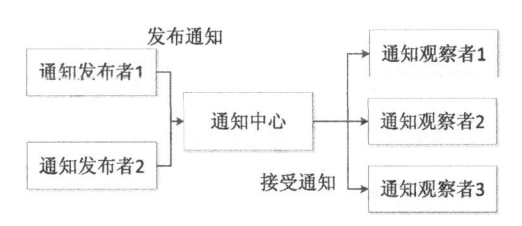

图 4-3 通知（NSNotification）机制示意图

我们对各参与者和通知消息做出相应的解释：
① 通知发布者：发布通知到通知中心；
② 通知中心：接收所有通知发布者发布的通知，并传递给通知观察者；
③ 通知观察者：接受通知中心发布的通知。

在使用通知前，我们需要创建通知对象。通知对象有两个重要的成员变量——name 和 object，name 代表了该通知的名称，也就是唯一标识这个通知对象，object 代表了通知的发送者。创建通知对象的方法如下。

```
NSNotification *notification = [NSNotification notificationWithName:
(NSString *) object:(id) userInfo:(NSDictionary *)]
```

Notification 对象还包含了一个可选参数——字典（Dictionary），字典中存储了一些值传递的过程，供接收者使用。

通知创建完成后，需要控制通知中心发送通知，系统中所有注册的通知都将放在通知中心中，它就好像是人的大脑，控制各器官协调运作。

通知中心具有的功能有获取、发送通知、注册通知监听者和移除通知监听者。各方法如下。

- **获取通知**

  + (NSNotificationCenter *)defaultCenter

- **注册通知监听者**

  - (void)addObserver:(id)observer selector:(SEL)aSelector name:(NSString *)aName object:(id)anObject

  其中 selector 是通知执行的方法，也就是发送该通知需要完成什么功能。

- **发送通知**

  - (void)postNotificationName:(NSString *)aName object:(id)anObject

- **移除通知监听者**

  - (void)removeObserver:(id)observer name:(NSString *)aName object:(id)anObject

  在第 7 章以及第 8 章中，我们会通过实例讲解通知的使用。

4.2.2 KVO

在介绍 KVO 之前，首先介绍 KVC，因为 KVO 机制是基于 KVC 的。

KVC（NSKeyValueCoding）是代表"键-值-编码"的意思，它是一种间接访问对象属性的机制，而不是通过调用 getter、setter 方法或点语法去访问对象的属性。例如，一个 Person 类有一个名字属性，可以直接通过 KVC 机制对其赋值和访问，方法如下。

- **设置属性值**

  [self setValue:@"Jack" ForKey:@"name"]

  Value 是该属性需要设置的值，而 Key 则是该属性的名称。设置完成后，可以通过 valueForKey 方法访问属性。

- **访问属性值**

  [self valueForKey:@"name"]

  它返回的是一个字符串。

在简单介绍了 KVC 后，介绍 KVO 部分知识。KVO（NSKeyValueObserving）是代表"键-值-监听"，它确立了一个机制，即当观察的对象属性发生变化时，我们就能收到一个"通知"。这和上一节讲述的通知有所区别，通知可以有多个观察者监听通知，是一对多的关系；而 KVO 则只有一个监听者，是一对一的关系。

实现 KVO 监听机制步骤如下。

〖步骤1〗 首先需要注册监听对象。NSObject 指监听者，KeyPath 指需要监听的属性，如 Person 类中的姓名 name 属性，context 是指方便传输需要的数据，是一个指针。

```
- (void) addObserver:(NSObject *)forKeyPath:(NSString *) options:
(NSKeyValueObservingOptions) context:(void *)
```

其中，options 是监听的选项，也就是说明监听返回信息的字典。它包含两个值——NSKeyValueObservingOptionNew 和 NSKeyValueObservingOptionOld，分别代表返回信息字典的新值和旧值。

〖步骤 2〗 注册监听对象完成后，就可以实现监听方法了，监听方法在 Value 发生变化时自动调用。

```
-(void) observeValueForKeyPath:(NSString *) ofObject:(id) change:
(NSDictionary *) context:(void *)
```

其中，Object 指被监听的对象，change 字典里存储了一些变化前后的数据。在后面的内容中，将对通知和 KVO 作出详细的讲解。

4.3 MVC 模式

图 4-4 所示来自斯坦福大学 iPhone 编程课程的课件，它应该是目前最清楚地描述了 iOS 开发中核心设计模式 MVC（Model-View-Controller）机制的图示。

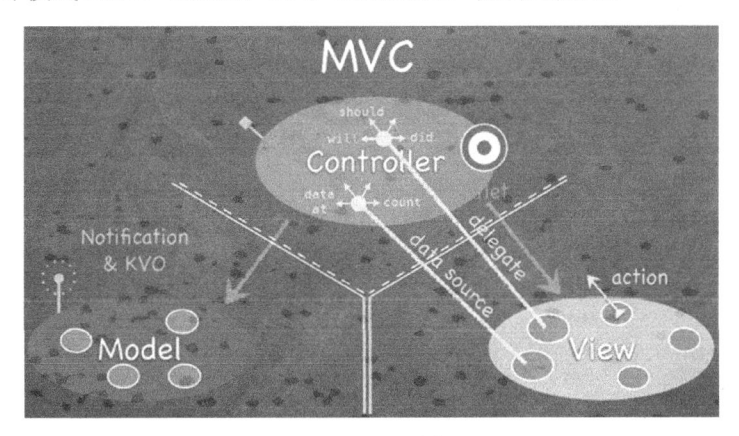

图 4-4 MVC 模型

其实从图中可以清楚地看出，MVC 模式应该称为 MCV 模式，M（Model）和 V（View）应该是分隔开的，通过 Controller 从而使两者建立了联系。这就好比在公司里，两个不同部门的员工完全不认识，需要通过第三者项目经理建立关系，而这里的第三者就是 Controller 控制器。图中用交通规则中的双黄线和虚线清楚地表示了这三者的关系。

Controller 和 View 之间的关系如下：

（1）在 View 视图中的操作可以直接"告诉"控制器以使控制器响应；
（2）View 需要实现的协议代理也可以由控制器完成；
（3）View 需要的数据源也需要控制器来提供；
（4）View 需要实现的动作也可以由控制器提供目标实现。

在 MVC 设计模式中还有一个重要的参与者就是 Model 模型，我们用简单的语句来解释模型的作用。其实模型中定义了一个应用所有需要抽象出来的数据结构以及它们之间的关系，还有获取它们的途径等。

我们回到图中，看到 Model 和 Controller 之间的交互是单向的，也就是 Model 没有指向 Controller 的箭头，这是因为模型并不需要知道 Controller 的存在，目的是为了降低程序的耦合，把此部分的模型移到其他项目中还是可以使用的。

注意到 Model 的上方有一个"无线天线"，当 Model 中的数据有修改时，Controller 如何第一时间知道呢？就是通过这个"无线天线"发送广播信息，形象一点来讲，就是谁对我的信息感兴趣，我就发给谁，这是不是和我们前面所讲述的广播有关系呢？没错，Model 可以通过广播和 KVO 方式将数据修改的情况通知给 Controller。

这就是 MVC 设计模式，它最重要的目的就是解耦合，提高代码的重用率，而这也是编程人员在编程生涯中无限的追求。

本章小结

本章介绍了 iOS 开发中几种常见的设计模式，读者若能熟练掌握开发模式，对以后的编程会有很大的帮助。

习题 4

1. 比较通知与 KVO 机制的不同，并使用两种方法实现 iOS 界面传值。
2. 搜索 MVC 设计模式相关知识，了解 iOS 开发中 MVC 框架搭建的方法。

第 5 章 iOS 基础界面编程

从本章开始，我们就要正式开始接触 iPhone 应用程序的开发了。首先要了解 iPhone 应用程序的生命周期和它的界面分布情况，UIApplication 和 UIView 相关知识是 iPhone 应用程序开发的基础，就像盖楼房一样，本章内容就是打好地基，功能的扩展就是往上加盖楼层。接下来就进入到 UI 部分的学习。

【教学目标】
- ❖ 掌握 iOS 开发基本界面布局
- ❖ 掌握 UIWindow 与 UIView 的关系，并掌握 UIView 常见子类的使用方法
- ❖ 掌握 iOS 中的坐标系统
- ❖ 掌握 iOS 中常用控件的使用

5.1 UIWindow 和 UIView

在 iOS 平台上运行的应用程序都有一个 UIApplication 类的对象，UIApplication 类继承域 UIResponder 类，它是 iOS 应用程序的起点，负责初始化和显示 UIWindow，它还将接收事件，通过委托"UIAppliactionDelegate"来处理，此外还有一项重要的功能就是帮助管理应用程序的生命周期。

我们可以看到 UIKit 框架是应用程序的基础，它通过 main 和 UIApplicationMain 进行对用户界面的管理、事件的管理和应用程序整体运行的管理。当进入到应用程序后，main 函数和 UIApplicationMain 函数相继执行，然后通过初始化窗口信息来载入应用程序的主窗口，接着会处理相应的响应事件。我们可以从应用程序的生命周期中看到应用程序有多种状态，而在开发应用程序中，程序在前台和后台的状态是不一样的，所以需要对不同状态的应用程序作出相应的操作，这样才能达到节省内存空间、节省电池电量和提升用户体验的目的。表 5-1 列出了 iOS 应用程序的状态信息。

表 5-1 应用程序状态表

状态名称	说明
Not running（未运行）	程序没有启动
Inactive（未激活）	程序在前台运行，但没有接收到事件
Active（激活）	程序在前台运行，而且接收到事件

续表

状态名称	说明
Background（后台）	程序在后台但能执行代码
Suspended（挂起）	程序在后台不能执行代码

图 5-1 是程序状态的变化图。

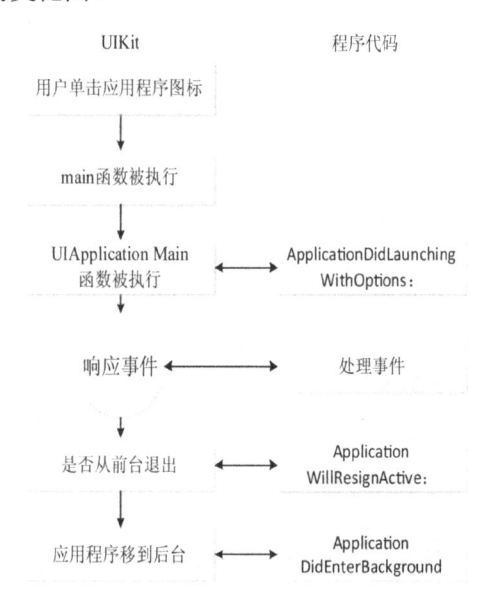

图 5-1　iPhone 应用程序状态变化图

正如在表 5-1 与图 5-1 中看到的几个程序状态，系统要作出不同的事件处理。UIApplication 的一个主要任务就是处理用户事件，它会创建一个队列，将所有用户事件都放入队列中。在处理过程中，它会发送当前事件到一个合适处理事件的控件。换句话说，UIApplication 类并不具体实现某项功能，它只是负责监听事件，当需要实际完成工作时，就将工作分配给 UIApplicationDelegate 去完成。而在 UIApplicationDelegate 中定义了许多协议需要实现，这些协议中定义好的方法就是 UIApplication 对象监听到系统变化的时候通知 UIApplication 对象代理类执行的相应方法。我们可以借助文档来查看协议中有哪些方法。以下列出了几种常见的方法。

1. `-(void)applicationWillResignActive:(UIApplication*)application`
   此方法在应用程序将要进入到非活动状态时执行，在此期间，应用程序不接收消息。
2. `-(void)applicationDidBecomeActive:(UIApplication*)application`
   此方法在应用程序将要进入到活动状态时执行，与第一个方法相反。
3. `-(void)applicationDidReceiveMemoryWarning:(UIApplication*)application`
   执行此方法可以进行内存清理以防止程序被太多内存所占用而导致程序执行终止。
4. `-(void)applicationDidFinishLaunching:(UIApplication*)application`
   此方法的功能是在程序载入后可以执行一些用户需要的操作。
5. `-(void)applicationDidEnterBackground:(UIApplication*)application`

此方法是在程序被推送到后台时调用。

注意：若在代码中提示 release 错误，则说明程序使用了 ARC（Automatic Reference Counting）机制，只需要去掉 release 方法，或者勾选去除 ARC 机制，去除方法可通过"Building Settings"中的 "Apple LLVM6.0 - Language-Objective-C"。

我们可以通过一个应用程序的运行来查看这几个方法的执行过程。在 XCode 中新建项目，使用"Single View Application"模板。在"File"菜单中选择"New File"选项，然后选择"Single View Application"模板。

程序清单：SourceCode\05\UIApplication\AppDelegate.m

```
1.  #import "AppDelegate.h"
2.  @implementation AppDelegate
3.  - (BOOL)application:(UIApplication *)application didFinishLaunchingWithOptions:(NSDictionary *)launchOptions
4.  {
5.      self.window = [[UIWindow alloc] initWithFrame:[[UIScreen mainScreen] bounds]];
6.      // Override point for customization after application launch.
7.      self.window.backgroundColor = [UIColor cyanColor];
8.      [self.window makeKeyAndVisible];
9.      return YES;
10. }
11. - (void)applicationWillResignActive:(UIApplication *)application
12. {
13.     NSLog(@"应用程序正处于非活动状态！");
14. }
15. - (void)applicationDidEnterBackground:(UIApplication *)application
16. {
17.     NSLog(@"应用程序已经在后台！");
18. }
19. - (void)applicationWillEnterForeground:(UIApplication *)application
20. {
21.     NSLog(@"应用程序正处于前台！");
22. }
23. - (void)applicationDidBecomeActive:(UIApplication *)application
24. {
25.     NSLog(@"应用程序正处于活动状态！");
26. }
27. - (void)applicationWillTerminate:(UIApplication *)application
28. {
29.     NSLog(@"应用程序将被终止！");
30. }
31. @end
```

当我们运行该应用程序时，会执行 applicationDidBecomeActive 这个方法，然后再控制台上将打印"应用程序正处于活动状态！"。接下来按"Home"键将应用程序放到后台，会执行 applicationDidEnterBackground 和 applicationWillResignActive 方法，因为程序在后台也就意味着它是处于非活动状态，在控制台上也会相应地输出："应用程序正处于非活动状态！应用程序已经在后台！"。在 iOS 4.0 之后，当用户按"Home"键后并不是执行 applicationWillTerminate 这个方法，而是 applicationDidEnterBackground 方法将被执行，并且在程序处理完 applicationDidEnterBackground 之后，将会有 5 秒钟的时间来保存数据信息。接着再查看控制台输出的结果。

控制台输出结果如下所示。

```
UIApplication[1273:56026] 应用程序正处于活动状态!
UIApplication[1273:56026] 应用程序正处于非活动状态!
UIApplication[1273:56026] 应用程序已经在后台!
UIApplication[1273:56026] 应用程序正处于前台!
UIApplication[1273:56026] 应用程序正处于活动状态!
```

5.1.1 窗口和视图

Mac OS 是支持多窗口任务的，但是在 iOS 应用程序中一般只有一个窗口，表示为一个 UIWindow 类，iOS 是单窗口多视图的一个系统。UIWindow 类一个应用程序最为基础的一个类，这就像一个画布，UIWindow 就是最底层的画布，我们需要做的就是往窗口中加入各种视图，来完善我们的"绘画作品"。UIWindow 其实也是一个视图，因为它的父类是 UIView。在创建一个应用程序时，系统会自动创建一个 UIWindow。代码如下。

```
- (BOOL)application:(UIApplication *)application didFinishLaunchingWith
Options:(NSDictionary *)launchOptions
{
    self.window = [[[UIWindow alloc] initWithFrame:[[UIScreen mainScreen]
bounds]] autorelease];
    self.window.backgroundColor = [UIColor cyanColor];
    [self.window makeKeyAndVisible];
    return YES;
}
```

在应用程序载入的时候，系统就创建了一个 UIWindow 窗口作为基本的窗口，并设置了它的尺寸等于物理设备的尺寸，通过[[UIScreen mainScreen] bounds]这条语句能获得不同设备当前的屏幕尺寸，可以通用于多种设备之间，最后让窗口显示在屏幕上。我们不用去考虑对窗口的操作，因为一般的操作都建立在视图上，但要了解窗口和视图之间的框架结构关系。

视图是 UIView 类的实例，它负责在屏幕上绘制一个矩形区域。视图的作用主要体现在用户界面的显示以及相应用户界面交互上。UIView 有父视图（superview）和子视图（subview）属性，而通过定义这两个属性，可以建立视图之间的层次关系，并且这两个属性还关系到视图坐标的确定，这部分内容会在后面的章节中详细介绍。在学习如何创建 UIView 视图之前，需要了解几个基本的概念。

有 3 个与视图相关的结构体，分别是：

- CGPoint{x,y} 代表了所在视图的坐标信息；
- CGSize{width,height}代表了所在视图的大小信息；
- CGRect{origin,size}代表了所在视图的坐标（视图左上角的点）信息和大小信息。

还有 3 个与之对应的函数：

- CGPointMake(x,y) 声明了位置信息；
- CGSizeMake(width,height) 声明了大小信息；
- CGRectMake(x,y,width,height) 声明了位置和大小信息。

下面在窗口中创建一个视图，并定义相关属性。代码如下。

```
1.  - (BOOL)application:(UIApplication *)application didFinishLaunching
WithOptions: (NSDictionary *)launchOptions
2.  {
3.      //创建窗口
4.      self.window = [[[UIWindow alloc] initWithFrame:[[UIScreen mainScreen] bounds]] autorelease];
5.      self.window.backgroundColor = [UIColor cyanColor];
6.      //创建视图
7.      UIView *baseView = [[UIView alloc]initWithFrame:CGRectMake(10, 50, 300, 400)];
8.      baseView.backgroundColor = [UIColor blackColor];
9.      [self.window addSubview:baseView];
10.     [baseView release];
11.     [self.window makeKeyAndVisible];
12.     return YES;
13. }
```

我们在程序载入方法中创建了一个视图，在系统自动创建的一个 Window 上，可以看到 Window 的大小与物理设备屏幕的大小是相同的，而我们创建的视图的大小可以由我们自己定义。例如在上面的程序中，我们就自定义了视图的大小，并将背景颜色设置与窗口的背景颜色不同，运行截图如图 5-2 所示。

图 5-2 创建一个 UIView 实例

在创建视图之后，如果要将此视图显示在 window 上，则要通过 window 将视图添加为子视图，这样才能将视图显示在窗口上。

5.1.2 iOS 坐标系统

在使用 UIView 时，视图的坐标位置是一个很重要的信息。iOS 中描述视图的坐标位置的属性有 3 个，分别是 frame、bounds 和 center，初学者对前两个属性的使用上可能会混淆，下面我们共同来学习一下 iOS 中的坐标系统。

翻开 iOS 官方文档，我们可以看到对 frame 和 bounds 有如下的描述：

- View's location and size expressed in two ways
- Frame is in terms of superview's coordinate system
- Bounds is in terms of local coordinate system

我们来稍微解释一下它们的用法，frame 属性用来描述当前视图在父视图中的坐标位置和大小；bounds 属性用来描述当前视图在其自身坐标系统中的位置和大小；而 center 属性则是描述了当前视图的中心点在其父视图中的位置。通过前面的描述，我们可以看出虽然 frame 属性和 bounds 属性都是用来描述视图的大小（CGSize）和位置（CGPoint）的，但是它们各自描述的视图不同，换句话说，两者所在的坐标系是不同的。

弄清楚这些坐标属性的用法是相当重要的，这对以后应用程序 UI 界面的设计起到关键性的作用，我们要学会通过坐标将所要的控件准确地移动到所需要的位置。下面通过一个小程序来研究 frame 属性和 bounds 属性。

程序清单：SourceCode\05\iOS Coordinate\AppDelegate.m

```
1.  @implementation AppDelegate
2.  - (BOOL)application:(UIApplication *)application didFinishLaunchingWithOptions:(NSDictionary *)launchOptions
3.  {
4.      self.window = [[UIWindow alloc] initWithFrame:[[UIScreen mainScreen]bounds]];
5.      self.window.backgroundColor = [UIColor whiteColor];
6.      UIView *view1 = [[UIView alloc]init];
7.      view1.frame = CGRectMake(0, 0, 320, 570);
8.      view1.backgroundColor = [UIColor yellowColor];
9.      [self.window addSubview:view1];
10.     [view1 release];
11.     UIView *view2 = [[UIView alloc]initWithFrame:CGRectMake(100, 100, 120, 200)];
12.     view2.backgroundColor = [UIColor cyanColor];
13.     [view1 addSubview:view2];
14.     [view2 release];
15.     NSLog(@"view2.frame.origin.x = %.1f",view2.frame.origin.x);
16.     NSLog(@"view2.frame.origin.y = %.1f",view2.frame.origin.y);
```

```
17.    NSLog(@"view2.bounds.origin.x = %.1f",view2.bounds.origin.x);
18.    NSLog(@"view2.bounds.origin.y = %.1f",view2.bounds.origin.y);
19.    UIView *view3 = [[UIView alloc]initWithFrame:CGRectMake(0, 0, 100, 100)];
20.    view3.backgroundColor = [UIColor blackColor];
21.    [view1 addSubview:view3];
22.    [view3 release];
23.    NSLog(@"view3.frame.origin.x = %.1f",view3.frame.origin.x);
24.    NSLog(@"view3.frame.origin.y = %.1f",view3.frame.origin.y);
25.    NSLog(@"view3.bounds.origin.x = %.1f",view3.bounds.origin.x);
26.    NSLog(@"view3.bounds.origin.y = %.1f",view3.bounds.origin.y);
27.    [self.window makeKeyAndVisible];
28. return YES;
29. }
```

控制台输出结果如下所示。

```
CoordinateSystem[419:c07] view2.frame.origin.x = 100.0
CoordinateSystem[419:c07] view2.frame.origin.y = 100.0
CoordinateSystem[419:c07] view2.bounds.origin.x = 0.0
CoordinateSystem[419:c07] view2.bounds.origin.y = 0.0
CoordinateSystem[419:c07] view3.frame.origin.x = 0.0
CoordinateSystem[419:c07] view3.frame.origin.y = 0.0
CoordinateSystem[419:c07] view3.bounds.origin.x = 0.0
CoordinateSystem[419:c07] view3.bounds.origin.y = 0.0
```

在这个程序中，我们定义了 3 个视图，如图 5-3 所示。view1 的大小与 iPhone 4 的屏幕大小相同，即 320*480，view2 是 view1 的子视图，而 view3 则是 view2 的子视图。我们在前面讲过，不同的视图层次关系会影响到视图的坐标位置，frame 属性是以父视图的坐标位置为基准，可以看到 view2 的 frame 属性值是在父视图坐标的（100,100）处，视图左上角的坐标点是（100,100），而 bounds 属性值是本视图坐标系的原点，即（0,0），所以 bounds 值都为本视图的原点坐标，都是（0,0）（也可以通过 setbounds 值来改变坐标的原点）。再来看 view3 的 frame 值，通过效果图可能更容易理解。这里需要注意内存管理的问题，在将 view2 添加到 view1 父视图中之后，就可以对 view2 进行内存释放了。

可以看到 view3 的 frame 值是（0,0），但是它并不是处于屏幕的左上角，而是处于父视图坐标原点的位置，如果改变 view3 的父视图，那么它的位置就会改变。例如将 view3 的父视图设置为 view2，将[view1 addsubview:view3]代码改为[view2 addsubview:view3]，坐标信息不变，再来查看一下运行截图，效果如图 5-4 所示。可以看到虽然坐标的信息没有改变，但是因为父视图的改变，view3 在屏幕中的位置也出现了变化，读者可以自行分析具体的变化情况。

通常在设置视图的坐标位置时使用的是 frame 属性，bounds 属性一般运用的比较少，通过 frame 属性操作，可以很清晰地体现出视图之间的层次关系。接下来介绍视图之间的层次关系。

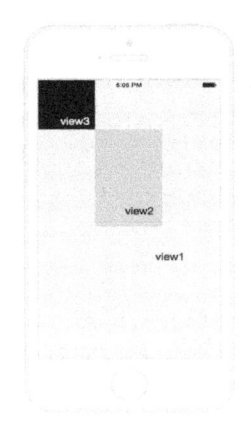

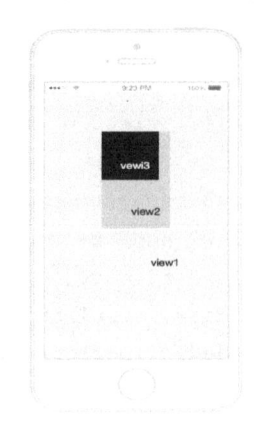

图 5-3 视图的 frame 属性和 bounds 属性　　图 5-4 改变父视图之后视图位置

5.1.3 视图的层次关系及常用属性

我们把 UIView 层次结构看成数据结构中的树型结构，一个视图可以有多个子视图，但是只能有一个父视图（基视图）。在添加子视图时，最后添加的视图会显示在最顶层，有点类似绘图工具中图层的概念。其实通过前面章节的学习我们也了解了视图之间的层次关系，但是如果要对某个视图进行操作，或者改变层次之间的关系时，该怎样操作呢？我们将一一来讲解。

- **添加和移除子视图**

添加和移除子视图是读者最常使用的操作，在添加子视图时，会进行一次 retain 操作，而移除子视图则会调用 release 消息，这些是自动完成的，我们只需要了解各个时刻的引用计数即可。

前面我们提到了添加子视图的操作就是"[UIView addSubview:Subview];"，这里就不再过多地解释了。下面在上一节程序清单"iOS Coordinate"的基础上将 view3 从父视图中删除，并且来查看一下引用计数的情况。代码如下。

```
1.    UIView *view3 = [[UIView alloc]initWithFrame:CGRectMake(0, 0, 100, 100)];
2.    view3.backgroundColor = [UIColor blackColor];
3.    [view1 addSubview:view3];
4.    NSLog(@"view3.frame.origin.x = %.1f",view3.frame.origin.x);
5.    NSLog(@"view3.frame.origin.y = %.1f",view3.frame.origin.y);
6.    NSLog(@"view3.bounds.origin.x = %.1f",view3.bounds.origin.x);
7.    NSLog(@"view3.bounds.origin.y = %.1f",view3.bounds.origin.y);
8.    //retainCount = 2
9.    NSLog(@"retainCount = %d",[view3 retainCount]);
10.   [view3 removeFromSuperview];
11.   //retainCount = 1
12.   NSLog(@"retainCount = %d",[view3 retainCount]);
13.   [view1 release];
```

```
14.    [view2 release];
15.    [view3 release];
16.    [self.window makeKeyAndVisible];
17.    return YES;
```

运行时屏幕中的视图只有 view1 和 view2，view3 已经从父视图中移除了。我们也可以看到引用计数在移除前后的情况，要注意管理内存方面的问题。

- **前移和后移视图**

我们还是以程序清单 iOS Coordinate 为例。如果想让 view2 显示在 view3 上面，则可以使用"[UIView bringSubviewToFront:Subview];"命令将特定视图移到顶层。在父视图管理子视图过程中，是通过一个有序的数组存储它的子视图，因此，数组存储的顺序就会影响到子视图的显示效果。现在是将特定的子视图向前移动了，所以它能够显示在上一层。代码如下。

```
1.    UIView *view3 = [[UIView alloc]initWithFrame:CGRectMake(50, 50, 100,
100)];
2.    view3.backgroundColor = [UIColor blackColor];
3.    [view1 addSubview:view3];
4.    NSLog(@"view3.frame.origin.x = %.1f",view3.frame.origin.x);
5.    NSLog(@"view3.frame.origin.y = %.1f",view3.frame.origin.y);
6.    NSLog(@"view3.bounds.origin.x = %.1f",view3.bounds.origin.x);
7.    NSLog(@"view3.bounds.origin.y = %.1f",view3.bounds.origin.y);
8.    [view1 bringSubviewToFront:view2];
9.    [view1 release];
10.   [view2 release];
11.   [view3 release];
12.   [self.window makeKeyAndVisible];
13.   return YES;
```

我们将 view2 向前移动了一层，现在它就显示在 view3 的上面，可以通过图 5-5 来查看最后的效果。

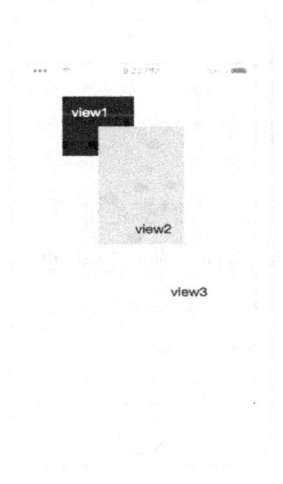

图 5-5　向前移动视图

同样的道理，如果想将视图向后移动一层，则可以使用"sendSubviewToBack"命令，读者可以自行测试，比较简单。

- **获取视图的 index 值**

对多个视图进行操作，首先要获取各个视图的 index 值，可以通过以下代码来实现。

```
1.  NSInteger index = [[UIView subviews]indexOfObject:Subview];
```

该语句用于获取指定视图的 index 值。例如要获取 view3 的 index 值，可以在代码中添加如下代码。

```
2.  UIView *view3 = [[UIView alloc]initWithFrame:CGRectMake(50, 50, 100, 100)];
3.  view3.backgroundColor = [UIColor blackColor];
4.  [view1 addSubview:view3];
5.  NSInteger index3 = [[view1 subviews]indexOfObject:view3];
6.  NSLog(@"index3 = %d",index3);
7.  [view1 release];
8.  [view2 release];
9.  [view3 release];
10. [self.window makeKeyAndVisible];
11. return YES;
```

因为父视图管理子视图是通过数组的形式来管理的，而 view3 在父视图管理数组的第二个位置，所以它的 index 值为 1（数组第一个元素从 0 开始）。通过这个 index 值可以对视图进行更多的操作，例如将新视图添加到特定的视图上，可通过以下代码来实现。

```
[View insertSubview:SubviewAtIndex:0];
```

该命令将新视图添加到特定的视图上。

- **获取所有子视图信息**

父视图可以通过"[view1 subviews];"命令将 view1 中子视图的信息以数组的形式在控制台输出，我们可以来看 view1 的子视图信息。

控制台输出结果如下所示。

```
"<UIView: 0x751c350; frame = (100 100; 120 200); layer = <CALayer: 0x751a8d0>>",
"<UIView: 0x751a990; frame = (50 50; 100 100); layer = <CALayer: 0x751a9f0>>"
```

这里显示的是 2 个子视图的信息，它们都是继承于 UIView 类，我们可以通过 frame 值来观察具体视图的情况，关于 layer 属性将在后面的章节中会详细介绍，每一个视图都有一个 layer 层，可以自行添加。

- **设置 tag 值对视图进行操作**

通过设置视图的 tag 值，可以标记视图对象（整数），有了它就能使用 viewWithTag 方法来更方便地对视图进行操作了。Tag 值的默认值是 0，可以通过 view.tag 来设置。接下来的例子中我们做了一个小 Demo，使用 tag 属性标记视图，然后通过按钮来改变视图的层次关系和颜色，此处也结合了上一节的内容。首先来查看 Demo 中视图之间的层次关系，如图 5-6 所示。

```
        UIWindow
           ↓
         UIView
           ↓
         view 1
         ↙    ↘
     view 2    view 3
```

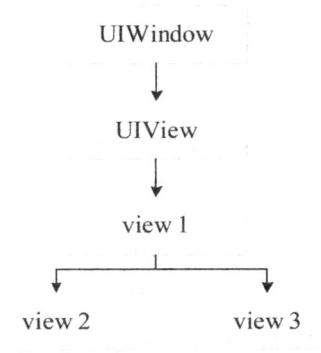

图 5-6　视图之间的层次关系

程序清单：SourceCode\05\iOS 层次关系\AppDelegate.m

```
1.  #import "AppDelegate.h"
2.  @implementation AppDelegate
3.  - (BOOL)application:(UIApplication *)application didFinishLaunchingWithOptions:(NSDictionary *)launchOptions
4.  {
5.      self.window = [[[UIWindow alloc] initWithFrame:[[UIScreen mainScreen] bounds]] autorelease];
6.      self.window.backgroundColor = [UIColor whiteColor];
7.      //创建 view1 视图
8.      UIView *view1 = [[UIView alloc]initWithFrame:CGRectMake(100, 100, 120, 160)];
9.      view1.tag = 1;
10.     view1.backgroundColor = [UIColor yellowColor];
11.     [self.window addSubview:view1];
12.     //创建 view2 视图
13.     UIView *view2 = [[UIView alloc]initWithFrame:CGRectMake(110, 150, 100, 50)];
14.     view2.tag = 2;
15.     view2.backgroundColor = [UIColor blueColor];
16.     [self.window addSubview:view2];
17.     //创建改变视图层次按钮 1
18.     UIButton *button1 = [UIButton buttonWithType:UIButtonTypeRoundedRect];
19.     button1.frame = CGRectMake(120, 270, 100, 30);
20.     button1.backgroundColor = [UIColor whiteColor];
21.     [button1 setTitle:@"view1 top" forState:UIControlStateNormal];
22.     [button1 addTarget:self action:@selector(ViewChange1) forControlEvents:UIControlEventTouchUpInside];
23.     [self.window addSubview:button1];
```

```
24.    //创建改变视图层次按钮2
25.    UIButton *button2 = [UIButton buttonWithType:UIButtonTypeRoundedRect];
26.    button2.frame = CGRectMake(120, 320, 100, 30);
27.    button2.backgroundColor = [UIColor whiteColor];
28.    [button2 setTitle:@"view2 top" forState:UIControlStateNormal];
29.    [button2 addTarget:self action:@selector(ViewChange2) forControlEvents:UIControlEventTouchUpInside];
30.    [self.window addSubview:button2];
31.    //创建改变颜色按钮
32.    UIButton *button3 = [UIButton buttonWithType:UIButtonTypeRoundedRect];
33.    button3.frame = CGRectMake(120, 370, 100, 30);
34.    button3.backgroundColor = [UIColor whiteColor];
35.    [button3 setTitle:@"change color" forState:UIControlStateNormal];
36.    [button3 addTarget:self action:@selector(ViewChange3) forControlEvents:UIControlEventTouchUpInside];
37.    [self.window addSubview:button3];
38.    [view1 release];
39.    [view2 release];
40.    [self.window makeKeyAndVisible];
41.    return YES;
42. }
43. - (void)ViewChange1
44. {
45.    UIView *view = [self.window viewWithTag:1];
46.    [self.window bringSubviewToFront:view];
47. }
48. - (void)ViewChange2
49. {
50.    UIView *view = [self.window viewWithTag:2];
51.    [self.window bringSubviewToFront:view];
52. }
53. - (void)ViewChange3
54. {
55.    UIView *view = [self.window viewWithTag:2];
56.    view.backgroundColor =[UIColor greenColor];
57. }
```

我们定义了2个window的子视图，3个按钮的功能分别为：使view1处于上层，使view2处于上层，改变view2的颜色，如图5-7所示。这些都是通过使用tag属性来获取当前的视图，通过这个例子也可以发现使用tag属性的优点。关于按钮控件的知识还没有讲到，在后面的章节中会专门讲解控件的用法。

现在在window窗口视图上有5个子视图，UIButton类也是继承于UIView类，可以通过"[view subviews]"命令来查看所有子类信息的情况。因为这5个视图都加在窗口上，是window的子类，所以在定义它们的frame时要注意坐标应以父类的坐标系为基础。

5-7 视图层次的切换和颜色变换

接下来介绍几个 UIView 常用的属性，读者可以在 Xcode 中通过相应的 SDK 查看相应的属性和方法的使用。

1．clipsTobounds 属性

通过设置 cliptobounds 属性可以将子视图超出父视图的范围隐藏起来，它的默认值是 NO。例如有两个视图，view2 是 view1 的子视图，在定义它的大小和坐标时，使它的坐标不全在 view1 的范围内，则会有很大的区域超出了 view1 的范围，如果要隐藏这些超出的范围，可以使用 "view1.clipsTobounds = YES;" 语句来隐藏超出区域。通过效果截图可以清楚地观察设置 clipsTobounds 属性前后的效果，如图 5-8 所示。

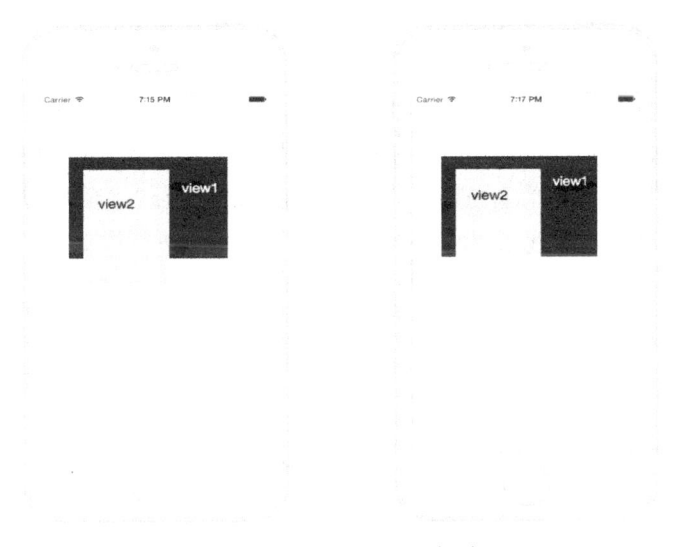

图 5-8 设置 clipsTobounds 属性前后对比

2．alpha 属性

alpha 属性在日常各种工具中都运用的比较广泛，它用来设置视图的透明度，可以在初始化视图时对 alpha 属性进行设置，也可以通过点语法设置 alpha 属性，**但是要注意一个问题，**

如果设置父视图的 alpha 值为 0.5，那么在父视图中所有的子视图也将变为透明的了，所以如果要对视图设置 alpha 值时，要注意这个特性。在后面章节中实现动画效果时，也可以通过设置 alpha 值来实现视图的渐隐渐现的效果，这将会在后面进行详细的讲解。

3．hidden 属性

hidden 属性从字面上看就能理解是用来隐藏视图的属性的，设置 hidden 属性可以使视图隐藏起来，而 alpha 属性类似，如果设置了父视图的 hidden 值为 YES，那么父视图上所有的子视图也将跟着隐藏了。

5.1.4 UIView 中的 layer 属性

在前面章节中我们了解到 UIView 是 iPhone 编程中一个很重要的概念，它完成了视图界面相关的工作，我们能在视图上进行各种可视化的操作，以达到用户所需要的效果。其实在 UIView 中还有一个很重要的属性，就是 layer 属性。每一个视图都有一个 layer 属性，也可以在基础的层（layer）上面手动添加层。其实在前面的学习中我们曾不经意地遇到过 layer，在上一节 5.1.3 中，在显示视图所有子视图的时候，可以在子视图中看到 layer，这说明 layer 是视图中另一个重要的概念。

我们说 UIView 完成了可视化界面的绘制工作还是不准确的，因为真正绘图的部分是由 CALayer 类来完成的，而我们可以说 UIView 的功能是 CALayer 的管理容器，在访问 UIView 中与绘图、坐标有关的属性时，其实是访问了它管理的 CALayer 的相关属性。

layer 属性返回了一个 CALayer 的实例，读者在这里可能会有疑问，这个 layer 属性能实现哪些重要的功能呢？CA 的含义其实是 CoreAnimation，这样读者就会更加明白，CALayer 主要是实现 iPhone 编程中相关的动画效果，动画效果实现的相关知识会在本书的第 8 章进行详细的讲述。

在使用 layer 属性之前，需要将 QuartzCore.framework 框架引入到项目中，如果不引入，就无法使用 layer 的相关属性。添加框架的过程读者都应掌握，在这里再讲解一遍。

首先选择当前的项目，然后在选项卡中选择"Build Phases"选项，然后选择"Link Binary With Libraries"选项，最后搜索相应的框架单击"+"按钮进行添加，如图 5-9 所示。

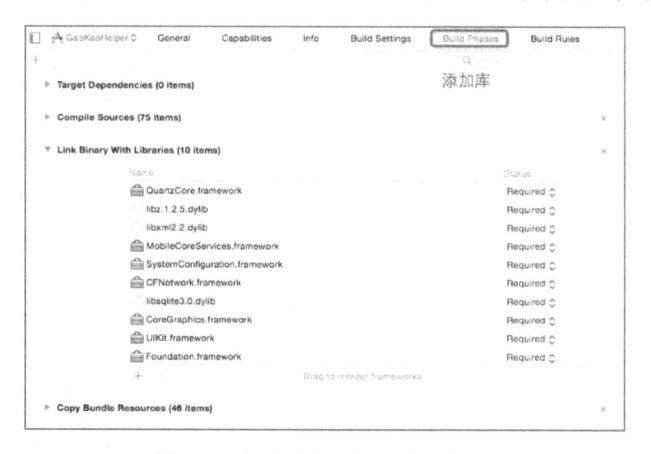

图 5-9 在项目中添加相应的框架

下面来了解 CALayer 的一些相关属性和方法。

首先可以通过点语法来设置 layer 的基本属性，例如背景颜色、层的圆角程度等。圆角属性可以通过 self.view.layer.cornerRadius 属性来设置；还有一点，其实 layer 属性和 UIView 视图的用法是很相似的，都是类似树型的结构，就是说多个 layer 之间也存在父层和子层的概念。下面再创建一个视图，然后对视图的 layer 属性进行操作。在 viewDidLoad 方法中添加如下代码。

程序清单：SourceCode\05\CALayer\ViewController.m

```
1.    //创建视图
2.    UIView *baseView = [[UIView alloc]initWithFrame:[UIScreen mainScreen].applicationFrame];
3.    baseView.backgroundColor = [UIColor blueColor];
4.    [self.view addSubview:baseView];
5.    //设置视图的 layer 属性
6.    baseView.layer.backgroundColor = [UIColor orangeColor].CGColor;
7.    baseView.layer.cornerRadius = 20.0f;
8.    //创建子 layer 层
9.    CALayer *Mylayer = [CALayer layer];
10.   Mylayer.frame = CGRectMake(50, 100, 200, 100);
11.   Mylayer.backgroundColor = [UIColor redColor].CGColor;
12.   Mylayer.cornerRadius = 10.0f;
13.   [baseView.layer addSublayer:Mylayer];
```

相信上面的代码读者不难理解，读者在设置 layer 层背景颜色时可能会有些疑问，为什么在[UIColor redColor]后面要使用 CGColor 属性呢？如果将.CGColor 去掉会怎样？如果将.CGColor 去掉的话，系统会报错。原因是在对 layer 层进行操作时，需要用到 CGColor 类，它主要用于 CoreGraphics 框架之中，CGColor 是一个结构体，通常在使用 CGColor 时是使用它的引用类型 CGColorRef，程序运行效果如图 5-10 所示。

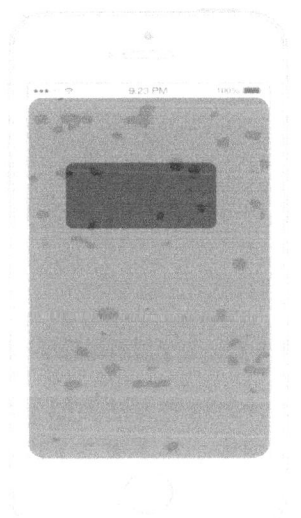

图 5-10 视图的 layer 属性

我们利用 cornerRadius 属性将层的 4 个角设置成了圆角,然后又在视图的层上面添加了一个子层。是不是和 UIView 类似？其实两者还是有一个很重要的不同之处,就是 UIView 可以响应用户事件,而 CALayer 则不能。UIView 主要是用于对显示内容的管理,而 CALayer 则侧重于对内容的绘制。然而,相同点是两者都拥有树型的结构,都能够显示绘制的内容。两者之间关系紧密,UIView 是 CALayer 高层的实现与封装,而 CALayer 也依赖于 UIView 提供的容器来显示绘制的内容。

我们还可以为子层添加阴影效果,用户可以自行设置阴影的偏移量、颜色、半径等属性。在上述代码的基础上为子层设置阴影效果。代码如下。

```
1.  //创建子layer层
2.  CALayer *Mylayer = [CALayer layer];
3.  Mylayer.frame = CGRectMake(50, 100, 200, 100);
4.  Mylayer.backgroundColor = [UIColor redColor].CGColor;
5.  Mylayer.cornerRadius = 10.0f;
6.  Mylayer.shadowOffset = CGSizeMake(0, 3);//设置偏移量
7.  Mylayer.shadowRadius = 5.0;//设置半径
8.  Mylayer.shadowColor =[UIColor blackColor].CGColor;
9.  Mylayer.shadowOpacity = 0.8;//设置阴影的不透明度
10. [baseView.layer addSublayer:Mylayer];
```

我们可以通过图 5-11 看到阴影的效果。

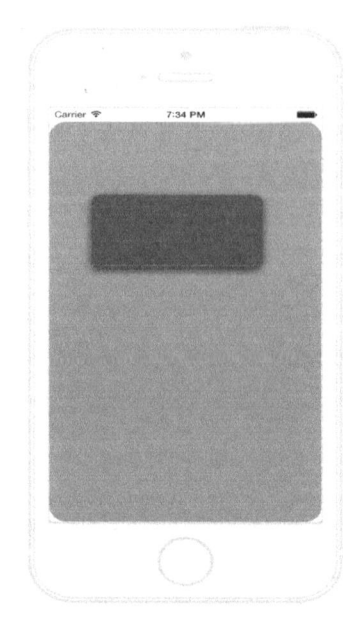

图 5-11　为子层添加阴影效果

此外,还可以在层上面添加图片,这些方法类似于绘图工具中图层的概念,即将所需要显示的内容以子层的形式加到父层中。接下来在子层上面添加一幅图片,可以自行定义图片的大小,也可以将图片的大小设置成与图片父层大小相同。代码如下。

```
1.  //添加图片层
2.  CALayer *imageLayer =[CALayer layer];
```

```
3.   imageLayer.frame = Mylayer.bounds;
4.   imageLayer.cornerRadius =10.0f;
5.   imageLayer.contents =(id)[UIImage imageNamed:@"Lawson.jpg"].CGImage;
6.   imageLayer.masksToBounds =YES;
7.   [Mylayer addSublayer:imageLayer];
```

我们在 Mylayer 层上添加一个大小相同的图片层 imageLayer，同样设置了它的圆角为 10.0，最后一个 masksToBounds 属性则是隐藏它的边界。可以通过图 5-12 来观察添加图片的效果。

图 5-12　为子层添加图片

这里主要介绍了 layer 的一些基本属性和方法，但是它主要的功能是实现一些复杂的动画效果，这就要用到 CoreAnimation 相关的知识，我们会在第 8 章中进行介绍，通过这一节，读者需要掌握的是 layer 的一些基本操作，通过不断的学习，读者会对 layer 属性的用法有一个更深的理解。

5.1.5　内容模式属性（ContentMode）

ContentMode（内容模式）用来设置视图的显示方式，如居中、向左对齐、缩放等，它是一个枚举类型的数据，里面有许多常量，读者可以通过阅读 API 来浏览有哪些常量。下面就列出了 ContentMode 中的几个常量，如图 5-13 所示。

- UIViewContentModeScaleToFill
- UIViewContentModeScaleAspectFit
- UIViewContentModeScaleAspectFill
- UIViewContentModeRedraw
- UIViewContentModeCenter

- UIViewContentModeTop
- UIViewContentModeBottom
- UIViewContentModeLeft
- UIViewContentModeRight
- UIViewContentModeTopLeft
- UIViewContentModeTopRight
- UIViewContentModeBottomLeft
- UIViewContentModeBottomRight

这些属性都是各种显示视图的方式，读者可以自行测试，在这里不作过多的解释了。下面给出苹果公司官方给出的 ContentMode 属性的图示，如图 5-13 所示。如果要设置视图的 ContentMode 属性，则可以通过 view.ContentMode 来设置，选择属性的时候可以按住"Command"键进入 API 接口中进行选择，以防止有些读者忘记 ContentMode 中有哪些常量。

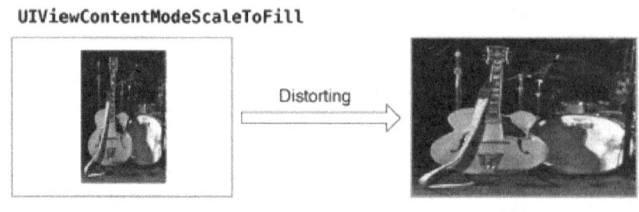

图 5-13　ContentMode 图解

还要注意以上常量中不带 scale 的常量，如果当需要显示内容的尺寸超过当前视图的尺寸时，那么只会有部分内容显示在视图中。UIViewContentModeScaleToFill 属性会通过拉伸内容来填满整个视图，所以这个属性会导致图片的变形；UIViewContentModeScaleAspectFit 会根据原内容的比例填满整个视图，这也意味着视图中可能会有部分区域是空白的；UIViewContentModeScaleAspectFill 属性能够保证原内容的比例不变来填充整个视图，这样的话可能会导致只有部分的内容显示在视图中。

5.2 常用 UIView 控件的使用

在 5.1 节中，我们已经学习了 UIView 的基本概念和用法。在这里还要向读者解释一下如何学习这些 UIView 的子类，UIView 有许多的子类，此处在表 5-2 中列出了 UIView 子类的情况。

表 5-2 UIView 子类

UIView			
UIWindow	UILabel	UIPickerView	UIProgressView
UIActivityIndicatorView	UIImageView	UITabBar	UIToolbar
UINavigationBar	UITableViewCell	UIActionSheet	UIAlertView
UIScrollView	UISearchBar	UIWebView	UIControl

在学习这些子类时，首先需要了解这些子类都是什么含义，有哪些作用，什么时候能用到，之后再选择其中几个比较重要的，也是比较常用的子类来重点学习它的用法、属性及延伸的特性。如果某个时候需要用到某些控件时，我们可以查看相应的参考文档去了解它的用法，这个过程花不了多少时间，读者大可不必把每个控件的使用都掌握得很熟练，有的只需了解即可。

在本章的学习中，我们从中选择出了几个较常用的 UIView 子类进行详细的讲解，在章节的末尾，我们会通过一个实例来将本章所学的 UIView 子类综合起来使用，以巩固所学的知识。

5.2.1 UILabel

从字面上可以看出，UILabel 类的功能就是提供对标签的显示和编辑，在使用 UILabel 时，有比较多的属性需要了解，下面列出了 UILabel 的几个重要的属性。

```
@property(nonatomic,copy)   NSString        *text;
//设置标签中文本内容，默认为 nil
@property(nonatomic,retain) UIFont          *font;
//设置标签中文本字体大小，默认为 nil（系统字体 17 号）
@property(nonatomic,retain) UIColor         *textColor;
```

```
//设置标签中文本颜色,默认 nil(黑色)
@property(nonatomic,retain) UIColor        *shadowColor;
//设置标签阴影颜色,默认为 nil(无阴影)
@property(nonatomic)        CGSize          shadowOffset;
//设置标签阴影的偏移量,默认为 CGSizeMake(0, -1) – 顶部阴影
@property(nonatomic)        NSTextAlignment textAlignment;
//设置标签中文本的对其方式,默认是左对齐(NSLeftTextAlignment)
@property(nonatomic)        NSLineBreakMode lineBreakMode;
```
// 设置换行符模式,默认是 NSLineBreakByTruncatingTail(截去尾部未显示的部分),用在单行或多行文本中
```
@property(nonatomic,retain)            UIColor *highlightedTextColor;
```
//设置文本高亮颜色,默认为 nil
```
@property(nonatomic,getter=isHighlighted) BOOL    highlighted;
```
//是否使用高亮,默认为 NO
```
@property(nonatomic,getter=isUserInteractionEnabled) BOOL
userInteractionEnabled;
```
//是否使用用户交互,默认为 NO
```
@property(nonatomic) NSInteger numberOfLines;
```
//当使用了 sizeToFit 属性时,numberOfLines 属性决定了标签中显示内容的行数,默认为 1,当选择 0 时,说明对行数没有限制,当文本内容超过了行数的限制,它会使用换行符模式

接下来学习 UILabel 的使用。

在创建项目时,我们还是选择 Single View Application 模板,首先在.m 文件中的 viewDidLoad 方法中创建一个 UILabel 实例,并设置文本的内容。

程序清单:SourceCode\05\UILabel\ViewController.m

```
1.  -(void)viewDidLoad{
2.     UILabel *myLabel = [[UILabel alloc]initWithFrame:CGRectMake(50, 90, 240, 100)];
3.     myLabel.font = [UIFont systemFontOfSize:30];
4.     myLabel.text = @"欢迎来到 iOS 的世界";
5.  }
```

在创建 UIView 子类实例的时候,要记住要将子类添加到相应的视图上,这样才能在相应的视图上显示,这一点也是许多初学者容易忽略的。font 属性代表字体的大小,text 属性用于设置 Label 实例的文字内容。

```
6.     [self.view addSubview:myLabel];
```

这样就创建了一个简单的标签,来看一下屏幕上显示的情况,如图 5-14 所示。

读者可能会觉得这样的标签比较单调,因此我们来给标签添加颜色并设置它的阴影效果。这样效果会更加明显。

```
7.     myLabel.backgroundColor = [UIColor blueColor];
8.     myLabel.textColor = [UIColor redColor];
9.     myLabel.shadowColor = [UIColor blackColor];
10.    myLabel.shadowOffset = CGSizeMake(2, 5);
11.    [self.window addSubview:myLabel];
```

这里我们设置了标签的背景颜色为蓝色，字体颜色为红色，阴影效果的颜色为黑色，偏移量坐标设置为（2,5），这个坐标代表了向 XY 正半轴的偏移量。我们通过图 5-15 来查看设置属性之后的标签情况。

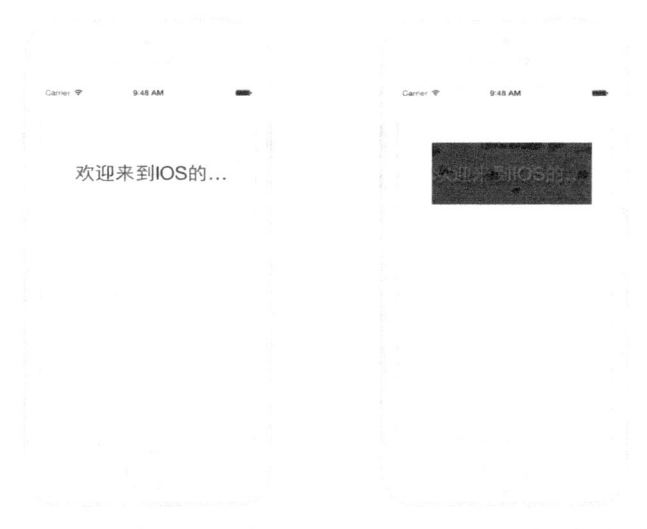

图 5-14　创建 UILabel 实例　　　　图 5-15　设置实例相关属性

细心的读者会发现，文本的内容并没有完全显示，因为我们定义了标签的大小，如果文本的内容超出了标签定义的大小，系统会根据换行符模式（LineBreakMode）的状态来选择显示文本的方式。我们在前面也提到了换行符模式的缺省值（默认）是 NSLineBreakByTruncatingTail，即将末尾超出标签的部分截去。我们也可以改变模式来显示文本，读者可以通过 SDK 来观察 6 种不同模式的显示方式。

> Tips：
> 本书作者在编写本章内容时，不小心修改了 iPhone SDK 中的内容，导致了出现了一个编译错误，如下所示。

```
fatal error: file '/Applications/Xcode.app/Contents/Developer/Platforms/
iPhoneSimulator.platform/Developer/SDKs/iPhoneSimulator6.1.sdk/System/Librar
y/Frameworks/UIKit.framework/Headers/NSParagraphStyle.h' has been modified
since the precompiled header was built
```

读者在使用 XCode 编写代码的时候，也可能会遇到类似的情况，当出现这种错误时，我们只需要按"Command+Shift+K"或者选择 XCode 中"Product"菜单中的"Clean"选项，待出现 Clean Successtul 消息后再次编译，如果没有错误即可通过编译。

如果我们想要完整地显示标签中文本的内容，则可以调用 sizeToFit 方法。它是一个返回值为空的方法，直接使用实例调用即可，这样就可以显示所有的文本信息，但是文本框的大小也会根据文本内容的多少而进行相应的改变。所以当调用 sizeToFit 方法时，最好与 numberOfLines 属性同时使用，如果不使用 numberOfLines 属性，则默认的标签行数是 1 行。假设文本的内容有许多时，则标签的长度可能变得很长，以至于超出了屏幕的范围，所以可以通过设置 numberOfLines 属性来增加标签的行数。下面我们可以通过图 5-16 来观察使用 numberOfLines 和 sizeToFit 方法之后的标签实例效果。

图 5-16 使用 sizeToFit 方法和 numberOfLines 属性

以上介绍了 UILabel 的基本属性和方法的使用，其他属性读者可以在课余时间自己去尝试，还是比较简单的。

5.2.2 UIControl

UIControl 类是一个具有事件处理功能的控件的分类，它包括的事件有三类：基于触摸、基于值和基于编辑。例如接下来要介绍的 UITextField 和 UIButton，它们都是具有事件处理功能的控件。

·UIButton

在前面的章节中我们接触过 UIButton，这一节中我们将详细讲解 UIButton 的用法。

首先我们可以设置按钮的类型，系统为用户提供了多种 iOS 自带的系统按钮，我们在初始化对象时可以选择自己需要的按钮，一般情况定义为圆角按钮，用户可以自定义按钮，如改变按钮的背景颜色，为按钮添加图片等。

下面列出了几种按钮类型对应的按钮形状，如表 5-3 所示。

UIButtonType 是一个枚举类型的数据类型，它的默认值是自定义类型，值为 0，按表格中的顺序值依次为 1~5。这里还要提一下，表 5-3 中前两种按钮类型可以自定义按钮在屏幕中的位置和按钮大小，但是其他 4 种系统按钮图标的大小用户是不能进行自定义的，因为系统已经定义好了它们的大小，所以只能设置它在屏幕中的坐标位置。

选择按钮的形状之后，可以设置相应的按钮自身的属性，如按钮中的文字、颜色、添加背景等。下面在 XCode 中创建一个普通的按钮，并设置相关的属性。

表 5-3　UIButton 按钮类型和形状

按钮类型	按钮形状
UIButtonTypeCustom	自定义
UIButtonTypeRoundedRect	button
UIButtonTypeDetailDisclosure	⊙
UIButtonTypeInfoLight	ⓘ
UIButtonTypeInfoDark	ⓘ
UIButtonTypeContactAdd	⊕

创建一个 Single View Application 项目模板，并在.m 文件中的 viewDidLoad 方法中创建一个 UIButton 实例。

程序清单：SourceCode\05\UIControl\ViewController.m

```
1.  - (void)viewDidLoad {
2.      [super viewDidLoad];
3.      // Do any additional setup after loading the view, typically from a nib.
4.      UIButton *button = [UIButton buttonWithType:UIButtonTypeRoundedRect];
5.      button.frame = CGRectMake(90, 100, 100, 40);
6.      [button setTitle:@"button" forState:UIControlStateNormal];
7.      [button setTitleColor:[UIColor redColor]forState:UIControlStateNormal];
8.      [self.view addSubview:button];
9.  }
```

可以在图 5-17 中看到所创建的按钮。

图 5-17　创建一个 UIButton 实例

在代码中我们发现有一个 forState 属性，它代表了按钮的状态信息，如是选中还是禁用。而 iOS 中组件一般有以下 4 种状态。

- 正常状态（UIControlStateNormal）：系统默认的状态即为正常状态。
- 高亮状态（UIControlStateHighlighted）：用户正在使用时组件的状态，如单击一个按钮时就是高亮状态。
- 禁用状态（UIControlStateDisabled）：在禁用状态下，用户不能对组件进行操作，要设置按钮的禁用状态，则需要把按钮的 Enable 属性设置为 NO。
- 选中状态（UIControlStateSelected）：选中状态和高亮状态比较类似，不同的是不用单击该按钮，它一直会显示为高亮的效果。该状态一般用于指明组件被选中或被打开。

同时也可以改变不同状态时按钮中的字体，这样就保证了多种不同情况下对按钮的灵活使用。

还可以为按钮添加图片，先要将图片素材文件导入到工程中，导入的方法在前面的章节中也有介绍过，注意勾选"Copy items into destination group's folder(if needed)"选项，然后设置按钮图片属性。

```
[button setImage:[UIImage imageNamed:@"heart.jpg"] forState:
UIControlStateNormal];
```

在设计 iPhone 应用程序时常常利用这种方式自定义按钮，以达到选择按钮后出现不同状态的效果。**但是要注意的是**，如果要实现多种状态按钮的切换效果，在开始创建 UIButton 实例时就要把按钮的状态设置成自定义。

创建和设置按钮属性的工作实现了，接下来就是要实现按钮单击的效果了，因为按钮也是一个具有事件处理功能的组件，而且在实际的项目中运用的也是非常广泛，因此这个部分也是本节中的重点内容。

设置动作的两个主要的方法分别是：

```
//添加动作方法
-(void)addTarget:(id) action:(SEL)>forControlEvents:(UIControlEvents);
//移除动作方法
-(void)removeTarget:(id) action:(SEL) forControlEvents:(UIControlEvents);
```

接下来解释一下方法中的各个参数的含义：

- (id)target 是指制定的目标，一般都是自己 self；
- action:(SEL)是选择要执行的方法，需要用户实现它的功能；
- (SEL)forControlEvents:(UIControlEvents)是指消息处理时的事件，如是单击按钮还是拖动等。

SDK 为我们列出了所有可以用于事件处理的组件事件，用户可以在 UIControlEvents 上按住"Command"键再单击查看 iOS SDK。这些事件能够帮助我们完成所有关于事件处理组件的设计。接下来实现一个简单的功能，首先有一个空白的 Label 标签，单击按钮之后会在标签中显示文字，并且按钮中的内容会显示"已显示信息"，之后按钮就处于禁用状态。

下面举例来讲解。

〖步骤 1〗 在 XCode 中新建一个 Single View Application 项目模板，然后在 AppDelegate.h

中定义 UILabel 和 UIButton 两个实例。

程序清单：SourceCode\05\UIButton\AppDelegate.h

```
1.  @interface AppDelegate : UIResponder <UIApplicationDelegate>
2.  {
3.      UILabel *label;
4.      UIButton *button;
5.  }
```

〖步骤2〗 在 AppDelegate.m 文件中完成对这两个实例的创建。代码如下。

```
6.  self.window = [[[UIWindow alloc] initWithFrame:[[UIScreen mainScreen] bounds]] autorelease];
7.  //创建 UILabel 实例
8.  label = [[UILabel alloc]initWithFrame:CGRectMake(90, 70, 150, 30)];
9.  label.backgroundColor = [UIColor blackColor];
10. label.font = [UIFont systemFontOfSize:30];
11. [self.window addSubview:label];
12. //创建 UIButton 实例
13. button = [UIButton buttonWithType:UIButtonTypeRoundedRect];
14. button.frame = CGRectMake(90, 100, 150, 80);
15. [button setTitle:@"button" forState:UIControlStateNormal];
16. [button setTitleColor:[UIColor grayColor] forState:UIControlStateHighlighted];
17. [self.window addSubview:button];
18. self.window.backgroundColor = [UIColor whiteColor];
19. [self.window makeKeyAndVisible];
20. return YES;
```

〖步骤3〗 构建并运行，在 iOS 模拟器中会出现如图 5-18 所示的结果。

图 5-18　创建 UILabel 和 UIButton 两个实例

〖**步骤 4**〗 完成了界面组件设置之后，就要实现按钮的功能了。在 AppDelegate.m 文件中，为 button 添加单击事件，并实现。代码如下。

```
21. button = [UIButton buttonWithType:UIButtonTypeRoundedRect];
22. button.frame = CGRectMake(90, 100, 150, 80);
23. [button setTitle:@"button" forState:UIControlStateNormal];
24. [button setTitleColor:[UIColor grayColor] forState:UIControlStateHighlighted];
25. [self.window addSubview:button];
26. //添加按钮单击事件
27. [button addTarget:self action:@selector(click) forControlEvents:UIControlEventTouchUpInside];
28. self.window.backgroundColor = [UIColor whiteColor];
29. [self.window makeKeyAndVisible];
30. return YES;
31. //实现按钮单击事件
32. - (void)click
33. {
34.     label.text = @"hello";
35.     label.textColor = [UIColor whiteColor];
36.     label.textAlignment = NSTextAlignmentCenter;
37.     [button setTitle:@"已显示信息" forState:UIControlStateNormal];
38.     button.enabled = NO;
39. }
```

〖**步骤 5**〗 现在已经完成了实例的操作，接下来查看单击按钮之后的效果，如图 5-19 所示。

图 5-19 完成按钮单击事件后效果

〖**步骤 6**〗 别忘记管理所创建实例的内存，即在 dealloc 方法中 release UIabel 的实例。如果是在 ARC 机制下，则不需要手动释放内存。代码如下。

```
40. - (void)dealloc
41. {
42.     [_window release];
43.     [label release];
44.     [super deallocl;
45. }
```

- UITextField

UITextField 也是一个比较常用的类，它通常用于外部数据的输入，用来实现人机交互的效果。例如我们常用的系统用户登录界面就是通过 UITextField 类将用户输入的数据传到服务器中。接下来就来学习 UITextField 类的用法。

与 UILabel 类相似，文本框也能设置它的文本内容、字体颜色大小、占位符等，还能设置文本框的外框类型。UITextField 类中还有许多代理方法，可以帮助用户在文本框不同状态时进行相应的操作。

我们通过一个简单的用户登录界面来学习 UITextField 类常用的属性和方法。

【步骤1】 打开 XCode 并新建一个 Single View Application 项目模板，在 ViewController.h 文件中定义4个全局变量，分别是用户名标签、用户名文本框、密码标签和密码文本框。

程序清单：SourceCode\05\UITextField\ViewController.m

```
1.  #import <UIKit/UIKit.h>
2.  @interface ViewController : UIViewController
3.  {
4.      UILabel *username;
5.      UITextField *UserName;
6.      UILabel *userpsw;
7.      UITextField *UserPsw;
8.  }
9.  @end
```

【步骤2】 在 ViewController.m 文件中分别创建 4 个实例，用于用户的登录。在 viewDidLoad 方法中输入以下代码。

```
10. //创建用户标签
11. username = [[UILabel alloc]initWithFrame:CGRectMake(40, 80, 100, 20)];
12. username.font = [UIFont fontWithName:@"OriyaSangamMN-Bold" size:18.0f];
13. username.text = @"username";
14. [self.view addSubview:username];
15. //创建用户文本框
16. UserName = [[UITextField alloc]initWithFrame:CGRectMake(150, 70, 150, 40)];
17. UserName.font = [UIFont fontWithName:@"OriyaSangamMN-Bold" size:18.0f];
18. [UserName setBorderStyle:UITextBorderStyleRoundedRect];
19. UserName.clearButtonMode = UITextFieldViewModeAlways;
```

```
20.  UserName.returnKeyType = UIReturnKeyDone;
21.  UserName.placeholder = @"输入用户名";
22.  [self.view addSubview:UserName];
```
构建并运行，运行效果截图如图 5-20 所示。

图 5-20 创建用户名标签和文本框

创建标签实例的方法相信读者已经掌握，接下来介绍 UITextField 中的一些属性和方法。

setBorderStyle 属性用于设置文本框的外边框类型，它的默认值是无边框，但为了能够更好地显示，将属性设置为圆角类型(UITextBorderStyleRoundedRect)；clearButtonMode 属性则用于设置清除按钮出现的时间，可以让它一直显示，也可以在输入中或输入完成后显示，用户可以根据自己的喜好来设置；returnKeyType 属性用于设置确定按钮的类型，在这里设置成了"Done"；占位符的设置在前面的内容中也有介绍，可以根据自己的喜好设置。

文本中还可以设置字体，例如在代码中设置字体为"UserName.font = [UIFont fontWithName:@"OriyaSangamMN-Bold" size:18.0f];"那么有些读者可能就会有疑问，我怎么知道有哪些字体？而这些字体又是怎样的效果？别担心，系统将所有的字体都封装在了数组中，如果需要查看，则可以通过遍历数组的元素来查看系统为我们提供了哪些字体。

在遍历数组中所有元素之前，给读者介绍一种快速枚举的特性，它是新版 Objective-C 加入的多个特性中的一种，在 Objective-C 2.0 之前，如果要遍历数组 NSArray 中的元素时，通常要用一个 for 循环来实现，如下所示。

```
for (int i = 1; i < [items counts];i++) {
    Possession *item = [items objectAtIndex:i];
    NSLog(@"%@,item);
}
```

如果使用快速枚举特性，则代码可以简洁许多，如下所示。

```
For（Possession *item in items）
    NSLog(@"%@,item);
```

〖**步骤1**〗 在此我们就用快速枚举方法在控制台中打印字体的信息。定义一个打印字体的方法(PrintfontName)，并实现。代码如下。

```
- (void)PrintfontName
{
    for(NSString *familyName in [UIFont familyNames])
    {
        NSLog(@"familyName = %@", familyName);
        for(NSString *fontName in [UIFont fontNamesForFamilyName:familyName])
        {
            NSLog(@"\tfontName = %@", fontName);
        }
    }
}
```

〖**步骤2**〗 在载入窗口方法中调用显示字体的函数"[self PrintfontName];"。这样在控制台中就会打印出字体的信息，用户可以根据自己的喜好来选择字体。

〖**步骤3**〗 接下来就要处理键盘事件了，当单击文本框时，系统会自动弹出键盘供用户输入，也可以选择键盘的样式，是普通键盘还是数字键盘，当然用户还可以自定义键盘。而在用户结束输入之后，还要让键盘在屏幕上消失来继续下一步的操作。

〖**步骤4**〗 首先选择键盘的样式，因为是输入用户的名称，所以选择普通的键盘，如果要输入数字或电话号码，则可以通过 keyboardType 属性分别选择对应的属性。我们会在密码输入文本框中介绍数字键盘的使用。若要在输入完成之后让键盘消失，则需要运用到 UITextField 的代理方法，并将 textField 的代理设置为 self。如果要使用代理方法，首先还要在 ViewController.h 文件的接口中声明代理的名称。代码如下。

```
1.  #import <UIKit/UIKit.h>
2.  @interface ViewController : UIViewController<UITextFieldDelegate>
3.  //添加代理完毕之后，在 AppDelegate.m 文件中实现用户输入完成的代理方法。
4.  - (BOOL)textFieldShouldReturn:(UITextField *)textField
5.  {
6.      [textField resignFirstResponder];
7.      return YES;
8.  }
```

这样就可以实现隐藏键盘的功能了。还有一些可选的代理方法，用户可以参照 SDK 中列出的方法进行学习。

[resignFirstResponder]这个方法是失去第一响应者的意思，就是说当调用此方法时，textField 此时已经不是第一响应者，就不会去实现系统为文本框封装的操作，如显示键盘。相应的[becomeFirstResponder]方法是成为第一响应者的意思，如有两个文本输入框，光标默认在 text1 中，此时的第一响应者就是 text1。如果用户想单击一个按钮使光标移动到 text2

中,就可以通过按钮实现[becomeFirstResponder]这个方法,那么此时的第一响应者就是 text2 了,用户就能对 text2 中的内容进行编辑了。

〖**步骤 5**〗 构建并运行,查看运行后的效果,如图 5-21 所示。当输入完成之后,单击键盘中"Done"按钮,键盘就会隐藏,然后用户可以进行下一步的操作了。

图 5-21 用户通过键盘输入信息

〖**步骤 6**〗 在设计完用户名输入框之后,接下来就要创建用户密码的标签和文本输入框了。在设计密码文本框时要注意,这里的密码采用纯数字形式,由于内容的需要把密码设置为纯数字,一般的情况下都是用"字母+数字"的形式;还有一点,输入密码时为了保证密码的安全,要把输入的字符用"*"代替,这里就要将 TextField 的 secureTextEntry 属性设置为 YES,这样显示时密码就会以"*"代替。

在 ViewControllser.m 文件中继续创建相关的实例。代码如下。

```
9.   //创建用户密码标签
10.  userpsw = [[UILabel alloc]initWithFrame:CGRectMake(40, 150, 100, 20)];
11.  userpsw.font = [UIFont fontWithName:@"OriyaSangamMN-Bold" size:18.0f];
12.  userpsw.text = @"password";
13.  [self.window addSubview:userpsw];
14.  //创建用户密码文本框
15.  UserPsw = [[UITextField alloc]initWithFrame:CGRectMake(150, 140, 150, 40)];
16.  UserPsw.font = [UIFont fontWithName:@"OriyaSangamMN-Bold" size:18.0f];
17.  [UserPsw setBorderStyle:UITextBorderStyleRoundedRect];
18.  UserPsw.clearButtonMode = UITextFieldViewModeAlways;
19.  UserPsw.keyboardType = UIKeyboardTypeNumberPad;
20.  UserPsw.placeholder = @"输入密码";
21.  UserPsw.secureTextEntry = YES;
22.  UserName.placeholder = @"输入密码";
```

〖**步骤 7**〗 构建并运行，得到最后的效果，如图 5-22 所示。

图 5-22 用户登录界面效果

但是现在还有一个问题，在输入完密码之后，键盘不能消失，否则就不能进行下一步的操作了。在普通键盘中，可以使用代理方法单击"Done"按钮隐藏键盘，但是数字键盘中并没有"Return"或"Done"按钮，这样的话该如何操作呢？

方法也是有多种，这里选择添加一个手势，当单击非键盘区时会失去第一响应者，从而隐藏键盘。

〖**步骤 8**〗 在 ViewController.m 文件中，在创建完实例之后接着创建一个手势，并将手势添加到窗口上。代码如下。

```
23. UITapGestureRecognizer *tapRecognizer = [[UITapGestureRecognizer alloc]
initWithTarget:self action:@selector(handleBackgroundTap:)];
24. [self.view addGestureRecognizer:tapRecognizer];
```

然后在方法中实现手势的功能。代码如下。

```
25. - (void)handleBackgroundTap:(UITapGestureRecognizer *)sender
26. {
27.     [UserPsw resignFirstResponder];
28. }
```

这样就完成了一个简单的用户登录界面的设计，在接下来的例子中会对本例进行更多功能的添加，使得这个界面的功能更加完善。

〖**步骤 9**〗 此时，别忘记在 dealloc 方法中释放实例的内存。代码如下。

```
29. - (void)dealloc
30. {
31.     [_window release];
32.     [username release];
33.     [UserName release];
34.     [userpsw release];
35.     [UserPsw release];
36.     [super dealloc];
37. }
```

5.2.3 UISlider

UISlider 控件一般用于系统声音、亮度等设置，也可以表示播放音视频的进度。UISlider 控件的使用比较简单，在实际项目中，程序员一般不会用系统自定义的滑块，而是会根据项目自身的情景设定自定义与项目场景一致的滑块。

通过一个例子来了解 UISlider 的基本属性和用法。

〖步骤 1〗 新建一个 Single View Application 项目模板，然后定义 UISlider 和 UILabel 两个实例。要实现的效果就是滑动滑块时标签里的数值会根据滑动的情况而相应地改变。

在 ViewController.h 文件中定义两个实例。

程序清单：SourceCode\05\UISilder\ViewController.h

```
1.  #import <UIKit/UIKit.h>
2.  @interface ViewController : UIViewController
3.  {
4.      UISlider *slider;
5.      UILabel *label;
6.  }
7.  @end
```

〖步骤 2〗 接着在 ViewController.m 文件中创建实例。在以前的例子中，都是将自定义的一些实例放在 application didFinishLaunchingWithOptions 方法中实现，但是这样不利于后期代码的维护工作，所以最好将自定义视图的创建放在 viewDidLoad 方法中，然后在载入应用中通过[self viewDidLoad]，调用自定义视图方法。这样一目了然的视图创建方式是一个很好的编程习惯。

程序清单：SourceCode\05\UISilder\ViewController.m

```
8.  - (void)viewDidLoad
9.  {
10.     //创建 UISlider 实例
11.     slider = [[UISlider alloc]initWithFrame:CGRectMake(80, 50, 200, 20)];
12.     [slider setMaximumValue:100];
13.     [slider setMinimumValue:0];
14.     slider.value = 10;
15.     [self.view addSubview:slider];
16.     //创建 UILabel 实例
17.     label = [[UILabel alloc]initWithFrame:CGRectMake(10, 50, 40, 20)];
18.     [self.view addSubview:label];
19. }
```

〖步骤 3〗 这样就完成了实例的创建。其中 UISlider 最重要的属性是设置滑块的最大、最小值和默认值，要完成滑动滑块改变标签的值的效果还要添加一个动作，而控制事件要设置为 UIControlEventValueChanged。代码如下。

```
20. - (void)viewDidLoad
21. {
22.     //创建 UISlider 实例
23.     slider = [[UISlider alloc]initWithFrame:CGRectMake(80, 50, 200, 20)];
```

```
24.     [slider setMaximumValue:100];
25.     [slider setMinimumValue:0];
26.     slider.value = 10;
27.     [slider addTarget:self action:@selector(value) forControlEvents:
UIControlEventValueChanged];
28.     [self.view addSubview:slider];
29.     //创建UILabel实例
30.     label = [[UILabel alloc]initWithFrame:CGRectMake(10, 50, 40, 20)];
31.     [self.view addSubview:label];
32. }
```

〖**步骤4**〗 接着实现传送值的方法，代码如下。

```
33. - (void)value
34. {
35.     int intValue = (int)(slider.value);
36. NSString *stringValue = [[NSString alloc]initWithFormat:@"
%d",intValue];
37.     label.text = stringValue;
38.     [stringValue release];
39. }
```

在 value 方法中，将滑块的值传给标签，使得值能够在标签中显示。在赋值的过程中，要注意 label 中文本的类型是 NSString，而滑块的数据类型是 float 类型，直接赋值是会出现编译错误的。所以定义一个 NSString 类型的数据，并用格式化的字符来初始化，这样就能将 slider 的值传给标签了。可以通过图 5-23 来查看最后的效果。

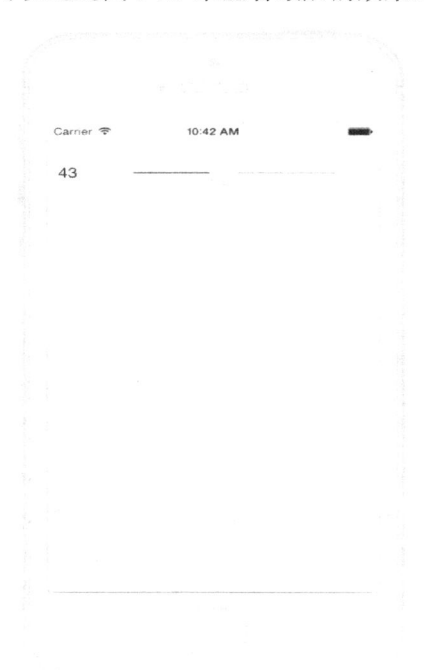

图 5-23 UISlider 实例的运用

这就是系统 UISlider 的用法，用户还可以自定义各种美观的滑块，可以添加自己喜欢的图片作为滑块两边的背景，这部分内容希望读者能够通过查阅 SDK 来实现。

5.2.4 UISegmentedControl 和 UIPageControl

UISegmentedControl（分段控件）也是在实际项目中常用到的控件，它的主要功能是用于不同类型信息的选择和在不同屏幕间切换。下面就在 Xcode 中创建一个 UISegmentedControl 实例，并来学习它的基本属性和基本方法的使用。

〖步骤1〗 新建一个 Singel View Application 项目模板，在 ViewController.m 文件中创建实例。

分段控件中每个按钮的信息是通过一个数组来存储的，所以在创建分段控件实例之前，需要创建一个数组来存储按钮的信息。**注意**，分段控件的长度是有限的，定义数组时元素的值最好不要超过 4 个。

创建 NSArray 数组的一般方法是：

```
NSArray *items = [[NSArray alloc]initWithObjects:@"first",@"second",,@"third",nil];
```

在新版本中，提供了更简洁的初始化方法：

```
NSArray *items = @[@"新闻",@"视频",@"搜索"];
```

〖步骤2〗 接下来就要将数组的内容加到 UIsegmentedControl 上了。创建一个分段控件实例，并用数组的内容进行初始化。在 viewDidLoad 方法中添加以下代码。

```
1.  - (void)viewDidLoad
2.  {
3.      NSArray *items = @[@"新闻",@"视频",@"搜索"];
4.      UISegmentedControl *segmented = [[UISegmentedControl alloc]initWithItems:items];
5.      segmented.frame = CGRectMake(60, 100, 200, 40);
6.      segmented.segmentedControlStyle = UISegmentedControlStyleBar;
7.      [self.view addSubview:segmented];
8.      [segmented release];
9.  }
```

〖步骤3〗 然后在应用加载方法中添加 viewDidLoad 方法。

〖步骤4〗 在初始化实例时，选择 initWithItems 方法，即将前面定义的数组实例添加进来，这样分段控件上显示的内容就是用户所定义的内容。然后定义控件的外观类型，有 4 种类型供用户选择，比较常见的类型是 UISegmentedControlStyleBar。

〖步骤5〗 构建并运行，将看到 UISegmentedControl 的效果，如图 5-24 所示。

实例创建完成之后，可以根据自己的喜好，对实例进行自定义的设置。如设置分段控件实例的颜色，设置各个段的长度，设置默认选择的按钮等，还可以根据需要在特定的位置插入分段。

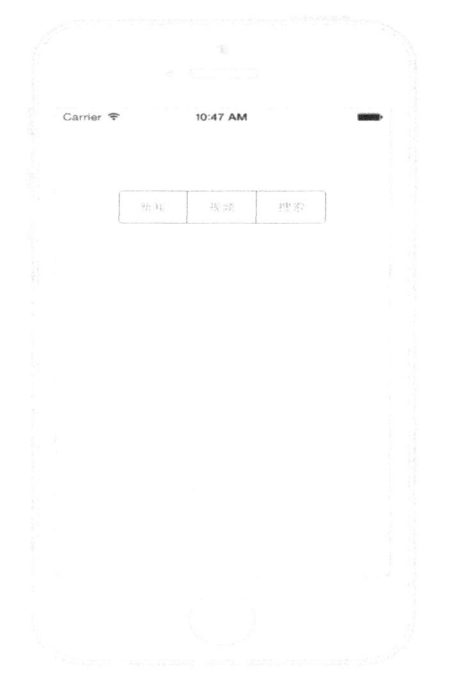

图 5-24 UISegmentedControl 实例的创建

〖步骤 6〗 在 viewDidLoad 方法中修改实例的相关属性，代码如下。

```
1.   - (void)viewDidLoad
2.   {
3.       NSArray *items = @[@"新闻",@"视频",@"搜索"];
4.       UISegmentedControl *segmented = [[UISegmentedControl alloc]initWithItems:items];
5.       segmented.frame = CGRectMake(60, 100, 200, 40);
6.       segmented.segmentedControlStyle = UISegmentedControlStyleBar;
7.       [segmented setWidth:30.0f forSegmentAtIndex:1];
8.       segmented.selectedSegmentIndex = 1;
9.       [segmented insertSegmentWithTitle:@"图片" atIndex:2 animated:YES];
10.      [self.view addSubview:segmented];
11.      [segmented release];
12.  }
```

在原有代码的基础上，将分段中 index 值为 1 的分段的长度设置为 30，将默认选择 index 值为 1 的分段，而且还添加了一个新的名为"图片"的分段放在 index 值为 2 的位置上。可以通过图 5-25 查看最后的效果。

在最新的 SDK 中提到，当需要对控件设置颜色时，只有当外观形式是 UISegmentedControlStyleBar 或者 UISegmentedControlStyleBezeled 时才能设置，在其他两种形式下对颜色设置是无效的。

〖步骤 7〗 完成了实例的创建之后，就要实现相应的功能。在实际项目中，分段控件的主要功能是完成切换视图的工作，而且一般会将分段控件定义在导航栏（UINavigationBar）或屏幕下方的 UITabBar 中，而这些内容还没有讲到，因此将在以后的课程中再实现该功能。

在本节的内容中只实现一个简单的功能，即单击每个分段按钮后会提示当前的信息。

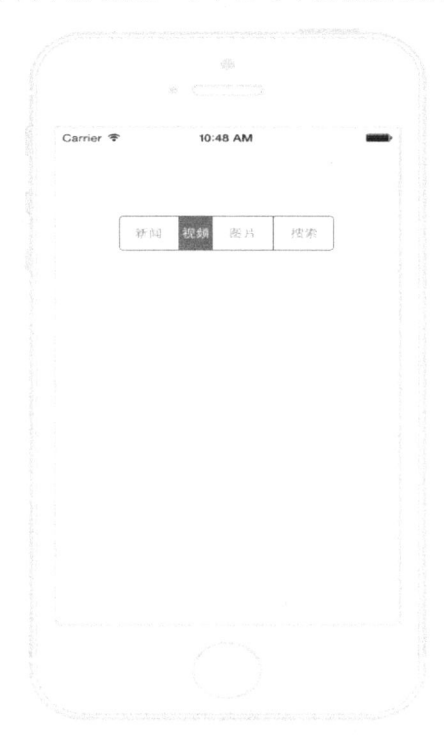

图 5-25　修改分段控件中相应的属性

〖步骤 8〗　在 viewDidLoad 方法中为 UISegmentedControl 添加一个方法，并创建一个用于显示信息的标签实例。首先在.h 文件中创建 UILabel 和 UISegmented 实例，代码如下：

```
1.  #import <UIKit/UIKit.h>
2.  @interface ViewController : UIViewController
3.  {
4.      UILabel *label;
5.      UISegmentedControl *segmented;
6.  }
7.  @end
```

〖步骤 9〗　然后在.m 文件中的 viewDidLoad 方法中实现 UISegmented 方法，代码如下：

```
8.  - (void)viewDidLoad
9.  {
10.     label = [[UILabel alloc]initWithFrame:CGRectMake(60, 200, 240, 40)];
11.     [self.view addSubview:label];
12.     [label release];
13.     NSArray *items = @[@"新闻",@"视频",@"搜索"];
14.     UISegmentedControl *segmented = [[UISegmentedControl alloc]initWithItems:items];
15.     segmented.frame = CGRectMake(60, 100, 200, 40);
16.     segmented.segmentedControlStyle = UISegmentedControlStyleBar;
17.     [segmented setWidth:30.0f forSegmentAtIndex:1];
```

```
18.     segmented.selectedSegmentIndex = 1;
19.     [segmented addTarget:self action:@selector(value:) forControlEvents:UIControlEventValueChanged];
20.     [segmented insertSegmentWithTitle:@"图片" atIndex:2 animated:YES];
21.     [self.view addSubview:segmented];
22.     [segmented release];
23. }
```

〖步骤10〗 接着实现 value 方法，代码如下。

```
24. - (void)value:(UISegmentedControl *)segmented
25. {
26. NSString *labeltext = [[NSString alloc]initWithFormat:@"现在选择的是第%d个分段位置",segmented.selectedSegmentIndex + 1];
27. label.text = labeltext;
28. [labeltext release];
29. }
```

〖步骤11〗 构建并运行，可以看到最后的效果如图 5-26 所示。

segmented 实例有一个 selectedSegmentIndex 用于获取当前选择 segment 的索引值，通过这个 index 值能够执行相对应的方法。

图 5-26 为分段控件添加显示信息功能

value 是一个带参数 void 类型的方法，将实例 segmented 作为参数传到方法中，这样就可在方法中调用该实例进行操作。如果声明一个带参数的方法，要注意在为实例添加动作时要在方法名后面加冒号，例如在上述代码中：

```
[segmented addTarget:self action:@selector(value:)
forControlEvents:UIControlEventValueChanged];
```

UIControlEventValueChanged 和 UIControlEventTouchUpInside 事件的不同之处在于前者是通过值的改变来触发事件，而后者是通过单击来触发事件。

在本节内容中，我们介绍了 UISegmentedControl 的基本属性和方法，如果在项目中需要用到 UISegmentedControl 控件，那么读者可以查阅 SDK 了解更多属性和方法的用法。

UIPageControl 视图和 UISegmentedControl 视图有许多相似之处，它们的功能都是处理视图的切换。在 iPhone 的应用中，如果有许多页面，则在屏幕的顶端或底部会出现分页效果的视图。因为该视图在实际项目中用到的并不是许多，所以在这里仅简单地介绍一下它的基本属性。

〖**步骤 1**〗 新建一个 Single View Application 项目，在 ViewController.m 文件中的 viewDidLoad 方法中创建实例，并设置相关的属性。代码如下。

```
1.  - (void)viewDidLoad
2.  {
3.      UIPageControl *page = [[UIPageControl alloc]initWithFrame:CGRectMake(100, 450, 100, 20)];
4.      page.numberOfPages = 3;
5.      page.currentPage = 2;
6.      page.backgroundColor = [UIColor grayColor];
7.      [self.view addSubview:page];
8.      [page release];
9.  }
```

定义视图的方法和前面几个视图一致，numberOfPages 属性代表了一共有多少个页面，currentPage 属性代表默认情况下显示的是第几个页面。此外，还有一个重要的属性是 hidesForSinglePage，它的作用是当只有一个页面时隐藏视图，因为当只有一个视图时再使用 UIPageControl 视图会使屏幕显得比较单调，所以系统提供了隐藏单视图的属性，它是一个 BOOL 类型，需要设置时将它的值设置为 YES 即可。

〖**步骤 2**〗 构建并运行，可以看到 UIPageControl 视图的效果如图 5-27 所示。

图 5-27　UIPageControl 实例效果

如果项目中需要用到 UIPageControl 视图，则可以查阅文档了解更多的属性和方法。

5.2.5 UIActivityIndicatorView

UIActivityIndicatorView 视图的效果是显示载入时等待画面上的进度圈，它一般会与网络编程混合使用，当从网络下载或读取信息时，就会显示 UIActivityIndicatorView 视图，信息载入完成后，视图会自动消失。在本节中，将介绍 UIActivityIndicatorView 视图的常用属性和方法。

〖步骤1〗 新建一个 Single View Application 项目模板，在 ViewController.h 文件中定义一个 UIActivityIndicatorView 视图的实例。

程序清单：SourceCode\05\ UIActivityIndicatorView\ViewController.h

```
1.   #import <UIKit/UIKit.h>
2.   @interface ViewController : UIViewController
3.   {
4.       UIActivityIndicatorView *view;
5.   }
6.   @end
```

〖步骤2〗 在 ViewController.m 文件中的 viewDidLoad 方法中创建实例，并设置相关属性。

程序清单：SourceCode\05\ UIActivityIndicatorView\ViewController.m

```
7.   - (void)viewDidLoad {
8.       [super viewDidLoad];
9.       // Do any additional setup after loading the view, typically from a nib.
10.      view = [[UIActivityIndicatorView alloc]initWithActivityIndicatorStyle:UIActivityIndicatorViewStyleGray];
11.      view.center = CGPointMake(150, 200);
12.      [view startAnimating];
13.      [self.view addSubview:view];
14.  }
```

〖步骤3〗 构建并运行，将可以看到 UIActivityIndicatorView 视图的效果图如图 5-28 所示。

图 5-28 UIActivityIndicatorView 视图效果

在初始化 UIActivityIndicatorView 实例时，**要注意**通过 CGRectMake 方法去定义实例的大小是没有意义的，因为系统已经为它定义好了大小，用户是无法更改的，只能通过 CGPointMake 方法定义它在屏幕中的位置。

UIActivityIndicatorView 实例默认下是静止的，所以要通过调用 startAnimating 方法让它运动起来。

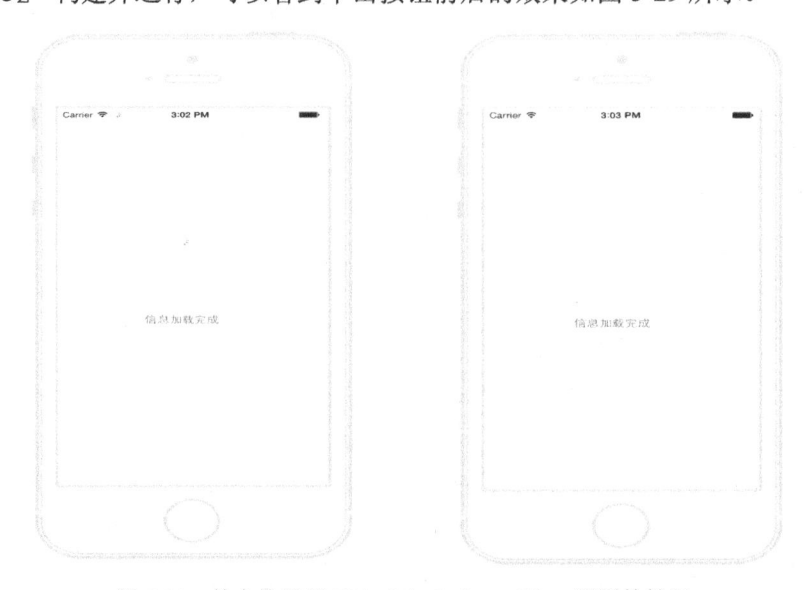

在实际操作中，会发现如果在搜索网络时，UIActivityIndicatorView 视图也会出现在手机屏幕上方的状态栏中，那么在设置属性时，只需要将 UIApplication 中的 setNetworkActivityIndicatorVisible 属性设置为 YES 即可。

〖**步骤 4**〗 可以通过设置一个按钮，单击之后以完成信息的加载，让转动的视图隐藏起来。
在 viewDidLoad 方法中添加如下代码。

```
//显示网络的UIActivityIndicatorView视图
[[UIApplicationsharedApplication]
setNetworkActivityIndicatorVisible:YES];
UIButton *button = [UIButton buttonWithType:UIButtonTypeRoundedRect];
[button setTitle:@"信息加载完成" forState:UIControlStateNormal];
button.frame = CGRectMake(100, 300, 100, 40);
[button addTarget:self action:@selector(hide)
forControlEvents:UIControlEventTouchUpInside];
[self.view addSubview:button];
- (void)hide
{
    [[UIApplication sharedApplication]setNetworkActivityIndicatorVisible:NO];
    [view stopAnimating];
}
```

〖**步骤 5**〗 构建并运行，可以看到单击按钮前后的效果如图 5-29 所示。

图 5-29　单击按钮后 UIActivityIndicatorView 视图的效果

在实际的项目中，通常不会用这样简单的方法实现 UIActivityIndicatorView 视图，而要动态地实现该视图。以上目的是向读者介绍该视图的基本用法和属性，关于动态地实现视图，还会通过在后面的例子中加入 UIActivityIndicatorView 视图的动态处理效果来进一步讲解。

5.3 UIAlertView 和 UIActionSheet

本节介绍的两个视图是用来提示用户选择的视图，在实际项目中也运用的比较广泛。创建实例的方法其实很容易，重要的运用是对 UIAlertViewDelegate 代理方法的使用。接下来通过一个例子来了解 UIAlertView 视图创建的方法。

〖步骤1〗 新建一个 Single View Application 项目模板，在 ViewController.m 文件中创建实例。

在 viewDidLoad 方法中创建一个按钮实例。

程序清单：SourceCode\05\ UIActionSheet+UIAlertView\ViewController.m

```
- (void)viewDidLoad {
    [super viewDidLoad];
    // Do any additional setup after loading the view, typically from a nib.
    UIButton *button = [UIButton buttonWithType:UIButtonTypeRoundedRect];
    button.frame = CGRectMake(100, 200, 100, 40);
    [button setTitle:@"下载信息" forState:UIControlStateNormal];
    [button addTarget:self action:@selector(download) forControlEvents:
UIControlEventTouchUpInside];
    [self.view addSubview:button];
}
```

〖步骤2〗 先创建一个按钮实例，用于显示 UIAlertView 视图。然后为按钮添加一个单击事件，将按钮添加到窗口上。以下代码用于实现按钮的 download 方法。

```
- (void)download
{
    UIAlertView *alertView = [[UIAlertView alloc]initWithTitle:@"下载"
message:@"确定下载?" delegate:self cancelButtonTitle:@"否" otherButtonTitles:
@"是", nil];
    [alertView show];
    [alertView release];
}
```

可以看到 UIAlertView 视图的初始化方法非常简洁，可以设置要在弹出的警告框中显示的信息，并且可以设置多个按钮，最后通过 show 方法显示 UIAlertView 的实例。UIAlertView 和 UIActionSheet 视图的级别非常高，在程序运行下，当显示了这两个视图时，其他的事件都被阻断了，单击其他区域是无效的，必须先完成这两个视图的事件才能继续其他的事件。

UIAlertView 视图继承于 UIView，所以也可以在 UIAlertView 上添加子视图。添加子视图的方法和其他视图的方法一致。

〖步骤 3〗 接下来重要的内容是调用 UIAlertView 的代理方法。弹出对话框实现的效果都是在代理方法中实现的。要调用它的代理方法，首先要在 AppDelegate.h 文件中加入 UIAlertViewDelegate 协议。代码如下。

```
#import <UIKit/UIKit.h>
@interface ViewController : UIViewController<UIAlertViewDelegate>
@end
```

通过 SDK 查看它的代理方法，并实现，代码如下。（图 5-30 所示是 SDK 中有关的代理方法）

```
@protocol UIAlertViewDelegate <NSObject>
@optional

// Called when a button is clicked. The view will be automatically dismissed after this call returns
- (void)alertView:(UIAlertView *)alertView clickedButtonAtIndex:(NSInteger)buttonIndex;

// Called when we cancel a view (eg. the user clicks the Home button). This is not called when the user
    clicks the cancel button.
// If not defined in the delegate, we simulate a click in the cancel button
- (void)alertViewCancel:(UIAlertView *)alertView;

- (void)willPresentAlertView:(UIAlertView *)alertView;  // before animation and showing view
- (void)didPresentAlertView:(UIAlertView *)alertView;  // after animation

- (void)alertView:(UIAlertView *)alertView willDismissWithButtonIndex:(NSInteger)buttonIndex; // before
    animation and hiding view
- (void)alertView:(UIAlertView *)alertView didDismissWithButtonIndex:(NSInteger)buttonIndex;  // after
    animation

// Called after edits in any of the default fields added by the style
- (BOOL)alertViewShouldEnableFirstOtherButton:(UIAlertView *)alertView;

@end
```

图 5-30 UIAlertViewDelegate 中的代理方法

```
- (void)alertView:(UIAlertView *)alertView clickedButtonAtIndex: (NSInteger)
buttonIndex
{
    if(buttonIndex == 1){
        UIAlertView *alertView = [[UIAlertView alloc]initWithTitle:@"正在下载..."
        message:nil delegate:self cancelButtonTitle:nil otherButtonTitles:nil];
        [alertView show];
        UIActivityIndicatorView *activeView = [[UIActivityIndicatorView alloc]initWithActivityIndicatorStyle:UIActivityIndicatorViewStyle WhiteLarge];
        activeView.center = CGPointMake(140,70);
        [activeView startAnimating];
        [alertView addSubview:activeView];
        [activeView release];
    }
}
```

该代理方法的作用是当单击特定 buttonIndex 按钮时实现相应的效果。它的 buttonIndex 值依次设定为 0, 1, 2, ...在定义的 alertView 实例中，cancelButton 的 index 值是 0，otherButton 的 index 值依次往下设定。

在代理方法中设置单击 buttonIndex 值为 1 的按钮时弹出另一个 UIAlertView 的视图，并在视图上添加一个 UIActivityIndicatorView 的视图。

UIActivityIndicatorView 视图的创建在上一节中已经介绍，而添加子视图的方法和其他视图添加子视图的方法是一样的。

该例子实现了一个简单地显示 UIAlertView 视图和单击视图中的按钮弹出另一个视图的功能。

〖**步骤 4**〗 构建并运行，可以看到效果如图 5-31 所示。

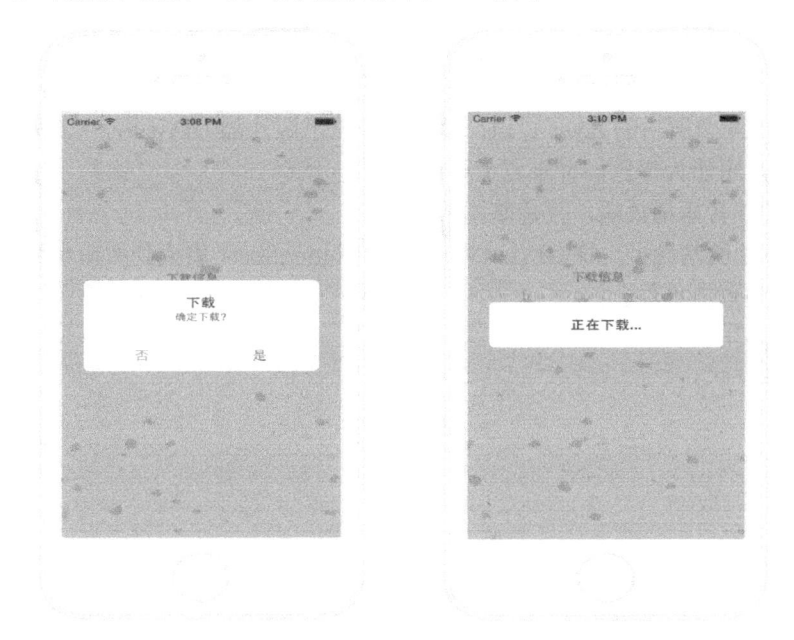

图 5-31　UIAlertView 应用效果

这里需要注意的是，当 UIAlertView 实例显示时，它是 Application 的第一响应者，也就是 FirstReponder，只有当用户选择相应的按钮后，才可以进行其他的操作。

UIActionSheet 视图和 UIAlertView 视图类似，也是为用户提供了选择功能，例如当要删除一个文件时，会弹出一个 UIActionSheet 视图以提示用户是否确定删除，效果如图 5-32 所示。

图 5-32　UIActionSheet 视图

它的初始化方法与 UIAlertView 视图类似，也有代理方法，相信读者通过前一节的学习已经能够掌握 UIActionSheet 的用法。

本章小结

通过本章的学习，我们了解了 iOS 中各种控件的方法及使用，也知道了 UIwindow 和 UIView 之间的关系。一个 iOS 应用的基本控件都是由这些部分组成的，掌握了基本使用方法后，读者需要去了解每个控件自定义方法的使用。

习题 5

1. 根据 5.1.4 节所讲的 layer 知识，设计一个显示照片的 UIView，它的外框是圆形，边框颜色为红色，阴影为黑色，并设置上一张图片。
2. 仿照 QQ 音乐播放器，搭建基本界面。
3. 在第 2 题的基础上，将 UIAlertView 和 UIActionSheet 集成到按钮事件中，让每个按钮都对应相应的单击事件。

第 6 章 iOS 高级界面编程

【教学目标】
- ❖ 掌握 iOS 中 UIImageView 图片视图的方法及使用
- ❖ 掌握 UITableView 的重用机制
- ❖ 掌握 UITableView 的使用方法

6.1 UIImageView 图片控件

在前面的章节中，我们使用过 UIImage 来加载图片，而 UIImageView 是用来在屏幕上显示图片的一个视图，如要使用 UIImageView 来显示图片，首先要将图片文件加载到 UIImage 上，然后通过一些方法去使用 UIImage。系统为我们提供了以下 4 种常用加载 UIImage 的方法。
- imageNamed：通过项目中的文件来创建。
- imageWithCGImage：通过 Quartz 2D 对象创建。
- imageWithContentsOfFile：通过指定路径创建。
- imageWithData：通过 NSData 创建。

> Tips:
> 第二种 ImageWithCGImage 方法运用了 Quartz 绘图功能，如果读者想通过 XCode 绘制图形，可以参考相关的书籍，在此不作过多讲解。

接下来介绍如何用这几种方法在 UIImageView 中显示图片。

〖步骤 1〗 首先还是要初始化一个 UIImageView 视图的实例，并将实例添加到窗口上。新建一个 Single View Application 项目模板，在 ViewController.m 文件中添加下列代码。

```
1.  UIImageView *ImageView = [[UIImageView alloc]initWithFrame:CGRectMake(100, 200, 150, 150)];
2.  [self.view addSubview:ImageView];
3.  [ImageView release];
```

〖步骤 2〗 设置 UIImageView 的图片使视图上能够显示图片。记住要将图片文件导入到项目中。代码如下。

```
4.  //---------------第一种设置图片方法---------------//
5.  [ImageView setImage:[UIImage imageNamed:@"hearted.jpg"]];
```

```
 6.  //----------------第二种设置图片方法----------------//
 7.  NSString *filePath=[[NSBundle mainBundle]
 8.  pathForResource:@"hearted" ofType:@"jpg"];
 9.  UIImage *images=[UIImage imageWithContentsOfFile:filePath];
10.  [ImageView setImage:images];
11.  //----------------第三种设置图片方法----------------//
12.  NSString *filePath=[[NSBundle mainBundle] pathForResource:@"hearted" ofType:@"jpg"];
13.  NSData *data=[NSData dataWithContentsOfFile:filePath];
14.  UIImage *image=[UIImage imageWithData:data];
15.  [ImageView setImage:image];
```

那么有的读者就会有疑问，第一种方法这么简单，代码又少，为什么还要用其他几种方法？确实第一种方法是最简单的，但是这几种方法都各有优势和劣势。

例如第一种方法（imageNamed），当使用这种方法时，系统会把图像文件缓存到内存中，当图像文件较大，或者图像较多的时候，就会消耗大量的内存，我们也知道 iOS 系统对内存的要求是很高的，所以这种情况下一不小心就会造成内存的错误导致系统的崩溃。但它的优点也很明显，当项目中需要复用该图像文件时，系统就会从缓存中直接读取该文件，从而节省了内存空间。

当使用 imageWithData 方法时，系统会将图像文件以数据的形式加载到应用程序中，如果图像文件不需要复用，或者文件比较大时应尽量使用 imageWithData 方法。

下面介绍 UIImageView 常用的属性如下。

- Image：设置 UIImageView 视图中正常状态下显示的图片。
- HighlightedImage：设置 UIImageView 视图在高亮状态下显示的图片。
- isUserInteractionEnabled：设置是否允许用户交互。

此外，其他的属性则是用在动画的操作中，会在本节后面的内容中介绍。

在本章前面的内容中我们介绍过，iOS 组件有 4 种状态：正常，高亮，选中和禁用。在 UIImageView 中如要设置视图在高亮状态下的图片，则要设置 highlighted 属性为 YES，才能在高亮状态下显示图片，**这一点也是要特别注意的**。

isUserInteractionEnabled 属性也是比较重要的，可以通过一个例子来理解该属性的作用。我们在前面例子的基础上进行修改。

〖步骤 3〗 将设置的图片删除，并将 UIImageView 视图的背景色设置为 cyanColor。代码如下。

```
16.  UIImageView *ImageView = [[UIImageView alloc]initWithFrame:CGRectMake(100, 200, 150, 150)];
17.  ImageView.backgroundColor = [UIColor cyanColor];
18.  [self.view addSubview:ImageView];
19.  [ImageView release];
```

因为 UIImageView 也是继承于 UIView，所以也可以在 UIImageView 上添加子视图。

〖步骤 4〗 在视图上添加一个按钮，用来完成用户交互功能，例如在用户设置头像时，可以单击按钮更换用户喜爱的图像。代码如下。

```
20.    UIButton *button = [UIButton buttonWithType:UIButtonTypeRoundedRect];
21.    button.frame = CGRectMake(25, 50, 100, 40);
22.    [button setTitle:@"更换头像" forState:UIControlStateNormal];
23.    [ImageView addSubview:button];
```

〖**步骤 5**〗 创建好 UIButton 的实例后,要将实例添加到 UIImageView 视图上,作为它的子视图。那么在设置 button 的 frame 值时要注意,此时的坐标是以它的父类坐标系统为基准的,设置的时候要注意 XY 的位置。

〖**步骤 6**〗 构建并运行,可以看到效果如图 6-1 所示。

图 6-1 为 UIImageView 添加 UIButton 子视图

如果单击按钮,会发现无法实现单击按钮的操作,这是因为前面所提到的一个重要属性——isUserInteractionEnabled 没有设置,它的默认值是 NO,所以要将它设置为 YES,这样就可以单击按钮了。读者可以自己实现按钮的相关事件。

系统还为 UIImageView 提供了幻灯片播放的功能,通过设置相关的属性可以达到幻灯片播放的效果。下面通过一个例子来学习如何设置相关属性让图片"动"起来。

〖**步骤 1**〗 新建一个 Single View Application 项目模板,同样在 ViewController.m 文件中的 viewDidLoad 方法中添加下列代码。

```
1.    UIImage *image1 = [UIImage imageNamed:@"heart1.jpg"];
2.    UIImage *image2 = [UIImage imageNamed:@"heart2.jpg"];
3.    UIImage *image3 = [UIImage imageNamed:@"heart3.jpg"];
4.    UIImageView *imageView = [[UIImageView
alloc]initWithFrame:CGRectMake(50, 50, 300, 200)];
5.    imageView.animationImages = [NSArray arrayWithObjects:image1,image2,
image3, nil];
6.    imageView.animationDuration = 5;
7.    [imageView startAnimating];
```

```
8.  [self.view addSubview:imageView];
9.  [imageView release];
```

〖步骤 2〗 构建并运行，可以看到 3 张图片的切换效果如图 6-2 所示。

图 6-2 UIImageView 提供的幻灯片效果

关于以上代码的解释是：首先创建 3 个 UIImage 类的实例并初始化图片文件，然后创建一个 UIImageView 的实例用于显示图片，UIImageView 中提供了一个 animationImages 属性用于设置图片的动画效果。接下来创建一个数组用于存储前面创建的 3 个 UIImage 类的实例，animationDuration 属性用于设置图片切换的时间间隔，设置完相关属性后，再通过 starAnimation 方法使图片开始"动"起来。别忘了释放掉内存，代码如下。

```
[imageView release];
```

关于 UIimageView 视图动画的方法有 2 个——startAnimation 和 stopAnimation，分别用于开始和停止动画。此外，还有一个 BOOL 类型的标识符，用于标识 UIImageView 的实例是否处于运动的状态，以便于作出相应的判断。

本节介绍了 UIImageView 视图相关属性和方法的使用，还介绍了简单的动画实现，我们可以用图片视图实现许多精美的动画效果。更多的动画内容会在第 8 章动画实现中详细介绍。

6.2 UITableView 表视图控件

UITableView 是 iPhone 应用的最为广泛的一个类，或者说一个控件。它主要是用于显示文本内容或者用于内容的编辑。例如在 iPhone 的设置中，这些内容都是显示在 UITableView 中，如图 6-3 所示。

为什么 UITableView 这个控件会使用如此广泛呢？它有什么优点呢？每一个 App 都会有大量的数据需要显示，例如新浪微博、关于新闻的 App，它们都包含许多的信息内容，虽然内容许多，但是它们的组成结构是一样的。所以可以根据一些条件进行分组，这种情况正是适合了 UITableView 控件充分发挥其作用，它提供了分组功能，并能够对相关信息进行编辑。

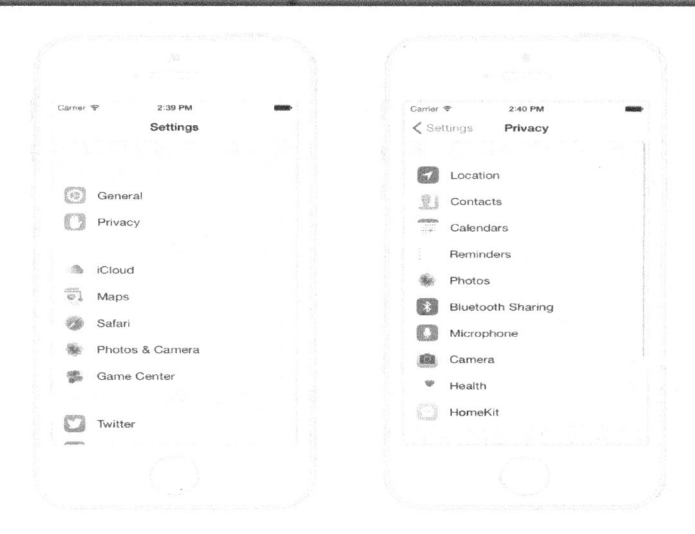

图 6-3　设置中的 UITableView 视图

而且 UITableView 的功能非常强大，其最大的优点就是单元格重用机制，例如用户有 10 000 条信息要显示，那么它并不需要创建 10 000 个相应的单元格 cell，只会先创建屏幕上能显示 cell 条数的单元格，当用户下拉的时候，系统会重用显示不到的单元格，以提高系统的工作效率。

6.2.1　UITableView 的创建

在本节中，我们将来学习如何创建一个表视图，并在表视图中显示相应的信息。在学习如何创建之前，首先来了解一下表视图中相关的概念及表视图的一个整体结构。

在表视图中，系统提供了 2 种样式，一种是 UITableViewStylePlain，另一种则是 UITableViewStyleGrouped，我们来查看苹果公司官方给出的一个表视图的样示，如图 6-4 所示。

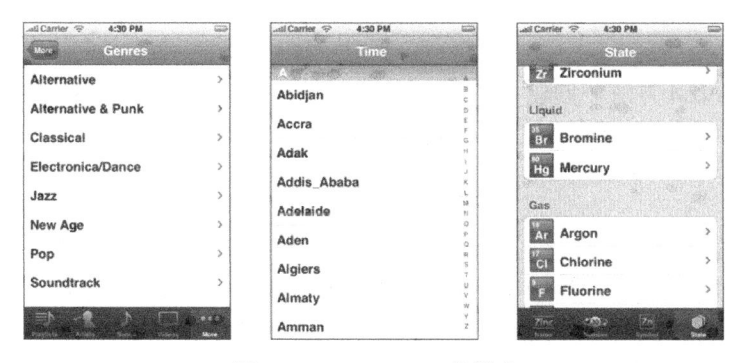

图 6-4　UITableView 的样式

上图中前两种类型都是 UITableViewStylePlain 类型，第三种类型则是 UITableViewStyleGrouped，它是一个带有分组功能的表视图。那么我们就知道了在设置中的表视图都是 UITableViewStyleGrouped 分组类型的表视图。

每一个表视图都由 3 个部分组成：tableHeaderView 头视图，tableView 正文部分和 tableFooterView 尾视图。头视图和尾视图是用来显示一些辅助的信息，例如在图 6-4 中第 2

个表视图中的头视图就是"A",尾视图没有进行设置。头视图和尾视图都可以是默认的。注意到在每个单元格的右侧有一串字母,它的作用是方便用户快速选择首字母名称的索引功能,类似于在 iPhone 中常用到的联系人操作。我们在后面的内容中也会学习如何为表视图创建一个索引功能。

在表视图中每一行用于显示内容的部分称为单元格 cell,每一个 cell 也是由 3 个部分组成的:头视图 CellHeaderView,内容部分和尾视图 CellFooterView,与表视图一样,单元格头视图和尾视图用来显示一些辅助的信息,它可以为空。第三种类型 UITableViewStyleGrouped 就和 Plain 类型不同,它是由多个 section 组成的,每个 section 又由多个单元格 cell 组成,可以从图中很清楚地看到分组的情况。而每个 section 也是由头视图,一连串单元格和尾视图组成,我们可以通过代理方法来设置它的头视图和尾视图,在后面的内容中也会提到。

- Plain 类型表视图的创建

在介绍完相关概念之后,就来学习如何创建一个 UITableView 表视图。

在 XCode 中新建一个 Single View Application 项目模板。

在 ViewController.m 文件的 viewDidLoad 方法中初始化 UITableView 表视图实例。

在 ViewController.m 文件中创建 TableView 表视图。在这之前还要在 ViewController.h 文件中创建一个 NSMutableArray 的全局的实例,这样便于在文件中访问。**还有很重要的一点,UITableView 与其他的类有所不同,它必须实现 2 个代理方法,所以在头文件中要引入 2 个与 UITableView 相关的协议。**我们会对这 2 个协议进行详细的解释。

程序清单:SourceCode\06\UITableView\ViewController.h

```
1.  #import <UIKit/UIKit.h>
2.  @interface ViewController : UIViewController<UITableViewDataSource,UITableViewDelegate>
3.  {
4.      NSMutableArray *listofFile;
5.  }
6.  @end
```

在 viewDidLoad 方法中创建 UITableView 的实例。

程序清单:SourceCode\06\UITableView\ViewController.m

```
7.  - (void)viewDidLoad
8.  {
9.      [super viewDidLoad];
10.     UITableView *tableView = [[UITableView alloc]initWithFrame:[UIScreen mainScreen].applicationFrame style:UITableViewStylePlain];
11.     [tableView setDataSource:self];
12.     [tableView setDelegate:self];
13.     listofFile = [[NSMutableArray alloc]init];
14.     [listofFile addObject:@"美国"];
15.     [listofFile addObject:@"英国"];
16.     [listofFile addObject:@"法国"];
17.     [listofFile addObject:@"德国"];
```

```
18.    [listofFile addObject:@"中国"];
19.    [listofFile addObject:@"日本"];
20.    [listofFile addObject:@"韩国"];
21.    [listofFile addObject:@"伊朗"];
22.    [self.view addSubview:tableView];
23.    [tableView release];
24. }
```

这里最关键的代码是设置代理,然后将需要显示的数据添加到数组中,并在代理方法中实现在表视图中显示内容的功能。代码如下。

```
25. - (NSInteger) tableView:(UITableView *)tableView numberOfRowsInSection:(NSInteger)section
26. {
27.    return [listofFile count];
28. }
```

这个代理方法比较好理解,它是返回每个 section 中的单元格 cell 的数目,一般情况下是以数组的形式表示 section 中的行数,例如使用数组的 count 属性[Array count],这里就使用我们定义好的可变数组元素的个数作为 cell 的行数。代码如下。

```
29. - (UITableViewCell *)tableView:(UITableView *)tableView cellForRowAtIndexPath: (NSIndexPath *)indexPath
30. {
31.    static NSString *CellIdentifier = @"nationality";
32.    UITableViewCell *cell = [tableView dequeueReusableCellWithIdentifier:CellIdentifier];
33.    if(cell == nil){
34.        cell = [[[UITableViewCell alloc]initWithStyle: (UITableViewCellStyleDefault)
35.        reuseIdentifier:CellIdentifier]autorelease];
36.    }
37.    NSString *cellValue = [listofFile objectAtIndex:indexPath.row];
38.    cell.textLabel.text = cellValue;
39.    return cell;
40. }
```

这个代理方法比较难理解,它主要的含义就是"告诉"UITableView 表视图中所要显示的具体内容是什么。更具体地说,就是第几组第几条数据的具体内容是什么。在 TableView 中每填充一个单元格的数据就会触发一次该代理方法。首先定义了一个单元格标识符字符串,作为后面单元格重用的判断标识。

重用 UITableViewCell 对象机制的原理是这样的,因为 iOS 设备特别是 iPhone 设备的内存是有限的,假设要在表视图上显示的内容有许多,那么就要相应地创建许多的 UITableViewCell 对象,这样会造成 iOS 设备的内存耗尽,导致系统的崩溃。但在使用 UITableView 时可以发现,显示的 cell 数量是有限的而且是固定的,而其他的 UITableViewCell 对象会移出窗口,这样 UITableView 对象就会将窗口外的 UITableViewCell 对象放入 UITableViewCell 对象池中,用于单元格的重用。当 UITableView 对象要求数据源返回一个 UITableViewCell 对象时，数据源 DataSource 就会查看对象池。如果有未使用的 UITableViewCell 对象，数据源就会用重新配置这个对象，用于显示新的内容。这样就能有效地减少创建 UITableViewCell 对象的数量。可以从图 6-5 中直观地看到 UITableViewCell 对象重用的过程。有关代码如下。

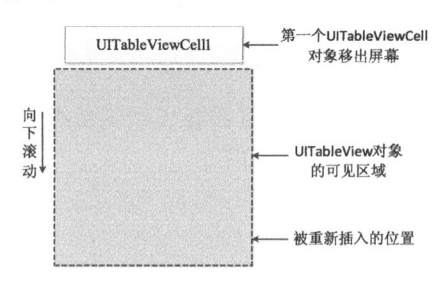

图 6-5　UITableViewCell 对象重用过程示意图

```
if(cell == nil){
cell = [[[UITableViewCell alloc]initWithStyle:
(UITableViewCellStyleDefault)
    reuseIdentifier:CellIdentifier]autorelease];
```

这部分代码的含义是判断 UITableViewCell 对象是否被重用，如果没有的话，就会创建一个新的单元格。

在对单元格重用时会出现另一个问题，因为 UITableView 继承于 UIScrollView，而 UIScrollView 继承于 UIView，也就是说 UITableView 可以子类化各种类型的视图，这样问题就出现了，UITableView 对象就可能拥有不同类型的 UITableViewCell 对象。那么在对象池中有许多种不同类型的对象，怎样对单元格进行重用才能保证类型一致呢？

每一个 UITableViewCell 对象都有一个 reuseIdentifier 属性，它的类型是 NSString。通过向表格视图传入特定的 NSString 对象，这里就定义了一个 NSString 类型的数据 Identifier，数据源就可以查询并获取一个可重用的 UITableViewCell 对象，通过 reuseIdentifier 属性来判断两者的类型是否一致。这样问题就得到了解决。

构建并运行，可以看到最后的效果如图 6-6 所示。

图 6-6　创建一个表视图的最终效果

对于程序中这两句代码读者可能会有点疑惑，这两个代理是什么含义呢？

```
[tableView setDataSource:self];
[tableView setDelegate:self];
```

DataSource 是 UITableViewDataSource 类型数据，它主要是为 UITableView 提供显示的数据，指定 UITableViewCell 支持的编辑操作类型，例如插入、删除和重新排列，并且它会根据用户的操作来更新表视图中数据。

Delegate 是 UITableViewDelegate 类型数据，它主要提供一些可选的方法，用来控制 tableView 的选择，指定 section 和头视图、尾视图的显示，以及协助完成 cell 单元格的删除、重排序等功能。

- **Group 类型表视图的创建**

以上介绍了 Plain 类型表视图的创建，那么下面的内容将介绍另一种类型的表视图的创建。Group 类型表视图的创建和 Plain 类型表视图的创建还是有许多不同的，因为它多了一个对 section 属性的设置。下面就来学习创建的方法。

在 Group 类型表视图创建时，我们另外又添加了 2 个代理方法，用于显示设置 section 区域的个数和 section 的 HeaderView 以及 FooterView。

〖步骤1〗 在 XCode 中新建一个 Single View Application 项目模板，与 Plain 类型表视图创建一样，在 viewDidLoad 方法中创建实例。别忘记在 ViewController.h 文件中添加 2 个协议。代码如下。

```
1.   #import <UIKit/UIKit.h>
2.   @interface ViewController : UIViewController <UITableViewDelegate,
UITableViewDataSource>
3.   @end
4.   - (void)viewDidLoad
5.   {
6.       [super viewDidLoad];
7.       UITableView *tableView = [[UITableView alloc]initWithFrame:
[UIScreen mainScreen].bounds
8.       style:UITableViewStyleGrouped];
9.       [tableView setDataSource:self];
10.      [tableView setDelegate:self];
11.      self.view = tableView;
12.      [tableView release];
13.  }
```

在创建实例时，只需创建一个空的表视图，也不需要通过数组来添加信息。我们将在相应的代理方法中添加表中的信息。这里还是要将代理和数据源设置为由表视图的实例来管理。最后释放相应实例的内存。

〖步骤2〗 接下来我们在代理方法中设置 section 区域的个数。代码如下。

```
14.  - (NSInteger)numberOfSectionsInTableView:(UITableView *)tableView
15.  {
16.      return 3;
17.  }
```

这个代理方法很好理解,它设置了表视图中 section 的个数为 3。在设置完 section 属性的值,即确定了分组的个数之后,就可以再定义每个 section 中单元格 cell 的个数。

〖步骤 3〗 在代理方法 tableView numberOfRowsInSection 中进行相应设置。代码如下。

```
18. - (NSInteger) tableView:(UITableView *)tableView numberOfRowsInSection:
(NSInteger) section
19. {
20.     if(section == 1 || section == 2){
21.         return 2;
22.     }
23.     return 1;
24. }
```

这里将 section1 和 section2 中的 cell 值设置为 2,而 section0 中的 cell 单元格个数为 1。

〖步骤 4〗 设置完表格视图的具体格式之后,就可以向表格视图中添加内容了。这里的添加方法与 Plain 类型的添加方法有点不同,即通过 section 属性和 indexPath 中的 row 属性定位要添加内容的指定位置,而不是添加到数组中统一显示了。代码如下。

```
25. - (UITableViewCell *)tableView:(UITableView *)tableView
cellForRowAtIndexPath:(NSIndexPath *)indexPath
26. {
27.     int section = indexPath.section;
28.     int row = indexPath.row;
29.     static NSString *CellIdentifier = @"nationality";
30.     UITableViewCell *cell = [tableView dequeueReusableCellWithIdentifier:
CellIdentifier];
31.     if(cell == nil){
32.         cell = [[[UITableViewCell alloc]initWithStyle: (UITableViewCell
StyleDefault)
33.             reuseIdentifier:CellIdentifier]autorelease];
34.     switch (section) {
35.         case 0:cell.textLabel.text = @"美国";
36.             break;
37.         case 1:
38.             if(row ==0)
39.             {
40.                 cell.textLabel.text = @"英国";
41.             }else{
42.                 cell.textLabel.text = @"德国";
43.             }
44.             break;
45.         case 2:
46.             if(row == 0)
47.             {
48.                 cell.textLabel.text = @"中国";
49.             }else{
```

```
50.                    cell.textLabel.text = @"日本";
51.                }
52.            }
53.        }
54.    return cell;
55. }
```

定义标识符和单元格重用的方法与前面 Plain 类型的表视图一致，在添加内容时，使用了一个 switch 语句来选择每个 section 中的 cell，从而将内容添加到准确的位置。

〖**步骤 5**〗 最后，还要返回 cell 单元格，如果不返回相应的对象，内容将不会显示在表视图中。代码如下。

```
    int section = indexPath.section;
    int row = indexPath.row;
```

在这两行代码中，有一个 indexPath 属性，它主要用于标识当前 cell 在表视图中的位置，它还有 2 个属性——section 和 row，前者代表当前 cell 处于第几个 section 中，而后者则表示当前 cell 在 section 中的第几行。通过这两个属性用户就可以定位到指定的 cell 而进行相关的操作了。

〖**步骤 6**〗 构建并运行，可以看到最后的效果如图 6-7 所示。

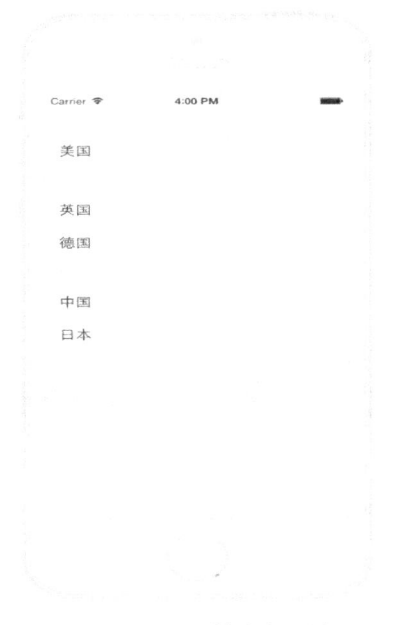

图 6-7 Group 样式表视图

在 iPhone 应用中通常会看到 Group 样式的表视图中每个 section 前面会有一段文字，用于解释或者分类该 section，这是前面提到的组成表视图的 3 个部分里的 tableHeaderView。

〖**步骤 7**〗 可以通过相应的代理方法来添加 HeaderView 视图，同样，也可以添加 tableFooterView 视图。代码如下。

```
56. - (NSString *)tableView:(UITableView *)tableView titleForHeaderInSection:
(NSInteger)section
```

```
57.  {
58.      switch (section) {
59.          case 0: return @"美洲";
60.          case 1: return @"欧洲";
61.          case 2: return @"亚洲";
62.          default: return 0;
63.      }
64.  }
65.  - (NSString *)tableView:(UITableView *)tableView titleForFooterInSection:
(NSInteger)section
66.  {
67.      switch (section) {
68.          case 0: return @"zone 1";
69.          case 1: return @"zone 2";
70.          case 2: return @"zone 3";
71.          default:return 0;
72.      }
73.  }
```

在这两个代理方法中，通过 switch 语句为每一个 section 分别添加了一个 HeaderView 头视图和一个 FooterView 尾视图。这些代理方法都不要刻意去记，只需了解含义，我们可以通过 SDK 来了解 UITableView 类中有哪些代理方法，然后通过相应的方法去实现。

〖步骤 8〗 构建并运行，最后添加了头视图和尾视图的表视图效果如图 6-8 所示。

图 6-8　为 Group 类型表视图加上头视图和尾视图

6.2.2　UITableView 相关属性的使用

在本节内容中，我们将一起来学习 UITableView 类中一些属性的使用方法。包括设置文本内容字体颜色、分割线的样式颜色以及表视图等，通过这些属性的设置，能让表视图更加美观。

- **表视图 tableView 相关属性**

首先设置 cell 单元格中内容的属性，我们在 6.2.1 节例子的基础上进行修改。在 tableView cellForRowAtIndexPath 方法中修改 cell 单元格中的 textLabel 属性。代码如下。

```
1.  - (UITableViewCell *)tableView:(UITableView *)tableView cellForRowAtIndexPath:(NSIndexPath *)indexPath
2.  {
3.      /……/
4.      NSString *cellValue = [listofFile objectAtIndex:indexPath.row];
5.      cell.textLabel.text = cellValue;
6.      cell.textLabel.font = [UIFont fontWithName:@"Marion" size:20];
7.      cell.textLabel.textColor = [UIColor redColor];
8.      return cell;
9.  }
```

因为在设置字体时，中文支持不是很完善，所以将代码实例中表视图内容里的中文内容改成了英文内容，这样可以清楚地看到字体改变的情况。构建并运行，可以看到 cell 中的内容有了变化，如图 6-9 所示。

图 6-9　设置表视图中 cell 内容相关属性

我们还可以自定义表视图每个单元格的高度，为表视图添加背景图片。在 viewDidLoad 方法中对表视图进行相关属性的设置。代码如下。

```
10. - (void)viewDidLoad
11. {
12.     [super viewDidLoad];
13.     UITableView *tableView = [[UITableView alloc]initWithFrame:[UIScreen mainScreen].bounds
14.     style:UITableViewStylePlain];
```

```
15.     [tableView setDataSource:self];
16.     [tableView setDelegate:self];
17.     listofFile = [[NSMutableArray alloc]init];
18.     [listofFile addObject:@"US"];
19.     [listofFile addObject:@"UK"];
20.     [listofFile addObject:@"France"];
21.     [listofFile addObject:@"German"];
22.     [listofFile addObject:@"China"];
23.     [listofFile addObject:@"Japan"];
24.     [listofFile addObject:@"Korea"];
25.     [listofFile addObject:@"Iran"];
26.     self.view = tableView;
27.     tableView.rowHeight = 100;
28.     UIImageView *backgoundView = [[UIImageView alloc]initWithFrame:
[UIScreen mainScreen].applicationFrame];
29.     backgoundView.image = [UIImage imageNamed:@"background"];
30.     tableView.backgroundColor = [UIColor purpleColor];
31.     tableView.backgroundView = backgoundView;
32.     [backgoundView release];
33.     [tableView release];
34. }
```

这里我们首先修改了每行单元格中的内容，然后将每行单元格的高度设置为100，默认值是 44px。接下来就要为表视图添加背景，一种方法是直接改变背景的颜色；而另一种方法则是创建一个图片视图，然后将tableView的backgroundView属性设置为图片视图的实例。**这里需要注意的是**，如果同时设置这两个属性，就像在代码中写的那样，对背景设置的颜色就会失去效果，只会显示图片视图。通过在backgroundView属性上按住"Command"键后左键单击，查看它的SDK，可以看到系统对backgroundView属性进行了retain操作，使用完之后，要对图片视图进行释放。

构建并运行，可以看到最后的结果如图6-10所示。

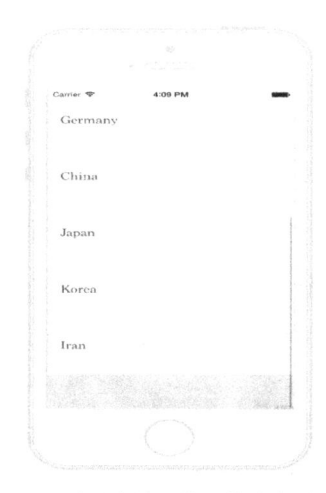

图6-10 设置表视图单元格和背景属性

最后，还可以设置表视图中分割线 Separator 的属性，系统为我们提供了 3 种类型的分割线：

- UITableViewCellSeparatorStyleNone
- UITableViewCellSeparatorStyleSingleLine
- UITableViewCellSeparatorStyleSingleLineEtched

最后一种类型只能在 Group 类型的表视图中使用，使用第一种类型会让分割线消失。还可以设置分割线的颜色，下面就将分割线的颜色设置为红色。代码如下。

```
35. - (void)viewDidLoad
36. {
37.     [super viewDidLoad];
38.     /……/
39.     self.view = tableView;
40.     tableView.rowHeight = 100;
41.     UIImageView *backgoundView = [[UIImageView alloc]initWithFrame:
[UIScreen mainScreen].applicationFrame];
42.     backgoundView.image = [UIImage imageNamed:@"background"];
43.     tableView.backgroundView = backgoundView;
44.     [backgoundView release];
45.     tableView.backgroundColor = [UIColor purpleColor];
46.     tableView.separatorColor = [UIColor redColor];
47.     [tableView release];
48. }
```

• **UITableViewCell 单元格相关属性**

其实每一个 UITableViewCell 单元格除了 HeaderView 和 FooterView 两个视图之外，还有 2 个视图，即 imageView 和 accessoryView（辅助图标视图），结构如图 6-11 所示。

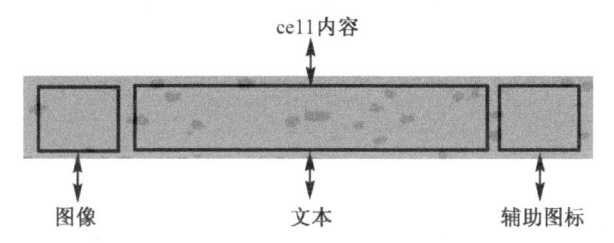

图 6-11　UITableViewCell 单元格视图结构

系统也为我们提供了 3 种辅助图标视图，在表 6-1 中列出了这 3 种辅助图标视图。

表 6-1　辅助图标视图类型

辅助图标名称	辅助图标样式
UITableViewCellAccessoryDisclosureIndicator	>
UITableViewCellAccessoryDetailDisclosureButton	◉
UITableViewCellAccessoryCheckmark	✓

接下来通过一个 switch 语句分别为表视图中前 3 个单元格添加这 3 种类型的辅助图标。在这之前,为了便于读者的阅读,将 cell 单元格的高度还原为默认值 44px,将表视图的背景设置为白色。代码如下。

```
1.  - (UITableViewCell *)tableView:(UITableView *)tableView cellForRow
AtIndexPath:(NSIndexPath *)indexPath
2.  {
3.      int row = indexPath.row;
4.      static NSString *CellIdentifier = @"nationality";
5.      UITableViewCell *cell = [tableView dequeueReusableCellWithIdentifier:
CellIdentifier];
6.      if(cell == nil){
7.          cell = [[[UITableViewCell alloc]initWithStyle: (UITableView
CellStyleDefault) reuseIdentifier:CellIdentifier]autorelease];
8.      }
9.      NSString *cellValue = [listofFile objectAtIndex:indexPath.row];
10.     cell.textLabel.text = cellValue;
11.     cell.textLabel.font = [UIFont fontWithName:@"Marion" size:20];
12.     cell.textLabel.textColor = [UIColor redColor];
13.     switch (row) {
14.         case 0:
15.             cell.accessoryType = UITableViewCellAccessoryDisclosure
Indicator; break;
16.         case 1:
17.             cell.accessoryType = UITableViewCellAccessoryDetail Disclosure
Button;break;
18.         case 2:
19.             cell.accessoryType = UITableViewCellAccessoryCheckmark;break;
20.         default:
21.             break;
22.     }
23.     return cell;
24. }
```

构建并运行,可以看到添加辅助图标之后的表视图如图 6-12 所示。

同样地,为单元格添加图片视图,这样的话,自定义单元格的 2 个视图就添加完成了。代码如下。

```
25.     cell.textLabel.font = [UIFont fontWithName:@"Marion" size:20];
26.     cell.textLabel.textColor = [UIColor redColor];
27.     switch (row) {
28.         case 0:
29.             cell.accessoryType = UITableViewCellAccessoryDisclosure
Indicator;
30.             cell.imageView.image = [UIImage imageNamed:@"us.jpg"];break;
31.         case 1:
```

```
32.              cell.accessoryType = UITableViewCellAccessoryDetail
DisclosureButton;
33.              cell.imageView.image = [UIImage imageNamed:@"UK.jpg"];break;
34.         case 2:
35.              cell.accessoryType = UITableViewCellAccessoryCheckmark;
36.              cell.imageView.image = [UIImage imageNamed:@"france.jpg"];
break;
37.         default:
38.              break;
39.     }
40. return cell;
```

构建并运行,可以看到添加了图片的单元格效果如图 6-13 所示。

图 6-12 为表视图单元格添加辅助图标　　　　图 6-13 为表视图单元格添加图片

细心的读者可能会发现,在 3 种辅助图标视图中,单击 DetailDisclosureButton 类型的辅助图标会出现按钮的效果,而其他的两种图标则不会出现。因此,其实这种图标也可以说是一种按钮,那么该如何实现这个单击事件呢?

思考:如何实现辅助图标按钮的单击事件?

是不是在定义的时候就指明单击事件呢?如果是这样,那么如何获取到这个按钮呢?我们并没有定义这个实例,只是在定义单元格时设置了辅助图标视图。其实要实现这个按钮的单击事件,可以通过一个代理方法来实现,方法中有一个 indexPath 参数,用于设置特定单元格的辅助图标。下面就使这个按钮实现一个单击事件,即单击按钮之后,会弹出一个对话框,并显示当前单元格的相关信息。代码如下。

```
41. - (void)tableView:(UITableView *)tableView accessoryButtonTapped
ForRowWithIndexPath:(NSIndexPath *)indexPath
42. {
43.     UIAlertView *alertView = [[UIAlertView alloc]initWithTitle:nilmessage:
@"This is United Kingdom"
44.     delegate:self cancelButtonTitle:@"cancel" otherButtonTitles: nil];
```

```
45.        [alertView show];
46.        [alertView release];
47.    }
```

构建并运行，可以看到最后的效果如图 6-14 所示。

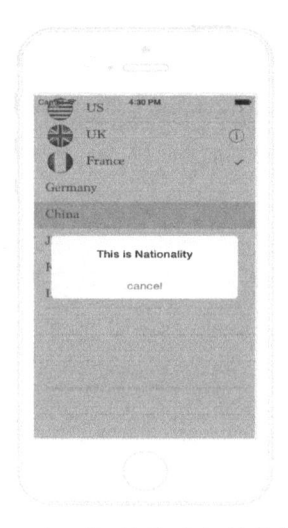

图 6-14　实现辅助图标按钮的单击事件

因为在设置单元格辅助图标视图时，我们仅仅设置了一个 DetailDisclosureButton 类型的图标，所以在代理方法中并没有通过 indexPath 属性来定位到特定的单元格上。那么假如在表视图中有 2 个或 2 个以上辅助图标类型为 DetailDisclosureButton 时，要怎样实现相关的按钮单击事件呢？这个效果希望读者能够自己完成。

下面将学习在单元格中添加文本的样式，系统提供了 4 种类型的单元格形式，其效果如图 6-15 所示。

图 6-15　表视图单元格类型

这 4 种类型依次如下。
- UITableViewCellStyleSubtitle：单元格中支持小文本（detailTextLabel）的显示。
- UITableViewCellStyleDefault：系统默认的类型，不支持其他文本的显示。
- UITableViewCellStyleValue1：单元格也支持小文本，与第一种类型不同，文本和小文本分居单元格的左右两侧。
- UITableViewCellStyleValue2：单元格支持小文本，文本和小文本都在单元格左侧。

在单元格中有一个 detailTextLabel 属性，可以设置小文本内容。**这里要注意的是如果设置了 detailTextLabel 属性，但是 UITableViewCellStyle 设置的还是 UITableViewCellStyleDefault，此时系统是不会显示所设置的小文本内容的。**下面将在例子中对单元格类型进行相应的设置。将表视图单元格的类型设置为 UITableViewCellStyleSubtitle，然后再设置 detailTextLabel 中的内容，最后分别为 3 个单元格添加详细小文本内容。代码如下。

```
48.    cell = [[UITableViewCell alloc]initWithStyle:
49.      (UITableViewCellStyleSubtitle)reuseIdentifier:CellIdentifier];
50. case 0:
51.    cell.accessoryType = UITableViewCellAccessoryDisclosureIndicator;
52.    cell.detailTextLabel.text = @"The Capital is Washington D.C.";
53.    cell.imageView.image = [UIImage imageNamed:@"us.jpg"];break;
54. case 1:
55.    cell.accessoryType = UITableViewCellAccessoryDetailDisclosureButton;
56.    cell.detailTextLabel.text = @"The Capital is London";
57.    cell.imageView.image = [UIImage imageNamed:@"UK.jpg"];break;
58. case 2:
59.    cell.accessoryType = UITableViewCellAccessoryCheckmark;
60.    cell.detailTextLabel.text = @"The Capital is Paris";
61.    cell.imageView.image = [UIImage imageNamed:@"france.jpg"];break;
```

构建并运行，可以看到单元格中多了一行小文本文字，用于对文本内容解释说明，效果如图 6-16 所示。

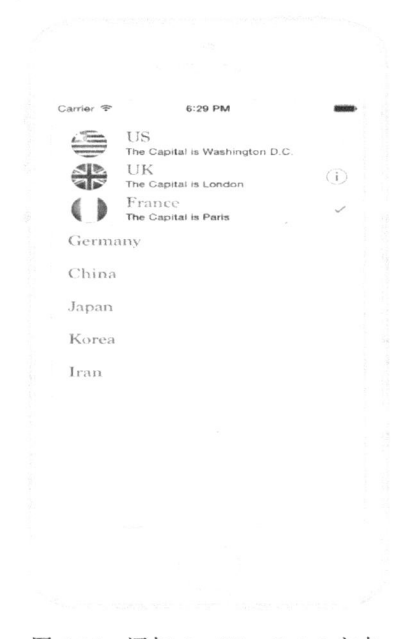

图 6-16　添加 detailTextLabel 文本

另外两种类型的单元格读者可以自己进行设置，注意观察它们的不同之处。

6.2.3 表视图的编辑模式

在 iPhone 使用到的表视图的应用中，以电话中的联系人表视图为例，都可以对联系人内容进行编辑，如添加、删除、重新排列顺序等，那么接下来将学习如何对表视图进行编辑。需要在上一节例子的基础上完成图 6-17 所示的效果。

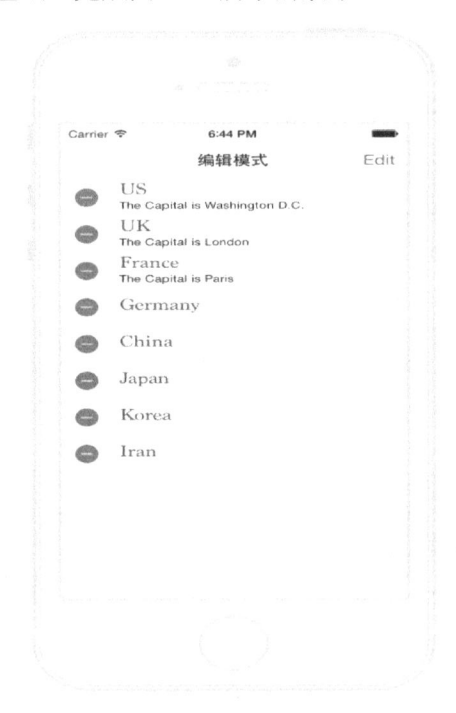

图 6-17 表视图的编辑模式

· 删除单元格记录

〖**步骤 1**〗 对比图 6-16，发现图 6-17 的视图中多了一个导航栏，所以先要添加一个导航控制器的实例。在 AppDelegate.m 文件中添加下列代码。

```
1.  - (BOOL)application:(UIApplication *)application
didFinishLaunchingWithOptions:(NSDictionary *)launchOptions {
2.      // Override point for customization after application launch.
3.      ViewController *vc = [[ViewController alloc]init];
4.      UINavigationController *navi = [[UINavigationController
alloc]initWithRootViewController:vc];
5.      self.window.rootViewController = navi;
6.      return YES;
7.  }
```

以上代码的含义是：首先创建 ViewController 的实例，然后创建一个 UINavigationController 的实例，并将根视图设置为 ViewController 的实例，最后设置 window 的根视图控制器为

UINavigationController 的实例。

〖步骤 2〗 因为在编辑模式中需要多次使用到 UITableView 的实例，所以在 ViewController.h 文件中将实例定义为全局变量。代码如下。

```
8.   #import <UIKit/UIKit.h>
9.   @interface ViewController : UIViewController<UITableViewDelegate,
UITableViewDataSource>
10.  {
11.      NSMutableArray *listofFile;
12.      UITableView *_tableView;
13.  }
14.  @end
```

从图 6-17 中可以看到在导航栏中有标题，所以在初始化方法中要添加一下导航栏的文本。在 viewDidLoad 方法中设置标题。

```
15.  self.title =@"编辑模式";
```

〖步骤3〗 接下来就可以开始编辑模式的设置了，在设置之前，将前 3 行单元格中添加的图片视图和辅助图标还有小文本内容删除，便于更直观地观察编辑模式。首先要通过一个方法来开启表视图的编辑功能。代码如下。

```
16.  -(void)setEditing:(BOOL)editing animated:(BOOL)animated
17.  {
18.      if(_tableView.editing){
19.          [_tableView setEditing:NO animated:YES];
20.      }else{
21.          [_tableView setEditing:YES animated:YES];
22.      }
23.  }
```

通过这个方法，就可以将表视图置于编辑模式中，方法中的 if…else 语句的含义是如果当前表视图处于编辑状态下，就不能让它进入编辑模式；而如果当前表视图不是处于编辑模式时，当单击编辑按钮时，就会让表视图进入编辑模式。

〖步骤4〗我们在第 7 章中将会介绍 UINavigationController 导航控制器的 navigationItem 中有一个 editButtonItem 按钮专门适用于表视图的编辑模式，因此在 viewDidLoad 方法中将 editButtonItem 添加到导航控制器的右侧按钮上。代码如下。

```
24.  -(void)viewDidLoad
25.  {
26.      [super viewDidLoad];
27.      /*……*/
28.      _tableView.separatorColor = [UIColor redColor];
29.      [_tableView release];
30.      self.navigationItem.rightBarButtonItem = self.editButtonItem;
31.  }
```

〖步骤 5〗 构建并运行，可以看到单击"Edit"按钮之前和之后的效果分别如图 6-18 和 6-19 所示。

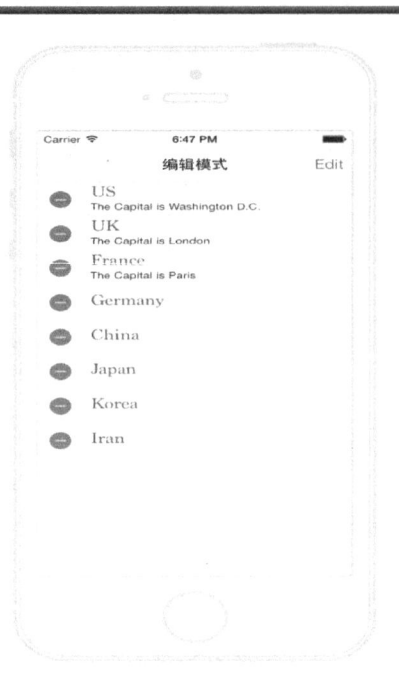

图 6-18　单击 "Edit" 按钮之前的表视图　　图 6-19　单击 "Edit" 按钮之后的表视图

可以看到，现在表视图已经支持对单元格的编辑了，接下来只需要在相关的代理方法中实现对应的增、删、改方法即可。

〖步骤 6〗　首先实现对表视图中单元格内容的删除功能。代码如下。

```
32. - (BOOL)tableView:(UITableView *)tableView canEditRowAtIndexPath:
(NSIndexPath *)indexPath
33. {
34.     return YES;
35. }
36. - (void)tableView:(UITableView *)tableView commitEditingStyle:
(UITableViewCellEditingStyle)editingStyle forRowAtIndexPath:(NSIndexPath
*)indexPath
37. {
38.     [listofFile removeObjectAtIndex:indexPath.row];
39.     [_tableView deleteRowsAtIndexPaths:@[indexPath] withRowAnimation:
UITableViewRowAnimationFade];
40. }
```

现在来观察以上两个实现表视图单元格删除功能的代理方法。第一个 BOOL 类型的方法，它的作用是让用户作出判断，当前表视图是否能对单元格进行编辑，返回 YES 代表能进行编辑，否则，代表不能对单元格进行编辑。而实现删除功能的其实是第二个代理方法，它的几个参数分别是代表表视图实例、表视图编辑模式类型和在 indexPath 中的行数。

要从一个表视图中删除一行数据，要分为两步：
① 从数组中移除相应的数据内容；
② 在表视图中删除相应的数据内容。

有些读者可能会对[_tableView deleteRowsAtIndexPaths:@[indexPath]这行代码产生疑惑。

思考：我们存储数据的数组不是[listIofFile]吗？那为什么删除数组是 indexPath 呢？

可以尝试一下用 listofFile 数组代替 indexPath，然后再运行程序，单击"Edit"按钮，删除时会发现程序崩溃了，这是因为在删除表视图中的记录时，是通过 indexPath.row 这个属性进行操作的，而不是通过装载数据的数组。打开 SDK 查看这个代理方法可以发现，在方法中已经为我们写好了参数，就是 indexPath 数组。

最后一个参数 withRowAnimation 代表了改变单元格时的动画效果，系统提供了 8 种类型的动画效果，分别是：

- UITableViewRowAnimationFade
- UITableViewRowAnimationRight
- UITableViewRowAnimationLeft
- UITableViewRowAnimationTop
- UITableViewRowAnimationBottom
- UITableViewRowAnimationNone
- UITableViewRowAnimationMiddle
- UITableViewRowAnimationAutomatic

读者如果感兴趣的话，可以自己试着体会一下这几种动画的效果。

·添加单元格记录

表视图中的编辑模式类型有以下 3 种：

- UITableViewCellEditingStyleNone
- UITableViewCellEditingStyleDelete
- UITableViewCellEditingStyleInsert

〖**步骤 1**〗 在实现添加单元格信息的功能之前，要先定义几个插入类型的编辑模式，这要在实现相应功能之前作一个判断，由此将第一行单元格的编辑模式设置为插入。代码如下。

```
41. - (UITableViewCellEditingStyle)tableView:(UITableView *)tableView
42.         editingStyleForRowAtIndexPath:(NSIndexPath *)indexPath {
43.     if(indexPath.row == 0){
44.     return UITableViewCellEditingStyleInsert;
45.     }else{
46.         return UITableViewCellEditingStyleDelete;
47.     }
48. }
```

这样就把表视图中第一个单元格的编辑模式设置成了插入模式，接下来就通过 commitEditingSyle 代理方法实现单元格的插入。

〖**步骤 2**〗 在当前单元格下方插入新的单元格，所以先要定义一个静态变量，用于定位单元格的位置。

```
49. static int count = 1;
```

〖**步骤3**〗 在每个单元格的下一行实现内容的添加。代码如下。

```
50. - (void)tableView:(UITableView *)tableView commitEditingStyle: (UITableViewCellEditingStyle)editingStyle forRowAtIndexPath:(NSIndexPath *)indexPath
51. {
52.    if(editingStyle == UITableViewCellEditingStyleDelete){
53.        [listofFile removeObjectAtIndex:indexPath.row];
54.        [_tableView deleteRowsAtIndexPaths:@[indexPath]
55.        withRowAnimation:UITableViewRowAnimationFade];}
56.    else if(editingStyle == UITableViewCellEditingStyleInsert){NSString *CountryName = [NSString stringWithFormat:@"Country %d",count];
57.        [listofFile insertObject:CountryName atIndex:indexPath.row+1];
58.        NSIndexPath *_indexPath = [NSIndexPath indexPathForRow:indexPath.row+1 inSection:0];
59.        [_tableView insertRowsAtIndexPaths:@[_indexPath] withRowAnimation:UITableViewRowAnimationMiddle];
60.        count++;
61.    }
62. }
```

在这里初始化了新插入单元格的内容,通过 stringWithFormat 方法实现了字符串的初始化,插入完成之后,要将 count 的值加 1,让插入的位置下移一行。

〖**步骤4**〗 构建并运行,可以看到最后添加单元格的效果如图 6-20 所示。

图 6-20 在表视图中添加单元格

单击添加按钮之后,在当前单元格的下一行添加一行新记录,如图 6-20 所示。这些添加、删除效果都已封装好,用户只需要通过相应的代理方法去实现即可。

在实现了添加和删除功能之后，我们一起来了解这两个功能实现的原理。

首先，当进入编辑模式后，UITableView 会向其 DataSource 发送 tableView: canEditRowAtindexPath:消息询问每个 indexPath 是否都可以编辑，如果单元格不可编辑，则返回 NO；同样地，对可以编辑的单元格则返回 YES。

然后，UITableView 会向其代理 delegate 发送 tableView:editingStyleForRowAtindexPath: 消息，询问编辑的模式是插入还是删除。它的默认值是删除，即 UITableViewCellEditingStyleDelete。

当单击"Delete"按钮或者"+"按钮时，UITableView 向其 DataSource 发送 tableView:commitEditingStyle:forRowAtIndexPath:消息，根据传递 editingStyle 来执行实际的删除或插入操作，其流程是先修改 tableView 的数据模型，向其中删除或插入对应数据项，然后再调整 tableView 的显示，删除或插入对应的单元格。

- **重新排列单元格记录**

要实现单元格移动的功能，首先还是要实现一个 BOOL 类型的代理方法，返回 YES 值让单元格能够移动。代码如下。

```
63. - (BOOL)tableView:(UITableView *)tableView canMoveRowAtIndexPath:
(NSIndexPath *)indexPath {
64.     return YES;
65. }
```

实现移动单元格的步骤也有以下两步：

① 通过数组移除需要移动单元格在表视图中的记录；
② 通过数组在需要移动到的位置上添加对应的数据。

若不按照这两个步骤来实现移动单元格效果，则会造成虽然表视图中显示了已经移动，但是实际上在数组中的数据还是按原来的顺序进行排列的，也就是没有达到移动单元格内容的效果。现在来查看实现方法的代码。

```
66. - (void)tableView:(UITableView *)tableView moveRowAtIndexPath:
(NSIndexPath *)
67. sourceIndexPath toIndexPath:(NSIndexPath *)destinationIndexPath
68. {
69.     NSUInteger removeRow = [sourceIndexPath row];
70.     NSUInteger insertRow = [destinationIndexPath row];
71.     id object = [listofFile objectAtIndex:removeRow];
72.     [listofFile removeObjectAtIndex:removeRow];
73.     [listofFile insertObject:object atIndex:insertRow];
74. }
```

这里定义了两个整型数据，分别代表需要移动的原单元格和要移动到特定位置的目的单元格。然后通过上述两个步骤来进行单元格的移动。

构建并运行，可以看到最后的效果如图 6-21 所示。

至此，基本上完成了对表视图编辑模式基础内容的学习。有些读者可能会发现在导航栏右侧的编辑按钮和通常 iPhone 上的按钮有所不同，当单击"Edit"按钮之后，在编辑模式下，按钮通常应该会变成"Done"，但这里并没有变化。实际上，可以自定义一个 editButton

来完善这个不足。

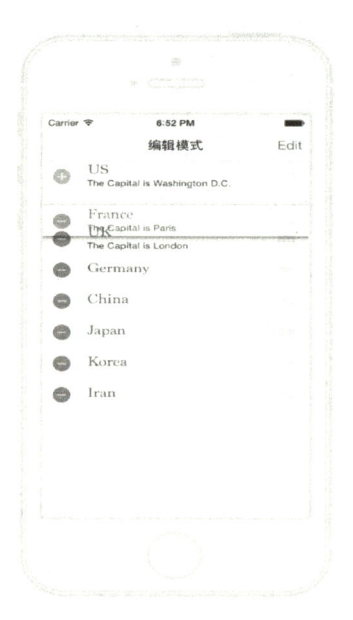

图 6-21 表视图移动单元格效果

这里没有用系统自带的 editButtonItem，而是定义一个载入自定义编辑按钮的方法。代码如下。

```
75. - (void)loadButton
76. {
77. editButton = [[UIBarButtonItem alloc] initWithTitle:@"编辑" style:UIBarButtonItemStyleBordered target:self action:@selector(editAction)];
78.     self.navigationItem.rightBarButtonItem = editButton;
79.     [editButton release];
80. }
```

我们初始化了一个按钮，并将它命名为"编辑"，这样在程序中就能够使用中文的按钮了。之后再实现编辑按钮的单击事件。代码如下。

```
81. - (void)editAction
82. {
83.     if(editButton.title == @"编辑")
84.     {
85.         [editButton setTitle:@"确定"];
86.         [editButton setStyle:UIBarButtonItemStyleDone];
87.         [_tableView setEditing:YES animated:YES];
88.     }else{
89.         [editButton setTitle:@"编辑"];
90.         [editButton setStyle:UIBarButtonItemStylePlain];
91.         [_tableView setEditing:NO animated:YES];
92.     }
93. }
```

这里对编辑的按钮作了一个简单的判断，如果当前是在编辑模式下，那么按钮的标题就为"确定"，反之文本就是"编辑"。最后将这个自定义编辑按钮的方法在 viewDidLoad 方法中调用。最后构建并运行程序，看到最后的效果如图 6-22 所示。

图 6-22　自定义编辑按钮效果

本章小结

本章讲解了 UIImageView 以及 UITableView 的基本使用方法，在 iOS 开发中，这两个视图是使用较多的视图，许多模型都是建立它们之上，再进行自定义以实现具体的项目的需求，所以希望读者能够掌握 UIImageView 和 UITableView 的使用。

习题 6

1．将第 5 章习题的第 1 题中的 UIView 修改成 UIImageView，并比较两者在实现上的相同点和不同点。

2．通过 UITableView 实现全国省份的显示。

3．在第 2 题的基础上，增加"东北"、"西北"、"华中"、"华东"和"华南"地区的分类，通过 Group 类型的 UITableView 实现，设置 header 头。

4．为每个 UITableViewCell 添加一个自定义按钮。

第 7 章　iOS 视图控制器的使用

【教学目标】
- ❖ 认识、了解 MVC 设计模式中视图控制器的概念和作用
- ❖ 掌握创建视图控制器的方法
- ❖ 掌握视图控制器的生命周期和内存警告
- ❖ 掌握视图控制器的出现和消失

7.1 UIViewController 视图控制器

在前面章节中介绍的内容都是基于单个视图的应用，并不能实现多屏幕之间的切换功能。随着所学知识的深入，要处理一些多视图切换的情况，例如要实现类似于 iPhone 中"设置"功能的多视图切换效果，如图 7-1 所示，该如何实现呢？

图 7-1　iPhone 中"设置"功能的多视图切换效果

这就要通过视图控制器 UIViewControl 来实现了，在图 7-1 中是通过一个视图控制器对象 UITableView 来实现的，它是 UIViewControl 的子类，而 UIViewControl 这个类是所有视图控制器的父类，所有子类都继承于它。说了这么多，那到底什么是视图控制器呢？该如何使用它完成视图切换的功能呢？我们会在本节中一一为读者进行讲解。

7.1.1 视图控制器基本概念

在前面的学习中，采用的设计模式大多为协议代理设计模式，即通过采用一个协议并实现协议中的代理方法来达到需要的效果。而从本节开始，我们将在协议代理模式上加入 MVC 设计模式，那么视图控制器毫无疑问担当了 MVC 中控制层的角色。

视图控制器为 iPhone 应用程序提供了基础的视图控制模型，用户可以通过视图控制器来管理视图的继承关系。所以使用视图控制器可以方便地管理视图中的子视图，如果不使用视图控制器要操作视图的话，那么所有的视图都必须要有继承关系，可想而知这是非常烦琐的。

在以往写的例子中，都是直接将创建的 UIView 实例添加到 Window 的视图上，其实这都是不规范的，所以在编译过程中，控制台中会显示一条警告语句："Application windows are expected to have a root view controller at the end of application launch"。这条语句的含义是应用程序在载入之后需要有一个根视图控制器，所以都是先创建一个视图控制器实例，并将实例设置为根视图控制器。当视图控制器实例创建好之后，它自己也有一个 view，接下来就可以在 view 上创建自己想创建的各种视图，并通过视图控制器来管理这些新创建的视图。图 7-2 显示了视图控制器在应用程序中担当视图和重要数据之间的重要桥梁。

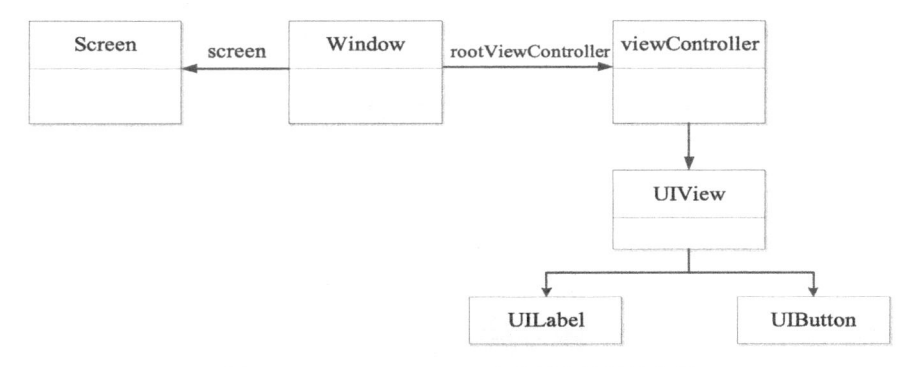

图 7-2 UIViewController 在应用中的桥梁作用

那么有的读者可能会有以下的疑问，UIVewController 和 UIView 是什么关系呢？UIView 不是也能添加子视图完成一些操作吗？我们举一个简单的例子来说明两者之间的关系。将 UIViewController 比作是一个电视屏幕，UIView 比作各种频道，我们可以通过电视观看想要看的频道。UIView 的作用是向用户展现要表现的内容，并接收用户交互，而 UIViewController 负责安排 UIView 的表现形式，例如视图翻转效果、淡入淡出效果等。

通过这一节的学习，想必读者对视图控制器有了一个大致的了解。在下一节中，将介绍如何创建一个视图控制器，并对它进行相应的操作。

7.1.2 视图控制器的创建

视图控制器的创建有两种方法，一种是代码创建，另一种则是用 XIB 来创建。首先来学习用代码来创建一个视图控制器的方法。

〖步骤 1〗 新建一个 Single View Application 项目模板，然后在 AppDelegate.m 文件中导入 ViewController 类。再在之前创建 UIView 实例的 application didFinishLaunchingWithOptions

方法中创建视图控制器,并设置它的实例为根控制器。

程序清单:SourceCode\07\UIViewController\AppDelegate.m

```
1.  #import "ViewController.h"
2.  self.window = [[[UIWindow alloc] initWithFrame:[[UIScreen mainScreen] bounds]] autorelease];
3.  // Override point for customization after application launch.
4.  self.window.backgroundColor = [UIColor whiteColor];
5.  ViewController *vc= [[ViewController alloc]init];
6.  self.window.rootViewController = vc;
7.  [self.window makeKeyAndVisible];
8.  return YES;
```

可以看到 window 中有一个 rootViewController(根视图控制器)属性,它的默认值是 nil,所以当没有设置根视图控制器时编译器会报一个警告。这样就成功地将实例设置为根视图控制器了,因为实例将它的使用交给了 window 来管理,所以在设置之后要将实例释放。

〖步骤 2〗 在前面的内容中也提到过创建视图控制器时,它会自带一个 view,现在就可以通过视图控制器的实例对 view 进行操作,如改变它的背景颜色。代码如下。

```
9.  ViewController *vc = [[ViewController alloc]init];
10. self.window.rootViewController = vc;
11. vc.view.backgroundColor = [UIColor purpleColor];
```

〖步骤 3〗 构建并运行,程序效果如图 7-3 所示。

图 7-3 视图控制器创建效果

视图控制器的创建虽然看上去和前面所讲的创建视图没什么区别,但是它作为控制视图的一个工具,为下面创建更多的视图搭建了一个强大的框架,使接下来的工作变得更轻松。

对于 XIB 方法的创建建议初学者了解就行,不需要重点掌握,因为后面的内容有涉及 XIB,所以在这里简单介绍一下。

【**步骤 1**】 在上面的项目中添加一个 xib 文件，依次选择"New File"→"User Interface"→"View"选项，创建好之后选择 View.xib 文件切换到视图页面，选择"File's Owner"选项，如图 7-4 所示。

【**步骤 2**】 修改右边实例选项卡中的"Class"行，将列表框中名称改为前面创建的视图控制器 ViewController，如图 7-5 所示。

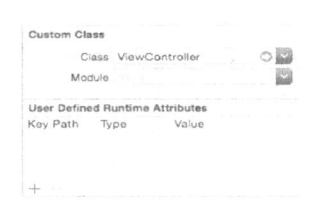

图 7-4 选择 File's Owner   图 7-5 修改 File's Owner 中的类

修改 File's Owner 中的类的目的是将创建 View 设置为视图控制器类所拥有，这样就把 View 添加到了 ViewController 类上。然后可以看到右侧的关联监视器中多了两个方法，如图 7-6 所示。这就说明可以对 View 进行操作了。

图 7-6 视图和视图控制器的关联

【**步骤 3**】 左键单击 View 右边的小圆圈，并拖动鼠标到创建好的 View 上，进行连线，如图 7-7 所示。这样就将 View 和视图控制器关联起来了。为了与前面用代码方式创建的视图相区别，在属性设置监视器中将视图的颜色设置为绿色，或者拖动一个标签视图到 View 上用于区别。之后再设置一下 Label 的相关属性。

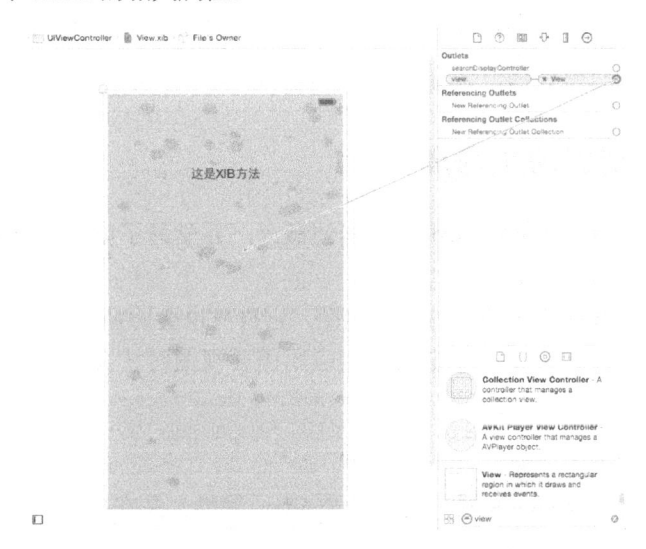

图 7-7 将 View 方法和 View 视图连接起来

〖步骤 4〗 接下来就要在 AppDelegate.m 文件中用 XIB 方法创建一个视图控制器。代码方法是用 rootViewController 属性来设置，而 XIB 方法只需要用 initWithXIB 方法即可。代码如下。

```
1.    self.window = [[[UIWindow alloc] initWithFrame:[[UIScreen mainScreen] bounds]] autorelease];
2.    // Override point for customization after application launch.
3.    self.window.backgroundColor = [UIColor whiteColor];
4.    ViewController *vc = [[ViewController alloc]initWithNibName:@"View" bundle:nil];
5.    self.window.rootViewController = vc;
6.    [vc release];
7.    [self.window makeKeyAndVisible];
8.    return YES;
```

〖步骤 5〗 构建并运行，可以看到用 XIB 方法创建视图控制器的效果如图 7-8 所示。

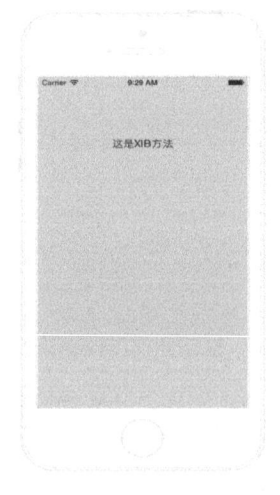

图 7-8　XIB 方法创建视图控制器效果

现在就完成了视图控制器的创建工作，为了能更好地使用视图控制器，在下一节中要进一步了解视图控制器的生命周期。

7.1.3　视图控制器的生命周期

在前面的学习中我们了解了视图控制器的概念，并学习了如何创建视图控制器，这里再总结一下视图控制器的作用。

视图控制器用于管理与之关联的多个视图，它自身也会协调与其他视图控制器的通信。在管理与之关联的视图时，系统规定只有当应用需要视图时才会加载视图，而在不需要时则卸载视图，以节省系统的资源。

- 视图控制器视图的加载

在前面也介绍过，视图控制器自身有一个 View 属性，是在控制器的生命周期里，所以对它进行内存管理时，它必须在视图控制器释放前 release。如果用户没有定义 view 视图，则系统会首先调用[self loadView]方法,返回系统的 view(也就是视图控制器的 view)。用户可以自己重写视图中的 loadView 方法。这里通过一个 view 加载过程图来了解系统是如何加载一个视图的,如图 7-9 所示。

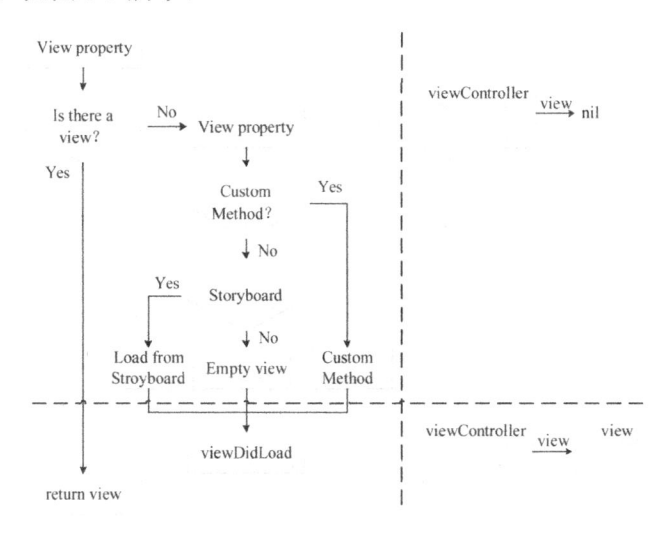

图 7-9 视图 view 的加载过程

如果用户在子类中重写了 loadView 方法,则系统就会使用用户自定义的方法创建视图。在重写 loadView 方法中,要创建一个 view 视图赋值给视图控制器的 view 属性。如果用户在子类中调用父类的 loadView 方法[super loadView],可能就会有 3 种创建视图的情况,第一种是通过 StoryBoard,第二种是通过 XIB 文件,第三种则是直接创建一个空的视图。

> **Tips:**
> StoryBoard 是苹果公司在 IOS 5.0 中加入的一项新技术,StoryBoard 方便了解决复杂界面跳转的问题,使程序员将更多精力集中于功能实现和结构设计上,大大节省了 App 的开发时间。

使用 XIB 方法创建视图时会有两种情况,一种是在 initWithNibName:bundle 方法中指定了 nib 文件名,那么视图控制器就会加载此 nib 文件来创建视图;另一种是如果在 initWithNibName:bundle 方法中 name 参数为 nil 时,视图控制器会通过以下两种方式找到与其相关联的 nib 文件。

(1)如果类名包含 Controller,如 RootView 的类名是 RootViewController,那么系统会查找是否有名称为 RootView.nib 的文件。

(2)查找和类名一样的文件,如 RootViewController,此时系统会查找是否有名为 RootViewController.nib 的文件。

要注意的是,试图控制器是判断用户是否在子类中重写 loadView 方法,而不是判断调用 loadView 方法后视图控制器中的 view 是否为空。就是说,如果子类重写了 loadView,则不管子类在 loadView 里面能否获取到 View,ViewController 都会直接调用 viewDidLoad 完成 View 的加载。

从图 7-9 中可以看到,在调用 viewDidLoad 方法前,视图控制器的 view 是空的,这是因为视图控制器 view 使用时，会调用 view 的 getter 方法，它会判断 view 是否创建，如果没有创建，则会调用 loadView 方法来创建 view。当 loadView 方法执行完成后，会执行 viewDidLoad 方法，此时，view 已经创建好了。

loadView 方法用来自定义创建视图，没有必要通过视图控制器的实例来调用 loadView 方法，例如创建一个视图控制器实例 rootViewController，不需要在.m 文件中调用 loadView 方法 [rootViewController loadView]。在 viewDidLoad 方法中，可以定义一些其他的操作，例如访问网络资源等。

- **视图控制器视图的显示与消失**

UIViewController 会在特定的时间调用以下 4 个方法。
- viewWillAppear：当视图控制器对象的视图即将加入窗口。
- viewDidAppear：当视图控制器对象的视图已经加入窗口。
- viewWillDisappear：当视图控制器对象的视图即将消失、被覆盖或隐藏。
- viewDidDisappear：当视图控制器对象的视图已经消失、被覆盖或隐藏。

在编写程序时可以发现，UIViewController 中的这些方法都是空的，即不做任何事情，它们只是提供子类覆盖。

```
- (void)viewWillAppear:(BOOL)animated;
- (void)viewDidAppear:(BOOL)animated;
- (void)viewWillDisappear:(BOOL)animated;
- (void)viewDidDisappear:(BOOL)animated;
```

虽然 UIViewController 只创建一次，但是与之关联的视图会显示与消失多次，所以覆盖这 4 个方法在视图每次显示或消失时产生特定的效果是比较重要的，例如每次显示视图时都刷新当前的系统时间，或者在应用中每次刷新当前在线的人数等。

后续会在模态视图中详细介绍这 4 个方法的使用。

- **视图控制器视图的卸载**

如果不需要用到视图时，则可将视图进行卸载操作，图 7-10 展现了视图的卸载过程。

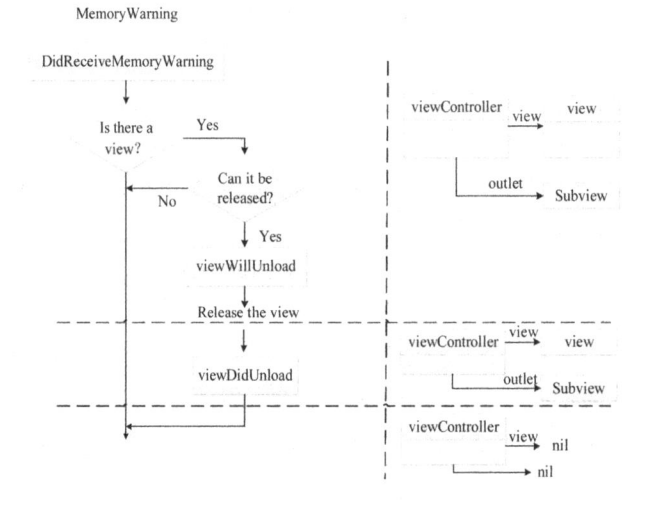

图 7-10 视图 view 的卸载过程

从上图可以看到，当系统发出警告或者调用 didReveiveMemoryWarning 时，系统会判断当前是否有视图，及视图是否能被卸载，如果能，就会卸载当前的视图，调用 viewWillUnload 方法后释放掉当前 view，然后再调用 viewDidUnload 方法。在图中右侧可以看到与视图控制器关联的视图已经为 nil，表明视图卸载成功。

读者只需了解 view 卸载的过程，这对编写代码时提高逻辑性有很好的帮助。

7.1.4 模态视图

模态视图是 iPhone 开发中一个比较重要的概念，它的功能是弹出一个优先级很高的视图。当弹出模态视图时，系统会中断程序正常的执行流程，前面介绍的 UIAlertView 和 UIActionSheet 都是模态视图。

视图控制器通过 presentModalViewController 方法弹出模态视图，而模态视图常常用于以下几种情况：

（1）需要收集用户信息。
（2）临时呈现内容或改变工作状态。
（3）改变设备的方向。
（4）显示一个新的 view 层级。

模态视图的常用属性设置和方法主要有下述 4 种。

1．presentViewController:(UIViewController*)animated:(BOOL)completion:(void)completion

该方法的作用就是弹出一个模态视图，新版本中摒弃了原有的旧方法，如图 7-11 所示，不再使用原有的方法。

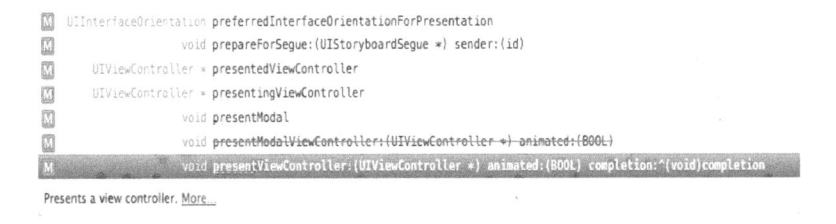

图 7-11　弹出模态视图的新、旧两种方法

2．modalPresentationStyle

这个属性是用来设置弹出的模态视图的风格，它是一个枚举类型，有以下 4 种风格：
- UIModalPresentationFullScreen
- UIModalPresentationPageSheet
- UIModalPresentationFormSheet
- UIModalPresentationCurrentContext

其中第四种风格继承了父类的风格。**要注意的是**，弹出风格在 iPhone 和 iPad 上是不同的，在 iPad 中，这 4 种方法都是有效的；而在 iPhone 中，不管怎样设置，都只能是 UIModalPresentationFullScreen 风格，所以编写的代码无法在 iPhone 上实现其他风格时也不用感到奇怪。

3. modalTransitionStyle

modalTransitionStyle 用来设置弹出和消失模态视图时视图之间切换的动画效果。它也是一个枚举类型，有以下 4 种效果：
- UIModalTransitionStyleCoverVertical
- UIModalTransitionStyleFlipHorizontal
- UIModalTransitionStyleCrossDissolve
- UIModalTransitionStylePartialCurl

也可将模态视图看成是一种实现视图切换动画效果的方式。

4. dismissViewControllerAnimated:(BOOL) completion:(void)completion

该方法和第一个方法相反，是用来使模态视图消失的方法。下面通过一个例子来学习这些方法是如何实现的，并且将上一节中视图控制器出现消失的 4 个方法引入。

〖步骤 1〗 新建一个 Single View Application 项目模板，然后在项目里创建一个模态视图文件，父类是 UIViewController。

在 AppDelegate.m 文件中创建一个视图控制器类的实例，并将它设置为根视图控制器。记住要将视图控制器类头文件导入进来。然后在 application didFinishLaunching WithOptions 方法中定义根视图控制器。

程序清单：SourceCode\07\ ModalViewController\AppDelegate.m

```
1.   #import "RootViewController.h"
2.   ViewController *vc = [[ViewController alloc]init];
3.   self.window.rootViewController = vc;
4.   [vc release];
```

〖步骤 2〗 接下来在 ViewController.m 文件中创建一个弹出模态视图的按钮，并实现相应的方法。创建视图在 loadView 方法中实现，而在自定义视图之前还要调用父类的 loadView 方法。别忘记将创建好的 ModalViewController 导入到项目中。

程序清单：SourceCode\07\ ModalViewController\ViewController.m

```
5.   - (void)loadView
6.   {
7.       [super loadView];           //调用父类的方法
8.       self.view.backgroundColor = [UIColor orangeColor];
9.       //创建弹出模态视图按钮
10.      UIButton *button1=[UIButtonbuttonWithType:UIButtonTypeRoundedRect];
11.      [button1 setTitle:@"PrensentModal" forState:UIControlStateNormal];
12.      button1.frame = CGRectMake(100, 100, 120, 40);
13.      [button1 addTarget:self action:@selector(presentModal) forControlEvents:UIControlEventTouchUpInside];
14.      [self.view addSubview:button1];
15.  }
16.  - (void)presentModal
17.  {
18.      ModalViewController *modalViewController = [[ModalViewController
```

```
alloc]init];
19.    //iPhone 模拟器中无法显示该风格
20.    modalViewController.modalPresentationStyle = UIModalPresentationFormSheet;
21.    //设置模态视图翻转动画效果
22.    modalViewController.modalTransitionStyle = UIModalTransitionStylePartialCurl;
23.     [self presentViewController:modalViewController animated:YES
24.    completion:^{
25.       NSLog(@"显示");
26.    }];
27. }
```

在实现弹出模态视图前，要先创建一个模态视图的实例，并设置它的风格和切换的动画效果。最后调用 presentViewController 方法弹出模态视图，在这个方法中，使用到了 block 语法，读者如果感兴趣的话可以查阅有关 block 的相关知识。

〖**步骤 3**〗 在 presentModal 方法后，在视图控制器显示消失的 4 个方法中添加了简单的打印语句，来查看它的执行过程。

```
28. - (void)viewWillAppear:(BOOL)animated
29. {
30.    [super viewWillAppear:YES];
31.    NSLog(@"视图将要显示");
32. }
33. - (void)viewDidAppear:(BOOL)animated
34. {
35.    [super viewDidAppear:YES];
36.    NSLog(@"视图已经显示");
37. }
38. - (void)viewWillDisappear:(BOOL)animated
39. {
40.    [super viewWillDisappear:YES];
41.    NSLog(@"视图将要消失");
42. }
43. - (void)viewDidDisappear:(BOOL)animated
44. {
45.    [super viewDidDisappear:YES];
46.    NSLog(@"视图已经消失");
47. }
```

在重写这几个方法时，要先调用父类的方法，做到代码的完整性的统一。稍后可以在程序运行时观察控制台上的输出情况。

〖**步骤 4**〗 接着在模态视图 ModalViewController 中创建一个让模态视图消失的按钮，并实现该方法。代码如下。

```
48. - (void)loadView
49. {
50.     [super loadView];
51.     self.view.backgroundColor = [UIColor purpleColor];
52.     UIButton *button2 = [UIButton buttonWithType:UIButtonTypeRoundedRect];
53.     [button2 setTitle:@"Modaldismiss" forState:UIControlStateNormal];
54.     button2.frame = CGRectMake(100, 100, 120, 40);
55.     [button2 addTarget:self action:@selector(Modaldismiss) forControlEvents:UIControlEventTouchUpInside];
56.     [self.view addSubview:button2];
57. }
58. - (void)Modaldismiss
59. {
60.     [self dismissViewControllerAnimated:YES completion:^{
61.         NSLog(@"消失");
62.     }];
63. }
```

〖**步骤5**〗 构建并运行，可以看到模态视图的效果如图 7-12 所示，并且在模态视图弹出和消失时会调用相应的视图方法，将在控制台上打印相应的语句，如下所示。

ModelViewController[495:c07] 视图将要显示
ModelViewController[495:c07] 视图已经显示
ModelViewController[495:c07] 显示
ModelViewController[495:c07] 消失

图 7-12 模态视图弹出与消失

7.1.5 模态视图设计方法

假设项目中正在实现用户注册登录信息的功能，需要用模态视图来实现，那么如何将弹出模态视图中输入的值传到父视图中呢？在 iPhone 的设计模式中有许多种方法可以实现这一功能，例如通知、协议代理、KVO 等。本节中将着重讲解如何使用协议代理方法将模态视图中的值传给父视图，以实现相应的功能。

前面的章节中也介绍过协议代理设计模式的概念，在模态视图中，需要将模态视图设置为代理，从而委托 ViewController（视图控制器类）去实现相应协议中的方法。

【**步骤 1**】 首先要在模态视图的 .h 文件（ModalViewController.h）中定义一个协议，用于值的传递，并用 property 属性创建协议的存取方法。代码如下。

```
@protocol ModalViewTextChangeDelegate <NSObject>
@optional
- (void)ChangeView:(NSString *)text;
@end
@property(nonatomic,assign)id<ModalViewTextChangeDelegate> delegate;
```

需要注意的是，以上定义的是一个带参数的方法，所以需要将对应的参数传给需要改变值的视图，例如要将 TextField 视图中的值传给父视图中的 label，就要将 TextField 中的值传给相应的代理方法。如下所示。

```
[self.delegate ChangeView:textField.text];
```

【**步骤 2**】 接下来就要在视图控制器类中实现代理方法了。首先要将声明好的协议引入到视图控制器类中，代码如下。（注意要引入模态视图的头文件）

```
1.  #import <UIKit/UIKit.h>
2.  #import "ModalViewController.h"
3.  @interface ViewController : UIViewController<ModalViewTextChangeDelegate>
```

【**步骤 3**】 可以通过定义全局变量或者使用 viewWithTag 类方法来获得需要改变内容的 label 视图，并将代理方法中的参数传给 label 视图中的值。代码如下。

```
4.  - (void)ChangeView:(NSString *)text
5.  {
6.      UILabel *label = (UILabel *)[self.view viewWithTag:100];
7.      label.text = text;
8.  }
```

【**步骤 4**】 最后一步也是最容易遗忘的一步，就是要设置模态控制器的实例为代理，否则它的默认值为 nil，就无法实现相应协议中的方法了。

```
modalViewController.delegate = self;
```

到此，就大功告成了，读者可以浏览最后的效果。这里主要是让读者学会如何在模态视图中使用协议代理模式，读者还需要自行添加相应的标签、文本框和按钮视图来实现最后的效果。

7.2 UINavigationController 导航控制器

在介绍了视图控制器之后，在本节中将介绍一个在 App 中运用广泛的视图控制器子类——导航控制器（UINavigationController）。它的功能是用于构建多层次的应用程序，管理多个视图切换，图 7-13 展示了 iPhone "设置" 功能中的导航控制器。

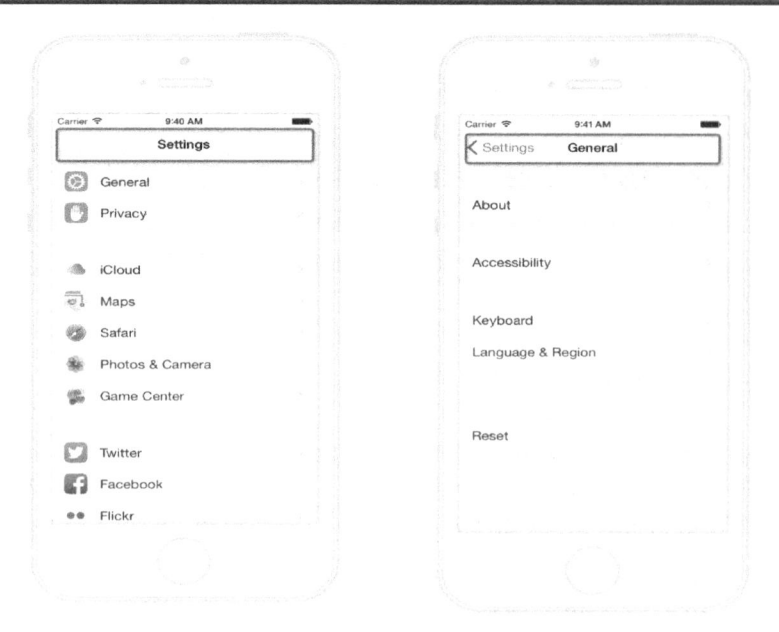

图 7-13　iPhone"设置"功能中的导航控制器

有了这个视图控制器的存在，就像有一个导航器指引用户跳转到想要的视图上一样。右图中导航控制器中的小按钮也可以自定义，即可以自己添加相应的功能来达到需要的效果。这是不是很炫？接下来学习如何创建这样的导航控制器。

7.2.1　导航控制器介绍

导航控制器是视图控制器（UIViewController）的一个子类，而在导航控制器下面还有两个子类控制器——UIImagePickerController 和 UIVideoEditorController。可以通过图 7-14 来了解 UIViewController 的类图。

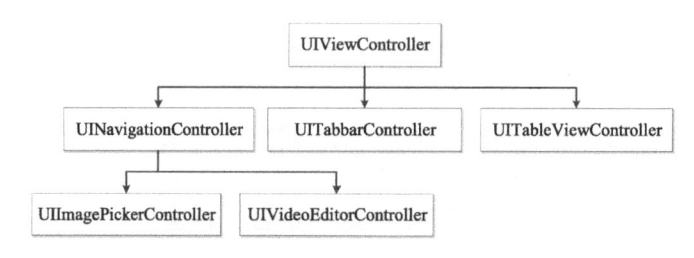

图 7-14　UIViewController 类结构图

在导航控制器中也有许多的 view 视图，它们之间的层次关系也是本章内容中比较重要的部分。掌握了各个视图与控制器之间的层次关系，对今后的学习或者项目开发会有很大帮助。下面通过苹果公司官方给出的图示来了解导航控制器中各个视图的层次关系，如图 7-15 所示。

一个导航控制器由 3 个部分组成：NavigationBar、Custom content 和 Navigation toolbar。

NavigationBar 主要用来负责视图之间的切换，例如弹到下一级的视图，还可以用来控制和管理主视图。它位于整个导航控制器的最上方。

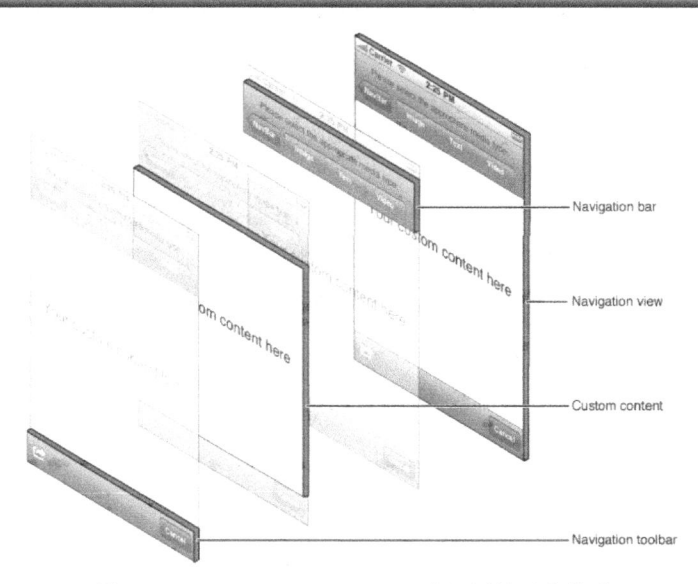

图 7-15　UINavigationController 中视图的层次关系

　　Custom content 是用来显示内容的视图，自定义视图的内容将会在这里显示。
　　Navigation toolbar 是导航控制器的辅助工具栏视图，它默认是隐藏的，需要时可以将它显示。它的作用就是添加了一些特定的功能供用户使用，例如 iPhone 中常见的微博分享功能等。
　　另一个需要了解的重点是，导航视图控制是以栈的形式来实现的。有些读者可能没有接触过数据结构，所以在这里就简单地介绍一下栈这个在编程中常用到的数据结构。
　　栈作为一种数据结构，是一种只能在一端进行插入和删除操作的特殊线性表。它按照后进先出的原则存储数据，先进入的数据被压入栈底，最后进入的数据放在栈顶，需要读数据的时候从栈顶开始弹出数据（最后一个数据被最先读出来）[①]。我们可以将导航控制器当成一个栈，将一个视图添加到导航控制器中的操作称为入栈（push），从栈中删除一个视图的操作称为出栈（pop）。但要记住栈这个数据结构的特点是"先进后出"，或者说是"后进先出"，这是什么意思呢？就是说最先添加进来的视图，如果要删除的话，必须等后面的视图全部删除完毕了，它才能被删除；同样的道理，最后添加进来的视图必须是最先删除的对象。
　　介绍完导航控制器的相关知识后，将在下一节中介绍如何创建一个导航控制器，并且如何使用相关方法来实现视图之间切换的功能。

7.2.2　导航控制器的创建及方法属性的使用

- **导航控制器的创建**

　　接下来就通过实例来了解如何在视图中添加一个导航控制器。
　　〖步骤1〗　在 XCode 中新建一个 Single View Application 项目模板，在 AppDelete.m 中设置根视图控制器，但是在导航控制器中进行设置与以前的方法会有点不同。例如以前设置根视图控制器时，在新建文件 AppDelegate.m 文件中的 application didFinishLaunching

---

① 摘自百度百科中对栈的解释与说明

WithOptions 方法中，添加了下列代码。

1. `ViewController *vc = [[ViewController alloc] init];`
2. `self.window.rootViewController = vc;`
3. `[vc release];`

即要将 ViewController.h 文件添加进来。而在添加导航控制器时，则是将根视图控制器设置为导航控制器的实例而不是视图控制器的实例。

〖**步骤 2**〗 在这里创建一个 UINavigationController 的实例，将它作为根视图控制器。代码如下。

4. **`ViewController *vc = [[ViewController alloc] init];`**
5. `UINavigationController *navigationController = [[UINavigationController alloc]initWithRootViewController:vc];`
6. `[vc release];`
7. `self.window.rootViewController = navigationController;`
8. `[navigationController release];`

〖**步骤 3**〗 在初始化导航控制器时，使用 initWithRootViewController 方法将视图控制器实例添加到导航控制器上，作为栈的栈底，然后释放掉视图控制器的实例，最后将导航控制器的实例设置为根视图控制器。为了达到更好的显示效果，将导航栏中的标题设置为"首页"。代码如下。

9. `ViewController *vc = [[ViewController alloc] init];`
10. `UINavigationController *navigationController = [[UINavigationController alloc]initWithRootViewController:vc];`
11. **`[vc setTitle:@"首页"];`**
12. `[vc release];`
13. `self.window.rootViewController = navigationController;`
14. `[navigationController release];`

〖**步骤 4**〗 构建并运行，可以看到现在的视图是在以前例子的基础上添加了一个导航栏，如图 7-16 所示。

图 7-16 创建一个导航控制器

在创建了导航控制器后,可以进一步完善导航栏功能,例如在前面提到了构成导航控制器的 3 个元素中的 navigation toolbar,它默认是隐藏的,但是可以通过设置它的相关属性让它显示出来。因为这个视图用得比较少,所以如果要在工具栏上添加一些按钮,则需要自定义 toolbar。

・自定义 toolbar

首先查看 navigationController 自带的 toolbar 视图的显示方式,通常在项目中,都是自定义与应用元素相匹配的 toolbar。

〖步骤5〗 在 ViewController 类中的 viewDidAppear 方法中设置 toolbar 的隐藏值为 NO 就可以将其显示了。代码如下。

```
15. - (void)viewDidAppear:(BOOL)animated
16. {
17.     [super viewDidAppear:animated];
18.     [self.navigationController setToolbarHidden:NO animated:YES];
19. }
```

〖步骤6〗 在工具栏上添加系统按钮,按钮属于 UIBarButtonItem 类,在初始化时,提供了一个设置按钮类型的方法——initWithBarButtonSystemItem。此外,还可以设置它的动作。代码如下。

```
20. - (void)viewDidAppear:(BOOL)animated
21. {
22.     [super viewDidAppear:animated];
23.     [self.navigationController setToolbarHidden:NO animated:YES];
24.     UIBarButtonItem *toolButton1 = [[UIBarButtonItemalloc]initWithBarButtonSystemItem:UIBarButtonSystemItemAdd target:self action:nil];
25.     UIBarButtonItem *toolButton2 = [[UIBarButtonItemalloc]initWithBarButtonSystemItem:UIBarButtonSystemItemReply target:self action:nil];
26. }
```

〖步骤7〗 定义一个数组,用这两个按钮实例初始化数组,最后将数组添加到工具栏上。这样就完成了一个简单的工具栏的定义。代码如下。

```
27. UIBarButtonItem *toolButton2 = [[UIBarButtonItem alloc]initWithBarButtonSystemItem:UIBarButtonSystemItemReply target:self action:nil];
28. NSArray *items = @[toolButton1,toolButton2];
29. [self.navigationController setToolbarItems:items animated:YES];
30. [toolButton1 release];
31. [toolButton2 release];
```

〖步骤8〗 构建并运行,可以看到最后的效果如图 7-17 所示。

这里就出现了一个问题,之前不是设置了工具栏上的按钮吗?怎么没有显示在工具栏上呢?回到程序中来查看,创建按钮实例的代码是没有问题的,定义一个数组去存储这几个按钮实例也是没有问题的,那么问题就出现在设置工具栏按钮上了。有关代码是:

```
[self.navigationController setToolbarItems:items animated:YES];
```

由此分析,我们是在当前视图的导航控制器上设置工具栏的,然而这样是错误的,即使将按钮添加上去，如果应用程序有切换视图的功能，那么下一个视图的工具栏上也会有同样的按钮，这是用户所不想看到的。而工具栏是由当前视图控制的，不是由导航控制器控制的，所以在设置时要将代码改为如下。

```
32. NSArray *items = @[toolButton1,toolButton2];
33. [self setToolbarItems:items animated:YES];
34. [toolButton1 release];
35. [toolButton2 release];
```

〖步骤 9〗 再次构建并运行程序，可以看到设置的按钮已经添加到工具栏上了，如图 7-18 所示。

图 7-17　添加导航控制器工具栏失败　　　　图 7-18　添加导航控制器工具栏成功

此外还可以为按钮添加动作，在初始化的时候可以在 action 中进行设置，例如添加一个视图、弹出一个 UIActionSheet 等。读者可以自行试验一下。

除了添加系统自带的按钮之外，还可以添加自己制作的图片作为按钮，系统也提供了两种方法，一种是 UIBarButtonItem 中自带的 initWithImage 方法；另一种是创建一个 UIImageView 实例，然后通过 UIBarButtonItem 中的 initWithCustomView 方法将创建好的图片视图实例添加进来即可。下面依次来讲解这两种方法的具体使用方法。

第一种方法——用 initWithImage 方法。代码如下。

```
UIBarButtonItem *ImageButton = [[UIBarButtonItem alloc]initWithImage:
[UIImage imageNamed:@"分享.png"]
    style:UIBarButtonItemStylePlain target:self action:nil];
```

然后将 ImageButton 实例添加到数组中，并且在最后释放掉 ImageButton 实例。代码如下。

```
36. NSArray *items = @[toolButton1,toolButton2,imageButton];
37. [toolButton1 release];
38. [toolButton2 release];
39. [imageButton release];
```

构建并运行，可以看到添加图片按钮的效果如图 7-19 所示。

图 7-19　在 toolBar 上添加自定义图片按钮

第二种方法——先创建一个 UIImageView 的实例，然后通过 UIBarButtonItem 的 initWithCustomView 方法将创建好的视图添加到 BarButtonItem 实例上，最后释放掉这两个创建的实例。代码如下。

```
40. UIImageView *image = [[UIImageView alloc]initWithImage:[UIImage imageNamed:@"分享.png"]];
41. UIBarButtonItem *imageButton = [UIBarButtonItem alloc]initWithCustomView:image];
42. NSArray *items = @[toolButton1,toolButton2,imageButton];
43. [toolButton1 release];
44. [toolButton2 release];
45. [imageButton release];
46. [image release];
```

第二种方法和第一种方法的最后效果是一样的。用户可以在这两种方法中随便选择一种来创建图片按钮。

从图 7-18 和图 7-19 的效果图来看，读者可能会感觉这些按钮都靠在了左侧，那么怎样让它们按照工具栏的长度平均分割它们之间的距离呢？UIBarButtonItem 中提供了两种分割按钮间隔的按钮类型——UIBarButtonSystemItemFlexibleSpace 和 UIBarButtonSystemItemFixedSpace。由此还是要创建一个 UIBarButtonItem 实例，然后将按钮类型设置为这两种，第一种类型是自动分割间距，第二种是自定义分割距离，通过实例的 width 属性可以设置距离。代码如下。

```
47. UIBarButtonItem *flexibleButton = [[UIBarButtonItem alloc]initWithBarButtonSystemItem:UIBarButtonSystemItemFlexibleSpace target:self action:nil];
```

然后在数组中需要自动分割间隔的按钮之间添加上这个实例即可。代码如下。

```
NSArray *items = @[toolButton1,flexibleButton,toolButton2,flexibleButton,
imageButton];
```

构建并运行，现在可以看到按钮按照平均的距离分隔开了。这样使应用程序显得更美观了。

在使用第二种自定义间距的方法时，只需要手动设置一下间隔值，其他的操作与第一种自动分隔方法一样，读者可以自己完成。

系统还提供了自定义工具栏的方法，通过创建 UIToolBar 的实例，可以设置它的尺寸、样式风格，还可以根据应用的需要添加相应的背景图片。

在介绍自定义工具栏之前，有必要了解一下 iPhone 中各个视图的大小尺寸，已在表 7-1 中列出。

表 7-1　iPhone 中各视图尺寸大小

视图名称	尺寸大小（竖屏/横屏）
状态栏	20px
导航栏	44px/32px
工具栏	44px/32px
图标	20px

了解了各个视图尺寸之后，就可以开始自定义工具栏了。首先，系统提供了 4 种风格的 ToolBar（除默认的风格之外）。

- UIBarStyleDefault
- UIBarStyleBlack
- UIBarStyleBlackOpaque
- UIBarStyleBlackTranslucent

其中第四种风格其实是在第三种风格的基础上，将实例的 Translucent 属性设置为了 YES，效果是一样的。读者可以自己设置下这些风格，了解下各风格样式的效果。

〖步骤 1〗 在 loadView 或 viewDidAppear 方法中添加自定义导航栏。代码如下。

```
48. UIToolbar *toolBar = [[UIToolbar alloc]initWithFrame:CGRectMake(0, 524, 320, 44)];
49. toolBar.barStyle = UIBarStyleBlackOpaque;
50. toolBar.translucent = YES;
51. //上两行代码相当于 toolBar.barStyle = UIBarStyleBlackTranslucent;
52. [self.view addSubview:toolBar];
53. [toolBar release];
```

〖步骤 2〗 将创建好的按钮视图添加到 toolbar 上。代码如下。

```
54. NSArray *items = @[toolButton1,flexibleButton,toolButton2];
55. [toolBar setItems:items animated:YES];
```

〖步骤 3〗 构建并运行，可以看到最后的效果如图 7-20 所示。

图 7-20　自定义 toolbar 最后效果

- **自定义导航栏**

导航栏的定制和工具栏很相似，都是先创建一个 UIBarButton 的实例，然后将实例添加到 UINavigationBar 上。在了解如何自定义导航栏之前，先来了解一下导航栏的组成。图 7-21 展示了 iPhone "设置"功能中一个导航栏的实例。

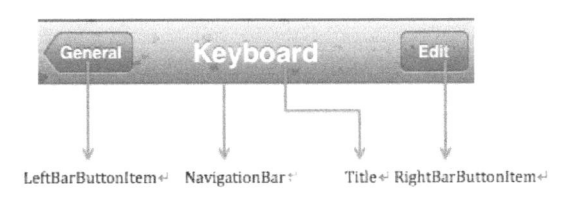

图 7-21　NavigationBar 结构

从结构图中可以了解到，一个 NavigationBar 主要由 5 个元素构成——LeftBarButtonItem，RightBarButtonItem，backBarButtonItem，Title 和 TitleView。TitleView 可以是用户自己定义的视图，这也是自定义导航栏一种常用的方法。

在了解了 ToolBar 和 NavigationBar 相关知识后，有必要介绍一下整个 Navigation Controller 的结构，以便读者在今后定制导航控制器时避免出现低级的错误。图 7-22 表示了整个 NavigationController 的结构。

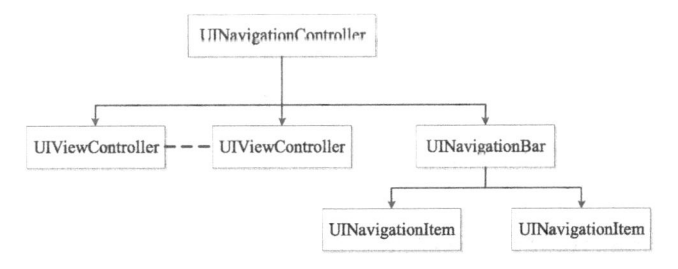

图 7-22　UINavigationController 类结构图

可以看到，在一个导航控制器中，只有一个 ToolBar 和一个 NavigationBar，Navigation Controller 管理了多个视图控制器 ViewController，在 NavigationBar 上的 Item 和 ToolBar 上的 Item 都是由当前的视图所管理，而不是由 NavigationBar 和 NavigationController 来管理。对这一点认识不清也使大多数人容易犯错误，他们通常都是用 navigationController 来添加按钮 self.navigationController.navigationItem.rightBarButtonItem，但会发现这样无法将相应的按钮设置在 NavigationBar 上。这一点和前面所讲的 ToolBar 是一样的。读者可以结合 NavigationController 的结构图来思考一下原因。

下面讲解如何自定义导航栏。首先向导航栏中分别添加左右两个系统图标按钮。在 loadView 方法中添加如下代码（将前面创建的 ToolBar 和相关按钮删除）。

```
56.  - (void)loadView
57.  {
58.     //创建左边按钮
59.     UIBarButtonItem *barButton1 = [[UIBarButtonItem alloc]initWithBarButtonSystemItem:UIBarButtonSystemItemEdit target: self action:nil];
60.     [self.navigationItem setLeftBarButtonItem:barButton1 animated:YES];
61.     [barButton1 release];
62.     //创建右边按钮
63.     UIBarButtonItem *barButton2 = [[UIBarButtonItem alloc]initWithBarButtonSystemItem:UIBarButtonSystemItemCamera target: self action:nil];
64.     [self.navigationItem setRightBarButtonItem:barButton2 animated:YES];
65.     [barButton2 release];
66.  }
```

构建并运行，可以看到在导航栏上的左右两侧各出现了一个按钮，如图 7-23 所示。

除了系统提供的按钮之外，与 ToolBar 中的元素一样，还可以通过图片来设置 NavigationBar 中的按钮，使用 initWithImage 初始化方法。这里读者们可以自己搜寻一个图片素材添加到 NavigationBar 上。

此外还要介绍一下 titleView 方法，实现在 NavigationBar 上添加一个子视图，以显示导航控制器的标题。例如在一个音乐播放器中，导航栏中的标题一般都是歌曲的名称，如果歌曲的名称过长，那么可能就显示不完整。这时，如果定义一个子视图用于显示歌曲的名称，定制一个定时器，设置视图移动动画的时间间隔，也不失为一种实现的方法。在后面的音视频播放的章节中可以试着实现这一效果。

使用 titleView 方法之前，需要先定义一个视图，相信对此读者都已经掌握的很牢固了。代码如下。

```
67. [self.navigationItem setRightBarButtonItem:barButton2 animated:YES];
68. [barButton2 release];
69. //创建 Title 视图
70. UIView *titleView = [[UIView alloc]initWithFrame:CGRectMake(0, 0, 100, 30)];
71. [self.navigationItem setTitleView:titleView];
72. //创建 Title 视图的子视图，用于显示标题
```

```
73. UILabel *titleLabel = [[UILabel alloc]initWithFrame:CGRectMake(0, 0,
100, 30)];
74. [titleLabel setText:@"Home"];
75. titleLabel.textAlignment = NSTextAlignmentCenter;
76. [titleView addSubview:titleLabel];
77. [titleLabel release];
78. [titleView release];
```

构建并运行，可以看到自定义的视图添加在 NavigationBar 上了，如图 7-24 所示。

图 7-23　在 NavigationBar 上添加按钮　　　图 7-24　自定义 titleView 视图

在学习了如何自定义 NavigationBar 之后，现在来总结一下在自定义过程中需要注意的几个原则：

（1）LeftBarButtonItem

a）如果当前的 viewController 设置了 leftBarButtonItem，那么就显示用户所设置的 leftBarButtonItem。

b）如果当前的 viewController 没有设置 leftBarButtonItem，而且当前的 viewController 不是根视图控制器时，就显示前一层的视图控制器的 backBarButtonItem。例如前一层的 title 属性是 SubView，则在 backBarButtonItem 上显示的就是 SubView。如果前一层的视图控制器没有显式地指定 backBarButtonItem，系统将会根据前一视图控制器的 title 属性自动生成一个"back"按钮，并显示出来。

c）如果当前视图是根视图，且没有设置相应的 LeftBarButtonItem 时，那么就不显示任何内容。

（2）title 属性

a）如果用户自定义了一个视图，并将当前视图的 titleView 设置成了自定义视图，那么 title 上就会显示用户自定义的视图。

b）如果没有设置 titleView，系统就会根据当前视图的 navigationController.title 的值创

建一个 UILabel 并显示其内容。

（3）RightBarButtonItem

a）如果当前的视图控制器设置了 rightBarButtonItem，就显示设置的内容。

b）如果当前的视图控制器没有设置相应的 rightBarButtonItem 属性，就不显示任何内容。

7.2.3 导航控制器实现视图之间的切换

在本节内容中，将学习如何通过导航控制器来实现各个视图之间的切换效果。在 UINavigationController 类中提供了 4 种视图切换的方法，如下所示。

```
//弹出到下一个视图中（进栈）
- (void)pushViewController:(UIViewController *)viewController animated:(BOOL)animated;
//弹回到上一个视图(出栈)
- (UIViewController *)popViewControllerAnimated:(BOOL)animated;
//弹到指定的视图
- (NSArray *)popToViewController:(UIViewController *)viewController animated:(BOOL)animated;
//弹到栈底,此时栈中只有一个元素
- (NSArray *)popToRootViewControllerAnimated:(BOOL)animated;
```

注意在第三种方式中，可以通过设置 navigationController 中数组 viewControllers 的元素来选择需要弹到的视图。接下来将了解这几个方法的使用。

我们在上一节代码的基础上进行操作，打开 UINavigationController 项目，需要完成 3 个视图之间的切换，当前只有一个 ViewController 文件，所以接下来要新建两个子视图控制器。在 ViewController.m 文件中添加一个按钮，实现弹到下一个视图的功能。

【步骤1】 在添加之前，需要将弹出的视图的头文件添加进来。代码如下。

```
1.  #import "ViewViewController.h"
2.  #import "SubViewController.h"
```

【步骤2】 创建按钮，并实现跳转视图的功能。在 loadView 方法中继续输入以下代码。

```
3.  UIButton *PushButton = [UIButton buttonWithType:UIButtonTypeRoundedRect];
4.  PushButton.frame = CGRectMake(100, 150, 100, 40);
5.  [PushButton setTitle:@"下一视图" forState:UIControlStateNormal];
6.  [PushButton addTarget:self action:@selector(push) forControlEvents:UIControlEventTouchUpInside];
7.  [BaseView addSubview:PushButton];
8.  - (void)push
9.  {
10.     SubViewController *subViewController = [[SubViewController alloc] init];
11. [self.navigationController pushViewController:subViewController animated:YES];
12. }
```

在 push 方法中，首先创建了一个 SubViewController 子视图的实例，然后将导航控制器 push 到子视图控制器中。为了让效果更明显，可以在子视图控制器中初始化一个视图。

〖步骤 3〗 在 SubViewController.m 文件中初始化视图。

首先系统提供了一个 "-(id)initWithNibName:(NSString*)nibNameOrNil bundle: (NSBundle *)nibBundleOrNil" 方法。可以在其中自定义视图，例如设置导航栏的标题。代码如下。

```
13.  if (self) {
14.      // Custom initialization
15.      [self setTitle:@"SubView"];
16.  }
```

〖步骤 4〗 在 loadView 方法中创建一个视图。代码如下。

```
17.  - (void)loadView
18.  {
19.      UIView *view = [[UIView alloc]initWithFrame:[UIScreen mainScreen].applicationFrame];
20.      view.backgroundColor = [UIColor orangeColor];
21.      self.view = view;
22.  }
```

〖步骤 5〗 构建并运行，可以看到当在首页中单击按钮之后，会弹到子视图页面中，如图 7-25 所示。

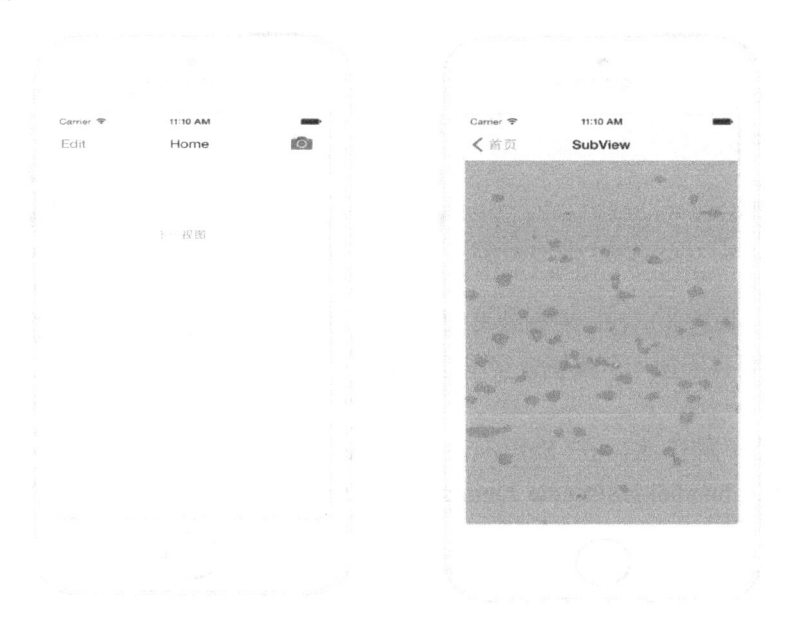

图 7-25 实现弹到下一个视图的效果

因为没有设置栈底视图的 title 属性，所以遵循上面总结的 NavigationBar 显示规则，backBarButtonItem 会自动生成一个 "back" 按钮用于返回上一个视图。此时在栈中就有两个元素，当单击 "SubView" 中的 "back" 按钮时，子视图就会出栈。而在数组 viewControllerS 中，两个视图的 index 值分别为 0 和 1。那么有的读者可能会问，这个数组有什么用呢？它是用来提供返回特定视图的功能，例如要返回第二个视图，就可以在 pop 视图的方法中设置 index 值为 1（数组从 0 开始）。

接下来在 SubView 视图中创建一个按钮，弹到下一个视图，在第三个视图中实现返回主页和特定视图的功能。

〖**步骤 1**〗 新建 SubViewController2 类。

在 SubViewController.m 文件中添加一个按钮，并实现弹到下一个视图的功能。

注意要将 SubViewController2 类的头文件导入文件中。代码如下。

```
23. #import "SubViewController.h"
24. #import "SubViewController2.h"
25. - (void)loadView
26. {
27.     UIView *view = [[UIView alloc]initWithFrame:[UIScreen mainScreen].applicationFrame];
28.     view.backgroundColor = [UIColor orangeColor];
29.     self.view = view;
30.     UIButton *pushButton = [UIButton buttonWithType:UIButtonTypeRoundedRect];
31.     [pushButton setTitle:@"下一视图" forState:UIControlStateNormal];
32.     pushButton.frame = CGRectMake(100, 100, 100, 40);
33.     [pushButton addTarget:self action:@selector(push) forControlEvents:UIControlEventTouchUpInside];
34.     [view addSubview:pushButton];
35. }
36. - (void)push
37. {
38.     SubViewController2 *subView2 = [[SubViewController2 alloc]init];
39.     [self.navigationController pushViewController:subView2 animated:YES];
40. }
```

〖**步骤 2**〗 构建并运行，看到效果如图 7-26 所示。因为系统提供了一个返回的按钮，所以就没有必要再添加一个按钮去实现返回上一个视图了。为了学习该方法，将在第三个视图中实现之。

〖**步骤 3**〗 同样地，在 SubViewController2.m 中的"initWithNibName:(NSString *)nibNameOrNil bundle:(NSBundle *)nibBundleOrNil"方法中设置当前导航栏中的标题。代码如下。

```
41. if (self) {
42.     // Custom initialization
43.     self.title = @"SubView2";
44. }
```

〖**步骤 4**〗 在 loadView 方法中创建三个按钮，分别用于返回首页、返回指定视图和返回上一页。代码如下。

```
45. - (void)loadView
46. {
47.     UIView *view = [[UIView alloc]initWithFrame:[UIScreen mainScreen].
```

```
applicationFrame];
48.     view.backgroundColor = [UIColor redColor];
49.     self.view = view;
50.     UIButton *topButton = [UIButton buttonWithType:UIButtonType RoundedRect];
51.     [topButton setTitle:@"返回主页" forState:UIControlStateNormal];
52.     topButton.frame = CGRectMake(100, 100, 100, 40);
53.     [topButton addTarget:self action:@selector(backroot) forControlEvents:UIControlEventTouchUpInside];
54.     [view addSubview:topButton];
55.     UIButton *indexButton = [UIButton buttonWithType:UIButtonType RoundedRect];
56.     [indexButton setTitle:@"返回指定页面" forState:UIControlStateNormal];
57.     indexButton.frame = CGRectMake(100, 200, 100, 40);
58.     [indexButton addTarget:self action:@selector(indexVC) forControlEvents:UIControlEventTouchUpInside];
59.     [view addSubview:indexButton];
60.     UIButton *backButton = [UIButton buttonWithType:UIButtonType RoundedRect];
61.     [backButton setTitle:@"返回上一页" forState:UIControlStateNormal];
62.     backButton.frame = CGRectMake(100, 300, 100, 40);
63.     [backButton addTarget:self action:@selector(back) forControlEvents:UIControlEventTouchUpInside];
64.     [view addSubview:backButton];
65. }
```

〖**步骤5**〗 构建并运行，可以看到第三个视图的界面如图 7-27 所示。但可以发现如果没有定义 leftBarButtonItem，还是会自动设置一个返回按钮，那么返回上一页按钮的按钮就没有作用了，所以这里定义一个 leftBarButtonItem 去覆盖掉系统自带的 backBarButtonItem。代码如下。

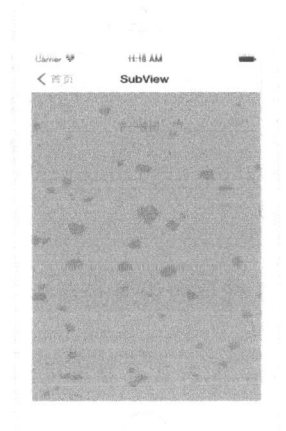

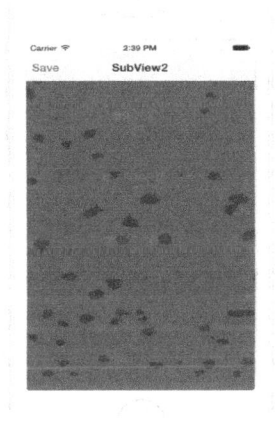

图 7-26 第二个子视图界面   图 7-27 第三个子视图界面

```
66.    UIBarButtonItem *item = [[UIBarButtonItem alloc]initWithBarButton
SystemItem:UIBarButtonSystemItemSave target:self action:@selector(save)];
67.    self.navigationItem.leftBarButtonItem = item;
68.    [item release];
```

【步骤 6】 创建 leftBarButtonItem 之后,在这里可以添加一个 AlertView,当单击 "leftButton" 按钮之后会弹出一个警告框,相信创建的方法读者也很熟悉了。代码如下。

```
69. - (void)save
70. {
71.     UIAlertView *alert = [[UIAlertView alloc]initWithTitle:@"提示"
message:@"是否要保存?" delegate:self cancelButtonTitle:@"否" otherButton
Titles:@"是",nil];
72.     [alert show];
73.     [alert release];
74. }
```

【步骤 7】 接下来将实现三个按钮,分别实现返回主页、返回指定页面和返回上一页的功能。

```
75. //返回主页面
76. - (void)backroot
77. {
78.     [self.navigationController popToRootViewControllerAnimated:YES];
79. }
80. //返回上一页
81. - (void)back
82. {
83.     [self.navigationController popViewControllerAnimated:YES];
84. }
85. //返回指定页面
86. - (void)indexVC
87. {
88.     UIViewController *subView = [[self.navigationController viewControllers]
objectAtIndex:1];
89.     [self.navigationController popToViewController:subView animated:
YES];
90. }
```

【步骤 8】 构建并运行,可以看到分别实现了 4 种页面切换的方法,需要注意返回特定页面的实现方法。最终效果如图 7-28 所示。

从这个例子中还可以看到,添加 BarButtonItem 的方式还是在前面提到的,并不是由 NavigationBar 控制的,也不是由 NavigationController 来控制的,而是由当前的视图来控制的。对这一点认识不清也使大多数读者容易犯错误,所以笔者在这里还要强调一下。

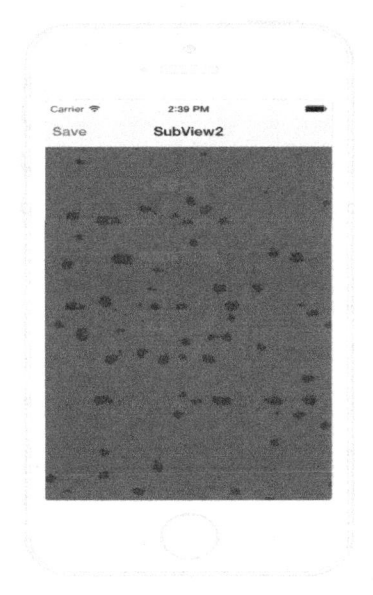

图 7-28 第三个子视图效果

7.2.4 UIImagePickerController 的使用

在上一节中，我们提到了 UINavigationController 类还有两个子类，分别是 UIImagePickerController 和 UIVideoEditorController。后者并不是很常见，而 UIImagePickerController 是一个很常用的类，例如在选择头像时，可以从系统中选择一个图片作为头像，这时就要用到 UIImagePickerController 这个类。

UIImagePickerController 类是一个模态视图，在前面的内容中提到过模态视图的用法，现在就可以直接运用了。

〖步骤 1〗 首先切换到需要显示图片的视图，假设在 ViewController.m 中创建一个 imageView，用于显示选择的图片。在 AppDelegate.m 中设置导航控制器为根视图控制器。代码如下：

```
1.  - (BOOL)application:(UIApplication *)application didFinishLaunching
WithOptions:(NSDictionary *)launchOptions {
2.      // Override point for customization after application launch.
3.      ViewController *vc = [[ViewController alloc]init];
4.      vc.view.backgroundColor = [UIColor whiteColor];
5.      UINavigationController *navi = [[UINavigationController alloc]init
WithRootViewController:vc];
6.      self.window.rootViewController = navi;
7.      [vc release];
8.      [navi release];
9.      return YES;
10. }
```

〖步骤 2〗 为便于在后面调用 imageView 的实例，所以在相对应的.h 文件中定义一个全局变量,而且在使用 UIImagePickerController 模态视图时,需要使用到相应的代理方法,所以还要将 UINavigationControllerDelegate 和 UIImagePickerControllerDelegate 两个协议添加到头文件中。代码如下。

```
11. @interface ViewController :UIViewController
12. <UINavigationControllerDelegate,UIImagePickerControllerDelegate>
13. {
14.     UIImageView *imageView ;
15. }
16. - (void)loadView
17. {
18.     ...
19.     imageView = [[UIImageView alloc]initWithFrame:CGRectMake(10, 80, 300, 300)];
20.     imageView.backgroundColor = [UIColor purpleColor];
21.     [self.view addSubview:imageView];
22.     [imageView release];
23. }
```

【步骤3】 接下来在 ViewController.m 文件中实现单击按钮以选择图片的效果。

在上一节的内容中,在一个视图中定义了一个 rightBarButtonItem,并将它的样式设置为照相机样式,这恰好和需要实现的效果一致,所以在这个按钮的基础上添加一个单击事件。代码如下。

```
24. UIBarButtonItem *barButton2 = [[UIBarButtonItem alloc]initWithBarButtonSystemItem:UIBarButtonSystemItemCamera target:self action: @selector(pictureEvent)];
25. [self.navigationItem setRightBarButtonItem:barButton2 animated:YES];
26. [barButton2 release];
27. - (void) pictureEvent
28. {
29.     //先设定 sourceType 为相机,然后判断相机是否可用。(ipod) 没相机,不可用则将 sourceType 设定为相片库
30.     UIImagePickerControllerSourceType sourceType = UIImagePickerControllerSourceTypeCamera;
31.     if (![UIImagePickerController isSourceTypeAvailable: UIImagePickerControllerSourceTypeCamera]) {
32.         sourceType = UIImagePickerControllerSourceTypePhotoLibrary;
33.     }
34.     UIImagePickerController *picker = [[UIImagePickerController alloc]init];
35.     picker.delegate = self;
36.     picker.allowsEditing = YES;
37.     picker.sourceType = sourceType;
38.     picker.modalPresentationStyle = UIModalPresentationPageSheet;
39.     picker.modalTransitionStyle = UIModalTransitionStylePartialCurl;
```

```
40.      [self presentViewController:picker animated:YES completion:^{
41.      }];
42.      [picker release];
43. }
```

现在解释一下这段代码，在使用 UIimagePickerController 类时需要定义一个图片源，系统提供了 3 种图片源：

- UIImagePickerControllerSourceTypePhotoLibrary：图片库
- UIImagePickerControllerSourceTypeCamera：使用相机拍摄的新图片
- UIImagePickerControllerSourceTypeSavedPhotosAlbum：相机胶卷

然后通过使用 isSourceTypeAvailable 方法来检测图片源是否可用，如果不可用，就选择图片库图片源。接下来创建一个 UIIMagePickerController 的实例，并设置代理，及模态视图的呈现和动画方式，这些读者可以根据自己的喜好来设置，最后通过新 iOS 版本中的显示模态视图的方式显示选择图片视图。

〖步骤 4〗 最后实现相关的代理方法，将选择的图片显示在定义好的 imageView 中。

```
44. - (void)editImage:(UIImage *)image
45. {
46.     [imageView setImage:image];
47. }
48. -(void)imagePickerController:(UIImagePickerController *)picker
didFinishPickingImage:(UIImage *)image editingInfo:(NSDictionary *)editingInfo
49. {
50.     [picker dismissModalViewControllerAnimated:YES];
51.     [self performSelector:@selector(editImage:) withObject:image
afterDelay:1.0];
52. }
```

有些读者看到该代理方法很长，因此担心很难记得住。那么我们要说，对此不必担心，在使用相应的类，例如 UIIMagePickerController 类时，查看它相应的 API 就可以看到所有的代理方法，所以读者并不需要记住这些方法的名称，只需根据文档了解这些方法的作用。

"[self performSelector:@selector(editImage:) withObject:image afterDelay:1.0];" 这行代码的含义就是为当前视图选择一个显示方法，可以选择自己定义的方法，例如在前面定义的显示图片的方法 editImage。然后设置响应时间，例如设置了 1 秒，那么选择的图片 1 秒钟之后才会在 imageView 中显示。

〖步骤 5〗 构建并运行，可以看到选择图片的效果如图 7-29 所示。

通过学习 UIImagePickerController 类又给读者的学习提供了一个很好的例子。在学习 iPhone 编程时，并不是需要掌握所有的类，这也是不现实的，因为框架中提供的类实在太多了。所以这就要求读者掌握一些重要的父类，对于从属它的子类只需有一定的了解即可。当项目中需要用的时候，花上一点时间查看官方文档，就能够很好地使用了。例如这一节所讲的 UIImagePickerController 类，在许多应用中并不会用到，所以读者只需了解什么类实现了什么效果，在项目中再确定使用哪些类，具体类的实现方法不需要都掌握。

图 7-29 UIImagePickerController 的使用效果

7.3 UITabBarController 分栏控制器

与导航控制器一样，UITabBarController 也是用来控制和管理视图控制器的，它们都继承于 UIViewController 类。在 iPhone 和 iPad 应用中，UITabBarController 的运用也是比较多的，例如 iOS 应用中自带的游戏中心应用如图 7-30 所示。

图 7-30 游戏中心中 UITabBarController 的运用

从上图中可以看到，UINavigationController 和 UITabBarController 都是通过自定义的形式来创建的，在一般的项目中，开发者也大都是运用自定义的方式来制定与自身应用主题相符合的控制器，这样使得应用更加美观。

在本章的内容中，将为读者介绍如何创建系统自带的 UITabBarController，并且介绍如何添加图片、动画效果等；还会介绍如何自定义 UITabBarController 以应对在实际项目中的开发。最后将上一节内容中的 UINavigationController 融入到本节内容中，将两者结合起来运用。

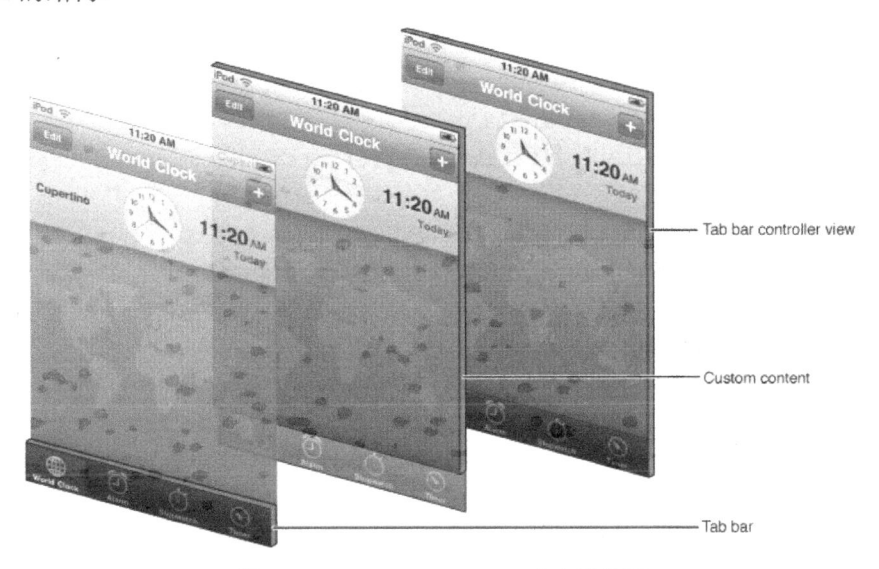

7.3.1　UITabBarController 的创建

与 UINavigationController 类似，UITabBarController 也是用来控制和管理 UIviewController 的类，但是两者的一个主要区别是，UINavigationController 的管理是通过栈的形式，会有一层层的层级关系，在出栈之后，当前的视图就会被卸载；而 UITabBarController 是以数组的形式将分栏信息添加到手机屏幕上，而且视图之间的关系是平级的，并没有上下层级的关系，而且在切换视图时，其他的视图并不会移除，这是它们两者最主要的区别。

在学习如何创建 UITabBarController 之前，先通过 iOS 中的时钟应用来了解一下 UITabBarController 的结构。图 7-31 来自于苹果公司官方文档，它详细地剖析了 UITabBar Controller 的结构。

图 7-31　UITabBarController 官方结构图

与 UINavigationController 相对应，通常情况下两者分别位于屏幕的上下方。在 UINavigationController 中提到过，UIKit 框架中有一个 UIBarItem 类，可以将该类的实例添加到导航控制器和分栏控制器中，其实添加方法和导航控制器的方法类似，在后面的内容中将会进行详细讲解。

下面将学习如何在应用中添加一个 UITabBarController 分栏控制器。

〖步骤 1〗　打开 Xcode，新建一个 single View Application 项目模板，命名完成后在

AppDelegate.m 文件中的"application didFinishLaunchingWithOptions:"方法中创建实例,因为 UITabBarController 通常是作为整个应用的根视图控制器,所以可以在屏幕载入时就显示分栏控制器。

因为 UITabBarController 是通过数组来管理,所以首先创建 4 个数组中的元素,也就是视图控制器的实例。代码如下。

```
1.  - (BOOL)application:(UIApplication *)application didFinishLaunching
WithOptions:(NSDictionary *)launchOptions
2.  {
3.      self.window = [[[UIWindow alloc] initWithFrame:[[UIScreen mainScreen]
bounds]] autorelease];
4.      // Override point for customization after application launch.
5.      self.window.backgroundColor = [UIColor whiteColor];
6.      [self.window makeKeyAndVisible];
7.      UIViewController *view1 = [[UIViewController alloc]init];
8.      view1.title = @"home";
9.      UILabel *label1 = [[UILabel alloc]initWithFrame:CGRectMake(60,
100,200,30)];
10.     [label1 setText:@"主页面"];
11.     label1.textAlignment = NSTextAlignmentCenter;
12.     [view1.view addSubview:label1];
13.     [label1 release];
14.     UIViewController *view2 = [[UIViewController alloc]init];
15.     view2.title = @"music";
16.     UILabel *label2 = [[UILabel alloc]initWithFrame:CGRectMake(60,
100,200,30)];
17.     [label2 setText:@"音乐页面"];
18.     label2.textAlignment = NSTextAlignmentCenter;
19.     [view2.view addSubview:label2];
20.     [label2 release];
21.     UIViewController *view3 = [[UIViewController alloc]init];
22.     view3.title = @"news";
23.     UILabel *label3 = [[UILabel alloc]initWithFrame:CGRectMake(60,
100,200,30)];
24.     [label3 setText:@"新闻页面"];
25.     label3.textAlignment = NSTextAlignmentCenter;
26.     [view3.view addSubview:label3];
27.     [label3 release];
28.     UIViewController *view4 = [[UIViewController alloc]init];
29.     view4.title = @"setting";
30.     UILabel *label4 = [[UILabel alloc]initWithFrame:CGRectMake(60,
100,200,30)];
31.     [label4 setText:@"设置页面"];
32.     label4.textAlignment = NSTextAlignmentCenter;
```

```
33.    [view4.view addSubview:label4];
34.    [label4 release];
35.    return YES;
36. }
```

为了便于读者识别各个视图的内容细节，在每个视图上都添加了一个标签用于显示当前视图的信息。

〖**步骤2**〗 创建了4个视图控制器的实例之后，就可以创建一个数组了，将创建好的4个实例添加到数组中，将自己的所有权交给数组来管理。**注意**，在将实例添加到数组之前，不要对其进行内存释放，否则在编译过程中会导致内存的泄露，从而出现相应的错误。代码如下。

```
37. label4.textAlignment = NSTextAlignmentCenter;
38. [view4.view addSubview:label4];
39. NSArray *viewController = @[view1,view2,view3,view4];
40. [view1 release];
41. [view2 release];
42. [view3 release];
43. [view4 release];
```

通过新语法知识在新创建的数组实例中添加了4个成员，现在可以将它们各自的内存进行释放了。

这里要回顾一下内存管理的知识，如何选择实例的释放时机，有两种方法：一种是autorelease方法，当程序结束时会自动释放实例的内存。但是如果当前的实例在以后的代码中没有运用时，这种自动释放的方法的效率会显得比较低。另一种方法则是手动释放，在选择释放时机时要注意的原则是"谁创建，谁释放，后面用到，用过释放"。

〖**步骤3**〗 回到分栏控制器的学习上来，在创建一个用于管理视图控制器的数组实例后，接下来就要创建一个UITabBarController的实例，而且在前面提到过，有UITabBar Controller或 UINavigationController 时，要将两者设置为根视图控制器。那么有的读者就会问，如果在一个应用中既有UITabBarController 也有 UINavigationController 时，将哪一个设置为根视图控制器呢？一般来说，选用 UINavigationController 作为根视图控制器，将在下面的内容中讲解这两者结合的例子。相关代码如下。

```
44. [view3 release];
45. [view4 release];
46. UITabBarController *TabBarController = [[UITabBarController alloc]init];
47. [TabBarController setViewControllers:viewController animated:YES];
48. [self.window setRootViewController:TabBarController];
49. [TabBarController release];
```

读者可以试一下将setRootViewController设置根视图控制器这行代码屏蔽，再运行一下程序，会发现什么也不显示了。这是因为虽然定义了一个TabBarController的实例，但是并没有将它添加到 window 窗口上，就好比创建了一个 UILabel 标签实例，但并没有调用addsubview这条命令，那么标签就不会在屏幕上显示。在本例子中，用setRootViewController代替了原先的addSubview，其实其含义是类似的。

在 TabBarController 中有一个 ViewControllers 属性，在前面的内容中提到 UINavigation Controller 中也有一个相同的属性，通过这个属性可以设置在屏幕下方的分栏中显示的内容，然后可以设置它的动画效果。接下来将 UITabBarController 的实例设置为窗口的根视图控制器，最后释放掉对应分栏导航栏实例的内存。

〖步骤 4〗 这样，就在应用程序中创建了一个简单的 UITabBarController，可以查看应用程序最后的效果，如图 7-32 所示。

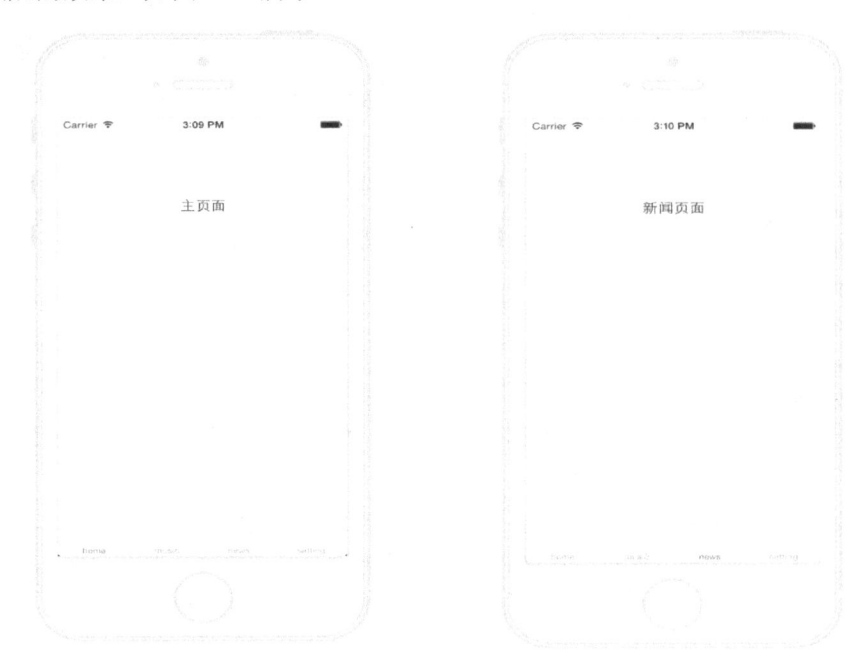

图 7-32 创建简单的 UITabBarController 实例

7.3.2 UITabBarController 的常用属性

在 TabBarController 中，放置的是多个 TabBarItem 组成的数组，而每一个 TabBarItem 又对应了一个 ViewController。

在本节中，将介绍 TabBarItem 的使用方法和一些重要的属性，它主要包括以下 3 个属性。

- title：设置每一个分栏的名称；
- image：设置每一个分栏上的图片；
- badgeValue：设置 tab 右上角的小标。

在这里简要介绍一下自定义 TabBarController 时各个视图的尺寸，在 iPhone 中，TabBarController 的高度是 49px，宽度是 320px，而 item 的尺寸则是 30px*30px，这在学习自定义 TabBarController 时还会讲到。有关 title 属性在上一节已经学习过了，下面首先来学习如何在 TabBarController 上添加系统自带的图片。

这里在 7.3.1 节创建的例子的基础上，添加图片。

〖步骤 1〗 将图片添加在 view3 实例上，并通过默认选择按钮属性，将 view3 设置为默认的视图。代码如下。

```
50. UIViewController *view3 = [[UIViewController alloc]init];
51. view3.title = @"news";
52. UITabBarItem *newItem = [[UITabBarItem alloc]initWithTabBarSystemItem:
UITabBarSystemItemFeatured tag:3];
53. view3.tabBarItem = newItem;
54. [newItem release];
55. UITabBarController *TabBarController = [[UITabBarController alloc]init];
56. [TabBarController setViewControllers:viewController animated:YES];
57. TabBarController.selectedViewController = view3;
58. [self.window setRootViewController:TabBarController];
59. [TabBarController release];
```

〖步骤2〗 构建并运行，可以看到最后的效果如图 7-33 所示。

图 7-33 为分栏控制器添加系统自带图片

从上述代码可以看到，添加图片的方法与 UINavigationController 类似，即通过一个图片初始化 TabBarItem 实例，然后将该视图的 TabBarItem 属性设置为该实例。

而设置默认按钮的方法也比较简单，通过 selectedViewController 属性设置相应的视图即可。

〖步骤3〗 在 iPhone 应用中可以看到许多右上角有一个红色的数字小标，用于提示用户有新的消息或者更新。特别是在 App Store 应用中运用最为广泛，它提示用户当前有多少应用有最新的版本，可以用于更新。那么该如何在上面添加这个数字小标呢？其实添加的方法很简单，只需要设置 tabBarItem 中的 badgeValue 属性即可。代码如下。

```
60. UILabel *label3 = [[UILabel alloc]initWithFrame:CGRectMake(60, 100, 200, 30)];
61. [label3 setText:@"新闻页面"];
```

```
62.   label3.textAlignment = NSTextAlignmentCenter;
63.   [view3.view addSubview:label3];
64.   [label3 release];
65.   view3.tabBarItem.badgeValue = [NSString stringWithFormat:@"%d",10];
```
〖步骤4〗 构建并运行，可以看到最后的效果如图7-34所示。

如果要单击一个按钮使数字小标的值发生改变，则需要写相关的方法，主要还是通过设置badgeValue来改变值的大小。

在前面的内容中，已经介绍了如何在TabBar分栏控制器上添加系统自带的图片，其实在实际的项目中，这些TabBar中的图片都会由公司的美工人员去制作与当前项目主题相适应的、尺寸合适的图片。

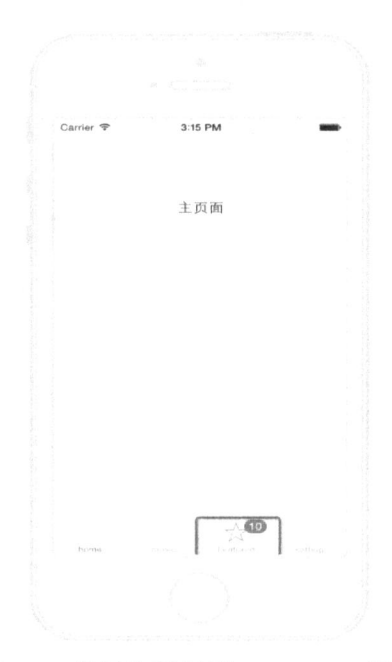

图 7-34 设置分栏图标的 badgeValue 属性

在以下的内容中，我们将一起来学习如何在TabBar上添加用户自定义的图片。

添加用户自定义图片的方法比较简单，只需要在创建TabBarItem时，使用另一种初始化的方法[initWithTitle: image: tag:]即可，但在使用该初始化方法之前，需要将用户自定义的图片添加到项目中，添加的方法相信读者已经很熟悉了。

〖步骤5〗 在上一节例子中代码的view1上添加一个用户自定义的图片。代码如下。

```
66.   UIViewController *view1 = [[UIViewController alloc]init];
67.   view1.title = @"home";
68.   UITabBarItem *imageItem = [[UITabBarItem alloc]initWithTitle:@"home" image:[UIImage imageNamed:@"CloseSelected.png"] tag:101];
69.   view1.tabBarItem = imageItem;
70.   [imageItem release];
71.   UILabel *label1 = [[UILabel alloc]initWithFrame:CGRectMake(60, 100, 200, 30)];
```

```
72. [label1 setText:@"主页面"];
73. label1.textAlignment = NSTextAlignmentCenter;
74. [view1.view addSubview:label1];
75. [label1 release];
```

〖**步骤6**〗 构建并运行，可以看到在 view1 上添加了一个自定义的图片，如图 7-35 所示。

在有些应用中，TabBar 中的 Item 可能不止 4 个，例如在 iPod 应用中，TabBar 中的 Item 有数十个之多。而在 iPhone 中，TabBar 最多能容纳的 Item 为 5 个，如果超过了 5 个，它会自己集成一个更多的选项供用户选择和编辑。下面将学习这种效果是如何实现的。

〖**步骤7**〗 在上述例子的基础上，再添加 3 个视图控制器，并将它们都添加到 TabBar 数组中进行管理。代码如下。

图 7-35　在 TabBar 上添加自定义图片

```
76. UIViewController *view5 = [[UIViewController alloc]init];
77. view5.title = @"movie";
78. UIViewController *view6 = [[UIViewController alloc]init];
79. view6.title = @"search";
80. UIViewController *view7 = [[UIViewController alloc]init];
81. view7.title = @"style";
82. NSArray *viewController = @[view1,view2,view3,view4,view5,view6,view7];
83. [view1 release];
84. [view2 release];
85. [view3 release];
86. [view4 release];
87. [view5 release];
88. [view6 release];
89. [view7 release];
```

〖**步骤 8**〗 添加到数组中之后，注意还要释放掉相应实例的内存。构建并运行，可以看到在 TabBar 中多了一个"more"选项，如图 7-36 所示。

这种集成多个 Item 的功能，苹果公司已经帮用户写好了代码，因此用户需要做的只是编辑自己想要的 Item 到 TabBar 上即可。单击"more"按钮，会出现其余视图控制器的选项界面，这个界面是一个 UITableView，右上角还集成了一个编辑的功能，可以让用户将自己喜欢的或需要的 Item 放到主界面上，编辑的结果如图 7-37 所示。

是不是觉得很方便呢？当然我们也不知道具体的实现方法是怎样的，因为与 Android 不同，iOS 并不是开源的。如果读者对这个实现过程很感兴趣，可以试着自己去实现。

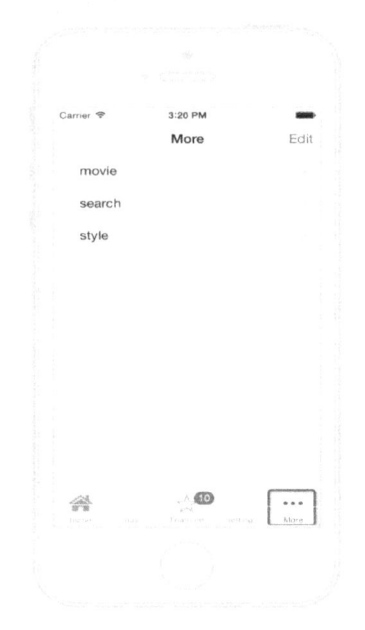

图 7-36　多个 TabBarItem 的集成　　　　图 7-37　编辑 TabBar 栏中的按钮

7.3.3　UITabBarController 和 UINavigationController 的集成

在 iOS 应用中，通常 UITabBarController 和 UInavigationController 这 2 个视图控制器会同时配合着使用，单独使用的情况很少。那么现在就出现了一个新的问题，是在 UINavigationController 的基础上添加 TabBar 分栏控制器，还是在 UITabBarController 的基础上添加 navigationController 导航控制器呢？这就要考虑到这两者之间的结构问题了。

〖**步骤 1**〗 假设在 UITabBarController 的基础上添加 navigationController，通过代码来实现一下。同样地，在上一节例子的基础上为各个视图控制器添加导航栏。代码如下。

```
1.  UIViewController *view1 = [[UIViewController alloc]init];
2.  view1.title = @"home";
3.  UITabBarItem *imageItem = [[UITabBarItem alloc]initWithTitle:@"home" image:[UIImage imageNamed:@"CloseSelected.png"] tag:101];
4.  view1.tabBarItem = imageItem;
5.  [imageItem release];
6.  UILabel *label1 = [[UILabel alloc]initWithFrame:CGRectMake(60, 100, 200, 30)];
```

```
7.  [label1 setText:@"主页面"];
8.  label1.textAlignment = NSTextAlignmentCenter;
9.  [view1.view addSubview:label1];
10. [label1 release];
11. UINavigationController *navigationController1 = [[UINavigationController
alloc]initWithRootViewController:view1];
12. [view1 release];
13. UIBarButtonItem *addButton = [[UIBarButtonItem alloc]initWithBarButton
SystemItem:UIBarButtonSystemItemAdd target:self action:nil];
14. [view1.navigationItem setLeftBarButtonItem:addButton animated:YES];
15. [addButton release];
```

〖步骤2〗 在创建一个 UINavigationController 的实例之后,将它添加到 TabBar 上,然后根据 7.2.2 节讲述的 navigationItem 的添加方法将一个按钮添加到导航栏上,最后,还需要在分栏控制器管理的数组中,用 UINavigationController 的实例替换当前试图控制器的实例,并释放掉相应实例的内存。代码如下。

```
16. NSArray *viewController = @[navigationController1,view2,view3,view4,
view5,view6,view7];
17. [navigationController1 release];
18. [view2 release];
19. [view3 release];
20. [view4 release];
21. [view5 release];
22. [view6 release];
23. [view7 release];
```

〖步骤3〗 构建并运行,可以看到添加导航栏后的效果如图 7-38 所示。

图 7-38 在 UITabBarController 上添加导航控制器

由此在 UITabBarController 的基础上添加导航控制器是可行的，那么如果先创建 UINavigationController，然后再在它的基础上添加 TabBar 会成功吗？可以想象一下，如果是将 UINavigationController 作为根视图控制器，再添加 TabBar，那么当单击 TabBar 时，上面的导航栏是不会改变的，就会出现相应的问题。

可以试着用这种方式来实现一下，将 UINavigationController 的实例作为根视图控制器。代码如下：

```
24. UITabBarController *TabBarController = [[UITabBarController alloc]init];
25. [TabBarController setViewControllers:viewController animated:YES];
26. UINavigationController *navigationController = [[UINavigationController alloc]initWithRootViewController:TabBarController];
27. [TabBarController release];
28. [self.window setRootViewController:navigationController];
29. [navigationController release];
```

构建并运行，可以看到最后的效果如图 7-39 所示。

图 7-39　在 UINavigationController 上添加 TabBar

可以看到最后的效果并不是我们所想要的，单击不同的 TabBar 按钮，会发现导航栏上并没有显示任何的信息，哪怕是前面设置的每个视图控制器的 title 属性都没有显示，所以说使用这种方法会出现很大的问题。

综上，在第一种方法的基础上，可以利用在 7.2 节中所学的 UINavigationController 相关的知识来添加各种按钮。在这里就不做详细的演示了，相信读者有能力自己完成。

7.3.4　自定义 TabBar

介绍完如何自定义 TabBarItem 后，有的读者就会有疑问，TabBar 能否自定义呢？答案是肯定的，读者也可以自己制作一个 TabBar 栏，并将它添加到 window 上。例如在本章开始时介绍的游戏中心应用中的 TabBar 就是添加了一个用户自定义的 TabBar，它的背景颜色和整体应用的元素是相适应的，这就使得整个应用看起来更加美观，整体性也会更强。

下面将学习如何自定义 TabBar。首先要了解自定义 TabBar 的流程。顾名思义，要自定义 TabBar，就要把系统自带的 TabBar 给隐藏起来，所以在开始定义 TabBar 之前，要将 TabBar.Hidden 属性设置为 YES。接下来就可以添加一个 UIImageView，并设置自己喜欢的背景图片，最后添加上相应的按钮，并添加背景图片，这样就完成了一个自定义 TabBar 的创建。

〖步骤 1〗 在 Xcode 中新建一个 Single View Application 项目模板，然后新建 4 个 UIViewController 的子类，在前面的例子中，是将所有的视图控制器都放在 AppDelegate 文件中，这对于小的例子是没有问题的，但是对于大型的项目工程肯定是行不通的。所以在这里将每一个视图控制器分开创建，这样使得项目条理更加清晰，创建好的 4 个文件如图 7-40 所示。

```
h  HomeViewController.h
m  HomeViewController.m
h  MusicViewController.h
m  MusicViewController.m
h  SearchViewController.h
m  SearchViewController.m
h  NewsViewController.h
m  NewsViewController.m
```

图 7-40　创建 4 个 UIViewController 子类文件

〖步骤 2〗 接着创建一个 UITabBarController 的子类文件，并创建实例，将它作为根视图控制器。创建之前，在 AppDelegate.m 文件中将 UITabBarController 子类的文件导入。代码如下。（基于 7.3.3 中例子的代码）

```
30. #import "AppDelegate.h"
31. #import "TabBarViewController.h"
32. @implementation AppDelegate
```

〖步骤 3〗 在 "application didFinishLaunchingWithOptions:" 方法中创建 TabBarViewController 的实例，并将它设置为窗口的根视图控制器。代码如下。

```
33. self.window = [[[UIWindow alloc] initWithFrame:[[UIScreen mainScreen] bounds]] autorelease];
34. // Override point for customization after application launch.
35. self.window.backgroundColor = [UIColor whiteColor];
36. [self.window makeKeyAndVisible];
37. TabBarViewController *TabBarController=[[TabBarViewController alloc]init];
38. self.window.rootViewController = TabBarController;
39. [TabBarController release];
40. return YES;
```

〖步骤 4〗 在 UITabBarController 子类的.m 文件中将所有 UIViewController 子类文件都添

加进来。代码如下。

```objc
41. #import "TabBarViewController.h"
42. #import "HomeViewController.h"
43. #import "NewsViewController.h"
44. #import "MusicViewController.h"
45. #import "SearchViewController.h"
46. @interface TabBarViewController ()
```

〖步骤 5〗 下一步在 viewDidLoad 方法中创建相应 ViewController 的实例,并集成相对应的导航控制器。在这之前,要注意前面所提到的,要将 tabBar.hidden 属性设置为 YES,这样才能隐藏系统自带的 TabBarController,在 init 初始化方法中设置属性。代码如下。

```objc
47. - (id)initWithNibName:(NSString *)nibNameOrNil bundle:(NSBundle *)nibBundleOrNil
48. {
49.     self = [super initWithNibName:nibNameOrNil bundle:nibBundleOrNil];
50.     if (self) {
51.         self.tabBar.hidden = YES;
52.     }
53.     return self;
54. }
55. - (void)viewDidLoad
56. {
57. [super viewDidLoad];
58. HomeViewController *homeView = [[HomeViewController alloc]init];
59. homeView.title = @"首页";
60. UINavigationController *homeNavigation = [[UINavigationController alloc]initWithRootViewController:homeView];
61. [homeView release];
62. NewsViewController *newsView = [[NewsViewController alloc]init];
63. newsView.title = @"新闻";
64. UINavigationController *newsNavigation = [[UINavigationController alloc]initWithRootViewController:newsView];
65. [newsView release];
66. MusicViewController *musicView = [[MusicViewController alloc]init];
67. musicView.title = @"音乐";
68. UINavigationController *musicNavigation = [[UINavigationController alloc]initWithRootViewController:musicView];
69. [musicView release];
70. SearchViewController *searchView = [[SearchViewController alloc]init];
71. searchView.title = @"搜索";
72. UINavigationController *searchNavigation = [[UINavigationController alloc]initWithRootViewController:searchView];
73. [searchView release];
74. }
```

〖**步骤 6**〗 创建完所需要的 ViewController 之后下一步是做什么呢？对了，就是创建一个数组，将这些实例都放在数组中管理。但是在集成导航控制器之后，各个视图控制器都交给导航控制器管理了，所以在将实例添加到数组中时，就是添加相应的导航控制器的实例了。代码如下。

```
75. NSArray *viewControllers = @[homeNavigation,newsNavigation,
musicNavigation,searchNavigation];
76. [homeNavigation release];
77. [newsNavigation release];
78. [musicNavigation release];
79. [searchNavigation release];
80. [self setViewControllers:viewControllers];
```

〖**步骤 7**〗 在设置 ViewController 属性时，可以直接用 self 来进行设置。这样就将各个视图控制器的导航栏设置好了，如果需要在导航栏上添加相应的按钮，则可以在对应的视图控制器文件中添加。例如在主页中也就是 HomeViewController.m 文件中创建一个导航控制器的左边的按钮，可以直接在 vicwDidLoad 方法中添加按钮。代码如下。

```
81. - (void)viewDidLoad
82. {
83.     [super viewDidLoad];
84.     UIBarButtonItem *addButton = [[UIBarButtonItemalloc]initWithBarButton
SystemItem:UIBarButtonSystemItemAdd target: self action:nil];
85.     self.navigationItem.leftBarButtonItem = addButton;
86.     [addButton release];
87. }
```

因为在前面隐藏了系统自带的 TabBar，现在如果运行程序的话，下面的 TabBar 会是一个空白的区域，因为并没有新的视图添加进来。正因为这样，所以要自己添加一个 imageView，将自己所需要的图片作为 TabBar 的背景图，以达到自定义的目的。

〖**步骤 8**〗 回到 TabBarViewController.m 文件中，继续在 viewDidLoad 方法中添加 UIimageView 的实例，此时还需要将素材文件添加到项目中，想必添加的方法读者已经很熟悉了。

```
88. UIImageView *TabBarImage = [[UIImageView alloc]initWithFrame:
CGRectMake(0, 431, 320, 49)];
89. TabBarImage.image = [UIImage imageNamed:@"NavigationBar"];
90. [self.view addSubview:TabBarImage];
91. TabBarImage.userInteractionEnabled = YES;
92. [TabBarImaqe release];
```

在前面的内容中，提到过 UINavigationBar 和 UITabBar 的长度是 320px，而高度则是 49px，所以在设置它的 frame 属性时要注意计算一下它在屏幕中的位置，因为 iPhone 4 的屏幕高度是 480px，减去 tabBar 的高度 49px，它的 Y 轴坐标就为 431px。如果是在其他尺寸的 iPhone 上运行，可以去参考该 iPhone 的尺寸。

还需要注意的是，如果不将 userInteractionEnabled 属性设置为 YES，那么定义的 tabBar 将是不能实现交互的，即使有按钮也不能单击，所以这里就要将 ImageView 实例的

userInteractionEnabled 属性设置为 YES。

〖步骤 9〗 构建并运行,可以看到选择的图片已经添加到了屏幕上,与 tabBar 很相似。效果如图 7-41 所示。

图 7-41 自定义 tabBar 背景

〖步骤 10〗 虽然自定义好了 tabBar,但是还是无法实现页面的切换,而在系统自带的 tabBar 中,是利用 TabBarButton 来实现切换的。在这里,类似地,通过定义 4 个按钮来完成 4 个视图控制器的切换。可以利用一个 for 循环来完成对 4 个按钮的创建工作。代码如下。

```
93.     int X = 0;
94.     for(int index = 0;index < 4;index++){
95.     UIButton *button = [UIButton buttonWithType:UIButtonTypeRoundedRect];
96.     button.frame = CGRectMake(34+X, 4, 42, 42);
97.     button.tag = index;
98.     button.backgroundColor = [UIColor blueColor];
99.     [button addTarget:self action:@selector(changeView:) forControlEvents:UIControlEventTouchUpInside];
100.    [TabBarImage addSubview:button];
101.    X += 70;
102.    }
```

〖步骤 11〗 以上定义了一个整型变量 X,每完成一个按钮的创建,会让 X 坐标向右移动 34px,使得 4 个按钮平均分布在自定义的 tabBar 上,设置 button 的 tag 值是用来控制各个视图控制器之间的切换的。这个实现的过程也比较简单,只需要将 selectedIndex 值设置为当前 index 值的按钮即可。下面是切换方法的实现。代码如下。

```
103.    - (void)changeView:(UIButton *)button
104.    {
```

```
105.        self.selectedIndex = button.tag;
106.    }
```

〖**步骤 12**〗 构建并运行，可以看到最后的运行效果如图 7-42 所示。

图 7-42 自定义 tabBar 最后效果

7.4 视图间数据传递方式

在 iOS 编程中，有时候会碰到需要用户输入的情形，但是输入框是在另一个视图中，那么如何将值传递给第一个视图呢？其实 iOS 实现视图之间传值的方式有许多，如导航控制器的 push 方法、协议方法、通知、NSUserDefaults 等。在本节中，将分别通过这 4 个方法实现两个视图之间的传值。

7.4.1 导航控制器属性传值方法

对于使用导航控制器传值，将讲解最简单的单项传值方法，即将第一个视图控制器的值传递给第二个视图控制器，通过导航控制器的 push 方法来实现。下面将实现导航控制器方法。

〖**步骤 1**〗 首先新建 Xcode 项目，使用 Single View Application 模板，在项目中，再创建一个视图控制器 viewController2，继承于 UIViewController。然后在 AppDelete 中设置导航控制器作为 UIWindow 的根视图。代码如下。

```
-------------AppDelete.m-------------
1.  - (BOOL)application:(UIApplication *)application didFinishLaunching
WithOptions:(NSDictionary *)launchOptions {
2.      // Override point for customization after application launch.
```

```
3.    ViewController *view1 = [[ViewController alloc]init];
4.    UINavigationController *navi = [[UINavigationController alloc]init
WithRootViewController:view1];
5.    self.window.rootViewController = navi;
6.    return YES;
7. }
```

〖**步骤 2**〗 接下来在 viewController.h 文件中创建 UILabel、UItextField 和 UIButton 的实例。代码如下。

```
-------------viewController.h------------
8. #import <UIKit/UIKit.h>
9. @interface ViewController : UIViewController
10. @property (nonatomic, retain) UITextField *textField;
11. @property (nonatomic, retain) UILabel *label;
12. @property (nonatomic, retain) UIButton *button;
13. @end
```

〖**步骤 3**〗 在 .m 文件中对实例进行初始化并设置相关属性。代码如下。

```
-------------viewController.m------------
14. - (void)viewDidLoad {
15.    [super viewDidLoad];
16.    self.title = @"view1";
17.    self.view.backgroundColor = [UIColor whiteColor];
18.    _label = [[UILabel alloc]init];
19.    _label.text = @"值";
20.    _label.frame = CGRectMake(40, 110, 80, 20);
21.    [self.view addSubview:_label];
22.    _textField = [[UITextField alloc]initWithFrame:CGRectMake(100, 100, 120, 40)];
23.    _textField.borderStyle = UITextBorderStyleRoundedRect;
24.    [self.view addSubview:_textField];
25.    _button = [UIButton buttonWithType:UIButtonTypeSystem];
26.    [_button setTitle:@"传值" forState:UIControlStateNormal];
27.    [_button setTintColor:[UIColor whiteColor]];
28.    _button.backgroundColor = [UIColor grayColor];
29.    _button.frame = CGRectMake(100, 240, 120, 40);
30.    [_button addTarget:self action:@selector(push) forControlEvents:UIControlEventTouchUpInside];
31.    [self.view addSubview:_button];
32. }
33. - (void)push
34. {
35. }
```

〖**步骤 4**〗 接下来对 viewController2 进行布局,同样地,在 viewController2.h 文件中定义相关实例,在 .m 文件中对实例进行初始化与属性设置。代码如下。

```
---------------viewController2.h-------------
36. #import <UIKit/UIKit.h>
37. @interface ViewController2 : UIViewController
38. @property (nonatomic ,retain) UITextField *textField;
39. @property (nonatomic, retain) UIButton *button;
40. @property (nonatomic, copy) NSString *value;
41. @end
```
这里定义了一个NSString字符串实例,用于存储视图控制器1传过来的值。
```
---------------viewController2.m-------------
42. - (void)viewDidLoad {
43.     [super viewDidLoad];
44.     self.title = @"view2";
45.     self.view.backgroundColor = [UIColor whiteColor];
46.     _textField = [[UITextField alloc]initWithFrame:CGRectMake(100, 100, 120, 40)];
47.     _textField.borderStyle = UITextBorderStyleRoundedRect;
48.     [self.view addSubview:_textField];
49.     _button = [UIButton buttonWithType:UIButtonTypeSystem];
50.     [_button setTitle:@"确定" forState:UIControlStateNormal];
51.     [_button setTintColor:[UIColor whiteColor]];
52.     _button.backgroundColor = [UIColor grayColor];
53.     _button.frame = CGRectMake(100, 240, 120, 40);
54.     [_button addTarget:self action:@selector(ok) forControlEvents:UIControlEventTouchUpInside];
55.     [self.view addSubview:_button];
56. }
57. - (void)ok
58. {
59. }
```
现在只是对两个视图控制器进行了布局,并通过UINavigationController导航控制器的实例控制这两个视图控制器。接下来实现视图间值的传递。

〖步骤5〗 在viewController.m文件的push方法中实现跳转,并将textField的值传给viewController2的value字符串。代码如下。
```
60. - (void)push
61. {
62.     ViewController2 *view2 = [[ViewController2 alloc]init];
63.     view2.value = _textField.text;
64.     [self.navigationController pushViewController:view2 animated:YES];
65. }
```
然后在viewController2.m文件的viewDidLoad方法中,将value字符串的值赋给textField。代码如下。
```
66. _textField = [[UITextField alloc]initWithFrame:CGRectMake(100, 100, 120, 40)];
```

```
67.     _textField.borderStyle = UITextBorderStyleRoundedRect;
68.     _textField.text = _value;
69.     [self.view addSubview:_textField];
```
最后实现返回按钮的方法。代码如下。
```
70. - (void)ok
71. {
72.     [self.navigationController popViewControllerAnimated:YES];
73. }
```

〖**步骤6**〗 运行模拟器,可以看到最后的运行效果如图7-43和图7-44所示。

图7-43 view1中传值界面   图7-44 view2中传值成功界面

从图中可以看到,当在view1的textField中输入需要传给view2的值后,单击传值按钮,导航控制器控制视图控制器跳转到view2,并将值传给view2,实现最后的显示,这就是一个简单的导航控制器传值方法。

7.4.2 协议传值方法

在第4章的内容中,介绍了iOS中有一种协议代理设计模式,也就是自己不去完成,让他人代为完成的一种模式。而在视图的传值中,也可以通过协议方法来实现。

下面在7.4.1节的代码基础上,来实现协议传值方法。

〖**步骤1**〗 实现协议传值方法时,需要确定谁是委托人,谁是代理人,因此要在代理人中声明协议,以上一节的例子来说,将view2设置为代理,也就是在view2中进行传值,将值传给view1。那么在view2中声明一个协议,用于传值。代码如下。

```
----------viewController2.h------------
1. #import <UIKit/UIKit.h>
2. //值改变协议
3. @protocol changeValueDelegate <NSObject>
```

```
4.  @optional
5.  - (void)changeValue:(NSString *)value;
6.  @end
7.  @interface ViewController2 : UIViewController
8.  @property (nonatomic ,retain) UITextField *textField;
9.  @property (nonatomic, retain) UIButton *button;
10. @property (nonatomic, copy) NSString *value;
11. @property (nonatomic, assign)id<changeValueDelegate>valueDelegate;
12. @end
```

以上定义了一个用于改变值的协议 changeValueDelegate，并声明了该协议的一个 id 类型的实例。

〖**步骤2**〗 接下来在 viewController2.m 文件中实现 "ok" 返回方法。代码如下。

```
----------viewController2.m-----------
13. - (void)ok
14. {
15.     if ([self.valueDelegate respondsToSelector:@selector(changeValue:)]) {
16.         [self.valueDelegate changeValue:_textField.text];
17.     }
18.     [self.navigationController popViewControllerAnimated:YES];
19. }
```

这里使用 valueDelegate 协议调用 changeValue 方法，并将 textField 的值作为协议方法的参数。

〖**步骤3**〗 在完成了代理类的设置后，需要在委托类中设置代理，也就是在 viewController 中设置 view2 为代理。在实现前，要在.h 文件导入协议方法。代码如下。

```
----------viewController.h-----------
20. #import <UIKit/UIKit.h>
21. #import "ViewController2.h"
22. @interface ViewController : UIViewController<changeValueDelegate>
23. @property (nonatomic, retain) UITextField *textField;
24. @property (nonatomic, retain) UILabel *label;
25. @property (nonatomic, retain) UIButton *button;
26. @end
```

然后在.m 方法中实现协议方法。代码如下。

```
----------viewController.m-----------
27. - (void)changeValue:(NSString *)value
28. {
29.     _textField.text = value;
30. }
```

〖**步骤4**〗 到这里协议传值就基本完成了，但是最后一步也是最关键的一步一定不能忘记，就是设置代理，如果不设置，那么传值就无法进行，所以要在 push 方法中设置 view2 为代理，以完成传值任务。代码如下。

```
31. - (void)push
```

```
32. {
33.     ViewController2 *view2 = [[ViewController2 alloc]init];
34.     view2.valueDelegate = self;
35.     [self.navigationController pushViewController:view2 animated:YES];
36. }
```

"view2.valueDelegate = self"这句代码是整个协议传值方法的精髓,千万不能忘记设置。

〖步骤 5〗 运行模拟器,可以看到最后的协议传值效果如图 7-45 和图 7-46 所示。

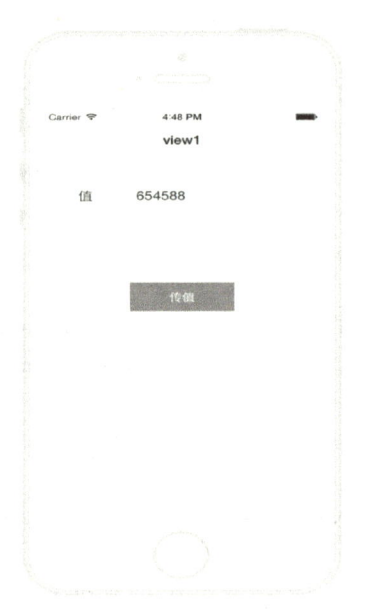

图 7-45 view2 传值界面   图 7-46 view1 传值成功界面

7.4.3 通知传值方法

在第 4 章中也向读者介绍了通知设计模式,NSNotificationCenter 的存在就像一个中心发射站一样,可以接收与它相关的信息。而两个 view 之间的传值也可以使用通知来实现。

〖步骤 1〗 同样地,可以在代码清单上进行修改,修改 viewController.m 中的 viewDidLoad 方法,注册一个通知,名为 changeValueNotification。代码如下。

```
----------viewController.m----------
1.  - (void)viewDidLoad {
2.      [super viewDidLoad];
3.      …
4.      _button.frame = CGRectMake(100, 240, 120, 40);
5.      [_button addTarget:self action:@selector(push) forControlEvents:UIControlEventTouchUpInside];
6.      [self.view addSubview:_button];
7.      //注册一个改变值的通知
8.      [[NSNotificationCenter defaultCenter]addObserver:self selector:@selector(changeValue:)
```

```
9.         name:@"changeValueNotification" object:nil];
10. }
```

可以看到，现在在通知中心添加了一个名为"changeValueNotification"的通知，它实现的方法是"changeValue"。这里还要对该方法进行修改。代码如下。

```
11. - (void)changeValue:(NSNotification *)notification
12. {
13.     id value = notification.object;
14.     _textField.text = value;
15. }
```

现在的方法与之前的有所不同，它的参数是一个 NSNotification 对象，在方法里，通过定义一个 id 类型的变量去获取通过通知传递过来的 object 参数，最后将它赋值给 textField。

〖步骤 2〗 在进行传值的页面，也就是 viewController2 中 post 一条改变值的通知。代码如下。

```
----------viewController2.m----------
16. - (void)ok
17. {
18. [[NSNotificationCenter defaultCenter]postNotificationName:@"changeValueNotification"
19. object:_textField.text];
20.     [self.navigationController popViewControllerAnimated:YES];
21. }
```

〖步骤 3〗 运行模拟器，可以看到最后的效果如图 7-47 和图 7-48 所示。

通知在代码中不能出现得太多，它解耦合的程度过深，容易让两个完全没有关系的类都可以进行消息的传递，这样不利于代码的维护，也不利于其他程序员阅读你的代码。但是相比其他传值方法，通知应该是最简单的一种传值方法，读者一定要掌握。

图 7-47　通知传值 view2 界面　　图 7-48　通知传值 view1 传值成功界面

7.4.4 NSUserDefaults 传值方法

NSUserDefaults 是 NSObject 类提供的一个偏好存储自定义类，它是一个用于轻量级数据存储的类。在界面传值时，可以将 view2 中的值保存在 NSUserDefaults 中，然后在 view1 中读取完成传值。修改"ok"方法，在 viewController2 中创建 NSUserDefaults。代码如下。

```
----------viewController2.m------------
1.  - (void)ok
2.  {
3.      NSUserDefaults *defaults = [NSUserDefaults standardUserDefaults];
4.      [defaults setValue:_textField.text forKey:@"value"];
5.      [defaults synchronize];
6.      [self.navigationController popViewControllerAnimated:YES];
7.  }
```

NSUserDefaults 的使用方法也很简单，首先创建一个 NSUserDefaults 的实例，然后通过 setValue 方法设置键值对，这里可以对属性进行设置，也可以使用 setObject 对对象进行设置，最后使用 synchronize 方法进行同步。这样就将 textField 的值保存在 NSUserDefaults 中了。

接下来，可以在 viewController 中读取名为"value"的值，并显示在 textField 中，完成传值。实现在 viewWillAppear 方法中读取数据。代码如下。

```
----------viewController1.m------------
8.  - (void)viewWillAppear:(BOOL)animated
9.  {
10.     NSUserDefaults *defaults = [NSUserDefaults standardUserDefaults];
11.     NSString *value = [defaults valueForKey:@"value"];
12.     _textField.text = value;
13. }
```

运行模拟器，可以看到最后的效果如图 7-49 和图 7-50 所示。

图 7-49　NSUserDefualts 传值 view2 界面　　　　图 7-50　view1 传值成功界面

本章小结

本章讲解了 iOS 开发中 UIViewController 视图控制器的基本知识，并讲解了 UIViewController 的几个子类 UINavigationController，UITabBarController，UIImagePickerController 的基本使用方法。UIViewController 是 iOS 开发中的核心知识，也是支撑 MVC 框架的核心，希望读者在课余时间多加练习，掌握它们的用法。

习题 7

1. 在 Singe View Application 模板中搭建 UINavigation 和 UITabBarController 框架，使之拥有 3 个子视图控制器，分别是新闻、音乐和照片。
2. 试在新闻页面中通过 UITableView 表视图显示新闻，新闻的内容可以自己选择，当移动到最下方时，有一个"单击显示更多"按钮，单击后可以显示后面 20 条新闻。
3. 实现单击新闻 cell，可以跳转到照片视图，并将新闻的内容传到照片视图中。
4. 试通过 NSUserDefaults 方法，将新闻对应的关键词显示出来。

第 8 章 图形与图像处理

【教学目标】
- ❖ 掌握 UIImageView 的幻灯片播放方法
- ❖ 了解 QuartzCore 框架的基本内容
- ❖ 掌握 QuartzCore 框架绘制图形的基本方法
- ❖ 掌握 iOS 中 UIView 动画的使用方法

8.1 简单图片浏览动画实现

在本节中,将对 UIScrollView 和 UIPageControl 的混合使用作出讲解,以实现应用图片滑动展示效果。

UIScrollView 是 UIView 的子类,它用于滚动视图的显示,以及当前视图显示不了所有内容时的滚动显示,图片浏览功能也是建立在 UIScrollView 滚动视图的基础上。PageControl 一般与 UIScrollView 一起使用,它用于显示图片浏览动画时具体是第几张图片。下面通过一个实例来学习如何实现图片浏览动画。

〖步骤 1〗在 Xcode 中新建工程,使用 Single View Application 模板,在 viewController.h 头文件中声明 UIScrollView 和 UIPageControl 两个实例。代码如下。

```
------------------viewController.h----------------
1.  #import <UIKit/UIKit.h>
2.  @interface ViewController : UIViewController<UIScrollViewDelegate>
3.  @property (nonatomic, retain)UIScrollView *scrollView;
4.  @property (nonatomic, retain)UIPageControl *pageControl;
5.  @end
```

注意,在这里引入了 UIScrollViewDelegate 协议,通过协议方法可以控制用户执行相应操作对应的响应事件,表 8-1 列出了协议中的一些重要方法。

表 8-1 UIScrollViewDelegate 协议

方法名称	含义
- (void)scrollViewDidScroll:(UIScrollView *)scrollView;	当视图滚动时调用方法
- (void)scrollViewDidZoom:(UIScrollView *)scrollView;	当视图放大、缩小时调用方法
- (void)scrollViewWillBeginDragging:(UIScrollView *)scrollView;	当视图开始拖动时调用方法

续表

方法名称	含义
- (void)scrollViewDidEndDragging:(UIScrollView *)scrollView willDecelerate:(BOOL)decelerate;	当视图结束拖动时调用方法
- (void)scrollViewDidScrollToTop:(UIScrollView *)scrollView;	当视图滚动到头部时调用方法

在以上的例子中，需要用到的协议方法是"- (void)scrollViewDidScroll:(UIScrollView *)scrollView;"，对其他方法感兴趣的读者可以自己尝试着实现。

〖步骤 2〗 在.m 文件中对这两个实例进行布局，设置相应属性，并实现滚动视图的协议方法。代码如下。

```
-----------------viewController.m-----------------
6.  #import "ViewController.h"
7.  @interface ViewController ()
8.  @end
9.  @implementation ViewController
10. @synthesize scrollView,pageControl;
11. - (void)viewDidLoad {
12.     [super viewDidLoad];
13.     //滚动视图
14.     scrollView = [[UIScrollView alloc]initWithFrame:CGRectMake(0, 0, 320, 400)];
15.     scrollView.contentSize = CGSizeMake(320*3, 400);
16.     scrollView.pagingEnabled = YES;
17.     scrollView.delegate = self;
18.     scrollView.backgroundColor = [UIColor grayColor];
19.     scrollView.showsHorizontalScrollIndicator = NO;
20.     scrollView.showsVerticalScrollIndicator = NO;
21.     [self.view addSubview:scrollView];
22.     //分页控件
23.     pageControl = [[UIPageControl alloc]initWithFrame:CGRectMake(0, 380, 320, 10)];
24.     pageControl.numberOfPages = 3;
25.     pageControl.currentPage = 1;
26.     [self.view addSubview:pageControl];
27.     for (int i=1; i <=3; i++) {
28.         UIImageView *imageView = [[UIImageView alloc]initWithImage:[UIImage imageNamed:[NSString stringWithFormat:@"0%i.jpg",i]]];
29.         imageView.frame = CGRectMake(320*(i-1), 0, 320, 400);
30.         [self.scrollView addSubview:imageView];
31.     }
32. }
```

现在来查看滚动视图的设置部分,首先初始化它在视图中的位置,contentSize 属性用于设置滚动视图整体大小,这里需要放置 3 张图片,每张图片的宽度为 320px,高度为 400px,所以设置 contentSize 的大小为(320*3px, 400px),接下来设置 pagingEnabled 属性为 YES,只有这样,滚动视图才能滚动,然后设置代理。再将 showsHorizontal ScrollIndicator 和 showsVerticalScrollIndicator 属性设置为 NO,不显示水平垂直滚动条,一般的应用都会隐藏。

在接下来的分页控件中设置 numberOfPages 为 3,即显示 3 张图片,currentPage 为 1,即默认页面为 1,然后通过 for 循环将图片添加到 scrollView 中。

〖步骤 3〗 最后实现 UIScrollView 的协议方法。代码如下。

```
33. - (void) scrollViewDidScroll: (UIScrollView *) aScrollView
34. {
35.     CGPoint offset = scrollView.contentOffset;
36.     self.pageControl.currentPage = offset.x / 320;
37. }
```

〖步骤 4〗 运行模拟器,可以看到最后的效果如图 8-1 所示。

图 8-1 简单图片浏览动画实现

左右滑动图片,就可以看到图片相应向左右移动了。

8.2 自定义绘图(Quartz 2D)

Quartz 2D 是 iOS 中绘制图形的一个强大的框架,可以使用 Apple 提供的 Quartz API 来绘制路径、描影、设置透明度、反锯齿等,Quartz 2D 的强大之处在于它可以借助图形硬件的功能绘制出精美的图形。

在本节中,将使用最简单的语言与代码向读者讲述如何在一个视图上绘制线条、矩形及圆形,并为它们着色,所以现在就拿起画笔,画出最美的图形吧。

在此之前，还需要向读者介绍在 Quartz 2D 框架中重要的一个概念，即图形上下文——Graphics Context，它是一个数据类型（CGContextRef），用于封装 Quartz 绘制图像到输出设备的信息，也就是说，如果要在输出设备上绘制图形，就必须获取当前的图形上下文。

8.2.1 绘制线条

〖步骤1〗 在 Xcode 中新建一个项目，使用 Single View Application 模板，**需要注意的是**，绘图的工作全部是在 UIView 中进行的，也就是说还需要创建一个父类是 UIView 的类 DrawView，然后在 DrawView 的 draw 方法中绘制线条。

DrawView 类创建完成后，在 viewController 中对其进行初始化，设置它在视图中的位置。代码如下。

```
-----------DrawView.m-------------
1.   #import "ViewController.h"
2.   #import "DrawView.h"
3.   @interface ViewController ()
4.   @end
5.   @implementation ViewController
6.   - (void)viewDidLoad {
7.       [super viewDidLoad];
8.       // Do any additional setup after loading the view, typically from a nib.
9.       DrawView *drawView = [[DrawView alloc]initWithFrame:CGRectMake(20, 20, 280, 300)];
10.      drawView.backgroundColor = [UIColor grayColor];
11.      [self.view addSubview:drawView];
12.  }
```

将 DrawView 实例的大小设置为 280px*300px，背景色为灰色，然后在 DrawView 类的 drawRect 方法中绘制线条。绘制线条的步骤如下：

① 获取图形上下文；
② 设置起点；
③ 设置终点；
④ 渲染连线。

〖步骤2〗 在渲染前，还可以设置线条的线型、颜色等属性。代码如下。

```
-----------DrawView.m-------------
1.   #import "DrawView.h"
2.   @implementation DrawView
3.   - (void)drawRect:(CGRect)rect {
4.       //获取图形上下文
5.       CGContextRef contextRef = UIGraphicsGetCurrentContext();
6.       //设置线条起点
7.       CGContextMoveToPoint(contextRef, 20, 20);
8.       //设置线条终点
```

```
9.    CGContextAddLineToPoint(contextRef, 240, 240);
10.   //渲染线条
11.   CGContextStrokePath(contextRef);
12. }
13. @end
```

首先获取图形上下文，然后通过图形上下文设置线条起点，坐标为（20, 20），然后设置终点为（240, 240），最后进行渲染，即完全按照在前面所讲的绘图步骤来执行。运行模拟器，可以看到最后的效果如图 8-2 所示。

〖**步骤 3**〗 这里还可以设置线条的线型和颜色，分别通过 CGContextSetLineWidth 和 CGContextSetRGBStrokeColor 方法进行设置。在 drawRect 方法中添加如下加粗的两行代码即可。

```
14. - (void)drawRect:(CGRect)rect {
15.   //获取图形上下文
16.   CGContextRef contextRef = UIGraphicsGetCurrentContext();
17.   //设置线型
18.   CGContextSetLineWidth(contextRef, 5);
19.   //设置颜色
20.   CGContextSetRGBStrokeColor(contextRef, 1, 1, 0.5, 1);
21.   //设置线条起点
22.   CGContextMoveToPoint(contextRef, 20, 20);
23.   //设置线条终点
24.   CGContextAddLineToPoint(contextRef, 240, 240);
25.   //渲染线条
26.   CGContextStrokePath(contextRef);
27. }
```

〖**步骤 4**〗 运行模拟器，可以看到最后修改的线条如图 8-3 所示。

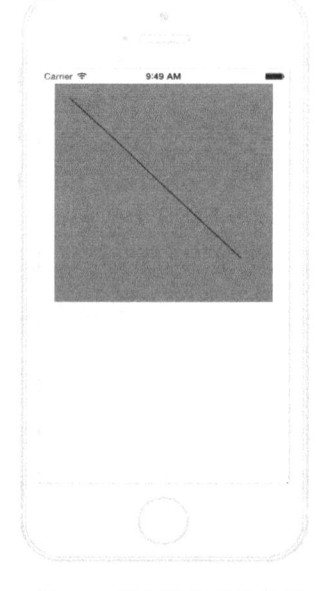

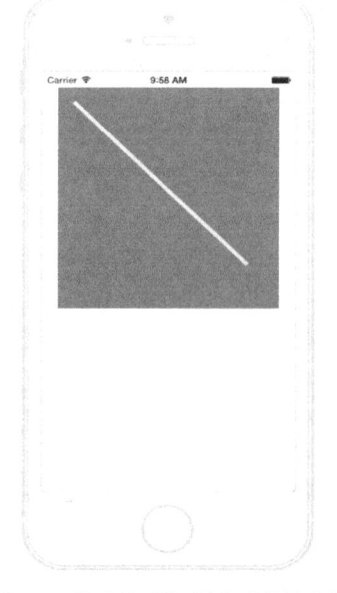

图 8-2 绘制线条最终效果　　　　图 8-3 修改线型与颜色后的线条效果

现在画布（视图）中只绘制了一根线条，那么能画多根线条吗？能将它们连成一个图形吗？答案是肯定的。

〖**步骤 5**〗 现在就在这根线条的基础上，再绘制一根线条，调用两次 CGContextAddLineToPoint 方法，并设置坐标即可。代码如下。

```
28.  - (void)drawRect:(CGRect)rect {
29.      //获取图形上下文
30.      CGContextRef contextRef = UIGraphicsGetCurrentContext();
31.      //设置线型
32.      CGContextSetLineWidth(contextRef, 5);
33.      //设置颜色
34.      CGContextSetRGBStrokeColor(contextRef, 1, 1, 0.5, 1);
35.      //设置线条起点
36.      CGContextMoveToPoint(contextRef, 20, 20);
37.      //设置线条节点
38.      CGContextAddLineToPoint(contextRef, 240, 240);
39.      //设置线条节点
40.      CGContextAddLineToPoint(contextRef, 240, 280);
41.      //设置线条重点
42.      CGContextAddLineToPoint(contextRef, 20, 280);
43.      //渲染线条
44.      CGContextStrokePath(contextRef);
45.  }
```

〖**步骤 6**〗 运行模拟器，可以看到最后的 3 根线条绘制效果如图 8-4 所示。

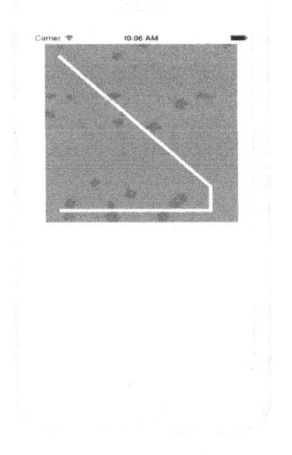

图 8-4　绘制多根线条效果图

8.2.2　绘制矩形

矩形的绘制一般可以通过以下 4 种方法来实现：
（1）通过连接固定点来绘制；
（2）指定起点和宽度、高度绘制；

(3)填充实心矩形（没有空心绘制方法）；

(4)设置线条粗细，绘制斜矩形。

在上一节中，其实已经实现了第一个和第四个方法，接下来通过第二和第三个方法来实现矩形的绘制。

• **指定起点和宽度、高度来绘制**

直接调用 CGContextAddRect 方法绘制矩形，重写 drawRect 方法。代码如下。

```
1.  - (void)drawRect:(CGRect)rect {
2.      //获取图形上下文
3.      CGContextRef contextRef = UIGraphicsGetCurrentContext();
4.      //指定矩形起点与宽度、高度
5.      CGContextAddRect(contextRef, CGRectMake(20, 20, 120, 40));
6.      //设置矩形颜色
7.      CGContextSetRGBStrokeColor(contextRef, 0.7, 1, 0.2, 1);
8.      CGContextStrokePath(contextRef);
9.  }
10. @end
```

运行模拟器，可以看到最后的矩形绘制效果如图 8-5 所示。

• **填充实心矩形**

下面是绘制实心矩形的方法，重写 drawRect 方法。代码如下。

```
11. - (void)drawRect:(CGRect)rect {
12.     //获取图形上下文
13.     CGContextRef contextRef = UIGraphicsGetCurrentContext();
14.     //填充实心矩形
15.     UIRectFill(CGRectMake(20, 20, 140, 80));
16.     CGContextStrokePath(contextRef);
17. }
```

运行模拟器，可以看到填充效果如图 8-6 所示，在这里没有对它的颜色进行设置，而仅仅用黑色进行了填充。

图 8-5　用 AddRect 方法矩形绘制效果　　图 8-6　用 FillRect 方法填充矩形效果

8.2.3 绘制圆形

绘制圆形是通过 CGPathAddEllipseInRect 方法进行的，即设置圆形的起点及半径，通过对长半径与短半径的设置可以绘制椭圆与圆。

下面重写 drawRect 方法绘制椭圆与圆。代码如下。

```
1.  - (void)drawRect:(CGRect)rect {
2.      //获取图形上下文
3.      CGContextRef contextRef = UIGraphicsGetCurrentContext();
4.      //创建path线条路径
5.      CGMutablePathRef pathRef = CGPathCreateMutable();
6.      //设置线条颜色
7.      CGContextSetRGBStrokeColor(contextRef, 0.4, 0.3, 0.9, 1);
8.      //绘制圆形
9.      CGPathAddEllipseInRect(pathRef, NULL, CGRectMake(10, 20, 100, 110));
10.     //将圆形添加到图形上下文中
11.     CGContextAddPath(contextRef, pathRef);
12.     //渲染图形
13.     CGContextStrokePath(contextRef);
14. }
```

这里与绘制线条不同的是，绘制圆形时调用了 CGPathAddEllipseInRect 这个 CGPath 路径的方法，所以在获取图形上下文的同时，还需要创建一个 path 路径，用于保存绘制的路径。前面绘制线条之所以不需要创建 path 路径，是因为调用的是 CGContext 图形上下文的方法，而这里调用的是 CGPath 路径方法，读者应注意区别。

运行模拟器，可以看到一个半径为 100px 的圆形已经绘制完成，如图 8-7 所示。

修改圆形的长半径与短半径可以绘制椭圆，例如修改长半径为 100px，短半径为 50px，绘制一个椭圆，如图 8-8 所示。

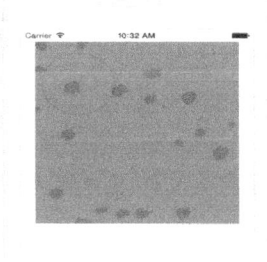

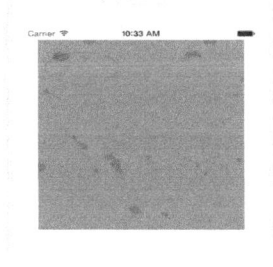

图 8-7 圆形绘制效果   图 8-8 椭圆绘制效果

8.3 iOS 动画

在 iOS 应用中，动画效果的功能也非常强大，能够实现视图之间切换的动画效果、视图本身的动态显示效果，还可以实现一些视图的层动画。

在 iOS 中实现动画效果的方法以下有 3 种：

（1）UIView 动画。UIView 动画是最基本也是最常用的动画效果实现方法，它主要通过改变 UIView 的属性来实现动画的效果。

（2）CATransition 动画。系统为用户定制了几种用于页面之间切换的动画效果，用户直接调用即可。它是在 QuartZCore.framework 框架的基础上实现的动画效果，使用之前要将 QuartZCore.framework 框架导入到工程中。

（3）CoreAnimation 动画。CoreAnimation 动画是 iOS 动画的核心，它也是在 QuartZCore.framework 框架的基础上实现的动画效果，功能非常强大。如果结合 CoreGraphic.framework 框架中的绘图功能，会使动画的效果更加精致。

那么在本节的内容中将带读者一起来学习如何在自己的应用中加入一些效果精致的动画。

8.3.1 UIView 动画效果的实现

UIView 动画效果是 iOS 中比较简单的动画效果，它主要是通过 view 视图相关属性的变化来实现相应的动画效果的，例如视图大小、位置的改变、视图透明度的改变等。下面列出了在 UIView 中用于产生动画效果的属性：

- frame：使用这个属性可以以动画方式改变视图的尺寸和位置；
- bounds：使用这个属性可以以动画方式改变视图的尺寸；
- center：使用这个属性可以以动画方式改变视图的位置；
- transform：使用这个属性可以翻转或者缩放视图；
- alpha：使用这个属性可以改变视图的背景颜色；
- contentStretch：使用这个属性可以改变视图如何拉伸。

接下来，通过一个小 Demo，改变 UIView 视图中的相关属性，实现一个简单的动画效果。

〖步骤1〗 在 Xcode 中新建一个 Single View Application 项目模板，接下来将 UIView Controller 的实例设置为应用的根视图控制器，注意要将头文件添加到 AppDelegate.m 文件中。

```
#import "AppDelegate.h"
#import "ViewController.h"
```

对于前面内容的学习，相信设置根视图控制器的方法读者已经非常熟悉了。代码如下。

```
1.   ViewController *vc = [[ViewController alloc]init];
2.   self.window.rootViewController = vc;
3.   [vc release];
```

其实可以将以上 3 行代码合并成一行，之所以在前面的内容中都写成 3 行，是因为想让读者了解创建根视图控制器的详细过程。

"self.window.rootViewController = [[[ViewController alloc]init]autorelease];" 便是将 3 行

代码合并成了一行代码，效果与原来是一样的，这样写会使代码更加简洁。

〖步骤 2〗 下一步就可以在视图控制器文件 BViewController.m 中添加一个 UIView 视图实例和一个按钮，用于实现动画的效果。因为视图实例在后面的代理方法和按钮单击事件中要使用，为了方便，在.h 文件中定义一个 UIView 视图的全局变量。代码如下。

```
4.  @interface ViewController : UIViewController
5.  {
6.      UIView *myView;
7.  }
```

回到 ViewController.m 文件中，在 viewDidLoad 方法中定义 UIView 和 UIButton 实例。代码如下。

```
8.  - (void)viewDidLoad
9.  {
10.     [super viewDidLoad];
11.     myView = [[UIView alloc]initWithFrame:CGRectMake(60, 150, 200, 200)];
12.     myView.backgroundColor = [UIColor cyanColor];
13.     [self.view addSubview:myView];
14.     [myView release];
15.     UIButton *button = [UIButton buttonWithType: UIButtonTypeRoundedRect];
16.     [button setTitle:@"Change" forState:UIControlStateNormal];
17.     button.frame = CGRectMake(130, 40, 60, 40);
18.     [button addTarget:self action:@selector(startAnimation) forControlEvents:UIControlEventTouchUpInside];
19.     [self.view addSubview:button];
20. }
```

在 UIView 动画中，实现动画的基本语句如下。

```
[UIView beginAnimations:@"animation1" context:nil];
/……/
[UIView commitAnimations];
```

〖步骤 3〗 这两条语句分别标识了动画效果的开始和结束，在语句之间，可以设置 UIView 的属性。下面要实现的效果是单击按钮之后，视图会慢慢地消失，视图在窗口中的位置也会慢慢下移。例如在 PPT 幻灯片效果中的渐隐消失的效果，就可以通过改变 UIView 实例的 alpha 属性和 view.frame.origin.y 属性的值来实现。

```
21. - (void)startAnimation
22. {
23.     [UIView beginAnimations:@"animation1" context:nil];
24.     [UIView setAnimationDuration:2.0f];
25.     CGRect myFrame = myView.frame;
26.     myFrame.origin.y = 300;
27.     myView.frame = myFrame;
28.     myView.alpha = 0;
29.     [UIView commitAnimations];
30. }
```

beginAnimations 方法中带了两个参数，第一个参数的含义是定义这个动画的名称，而第二个参数的含义是一个附加的动画信息。在 UIView 动画中提供了两个代理方法，分别是开始动画和停止动画的代理方法，通过设置 context 参数的值可以帮助代理方法的实现。这两个参数的默认值为 nil。

setAnimationDuration 方法的含义则是设置动画的持续时间，返回的是一个 float 类型的数据。接下来将 UIView 实例的 frame.origin.y 的值和 alpha 值进行了修改，以达到改变 UIView 相关属性的效果。最后提醒读者别忘记调用 commitAnimations 方法。

〖**步骤 4**〗 构建并运行，可以看到最后的效果如图 8-9 所示。

图 8-9 UIView 简单动画效果

当单击 "change" 按钮之后，天蓝色背景的视图会向下慢慢地移动，而且透明度值会慢慢降低，到最后完全消失不见。

在前面的内容中，提到了 UIView 动画中提供了以下两个代理方法：
- + (void)setAnimationWillStartSelector:(SEL)selector;
- + (void)setAnimationDidStopSelector:(SEL)selector;

第二个方法使用得比较多，当用户设置的动画效果执行完毕后，它就会调用这个代理方法去实现其他的效果。如果要使用这两个代理方法，则需要设置 UIView 的代理为 self。代码如下。

```
[UIView setAnimationDelegate:self];
```

〖**步骤 5**〗 在设置完代理之后，将使用 setAnimationDidStopSelector 这个代理方法，让视图在消失之后重新显示在原来窗口中的位置。同时还可以改变原有视图实例的颜色。代码如下。

```
31.  - (void)startAnimation
32.  {
```

```
33.    [UIView beginAnimations:@"animation1" context:nil];
34.    [UIView setAnimationDuration:2.0f];
35.    [UIView setAnimationDelegate:self];
36.    [UIView setAnimationDidStopSelector:@selector(StopAnimation)];
37.    CGRect myFrame = myView.frame;
38.    myFrame.origin.y = 300;
39.    myView.frame = myFrame;
40.    myView.alpha = 0;
41.    [UIView commitAnimations];
42. }
```

〖步骤6〗 接下来实现 StopAnimation 方法。代码如下。

```
43. - (void)StopAnimation
44. {
45.    [UIView beginAnimations:@"animation2" context:nil];
46.    [UIView setAnimationDuration:2.0f];
47.    CGRect myFrame = myView.frame;
48.    myFrame.origin.y = 150;
49.    myView.backgroundColor = [UIColor redColor];
50.    myView.frame = myFrame;
51.    myView.alpha = 1;
52.    [UIView commitAnimations];
53. }
```

〖步骤7〗 将 Y 轴的坐标和 alpha 值都设置为实现动画效果之前的值,让整个 UIView 回到原来的状态。构建并运行,可以看到最后的效果如图 8-10 所示。

图 8-10 添加结束动画代理方法后的 UIView 动画效果

〖**步骤 8**〗 UIView 中还有一个很重要的属性 transform，它属于 CGAffineTransform 结构体，这个结构体提供了许多种动画效果，例如旋转、移动、改变大小等。下面就在上述代码的基础上，添加一个 UIView 缩放的动画效果。

```
54. - (void)startAnimation
55. {
56.     /……/
57.     myView.transform = CGAffineTransformScale(myView.transform, 0.5, 0.5);
58.     [UIView commitAnimations];
59. }
```

改变大小方法中的 3 个参数分别代表视图原来的大小：transform 的默认值是 CGAffineTransformIdentity，即原视图大小；第 2 和第 3 个参数代表着变形之后视图大小的 X 和 Y 坐标值。然后在 StopAnimation 方法中使形状变回到原来的大小，添加下面一行代码即可。

myView.transform = CGAffineTransformIdentity;

〖**步骤 9**〗 构建并运行，可以看到最后的效果如图 8-11 所示。

图 8-11 添加缩放功能后的 UIView 动画效果

8.3.2 CATransition 动画效果的实现

1. CALayer 类

在学习如何用 CATransition 实现动画效果之前，首先要来学习一个与 UIView 同样重要的类——CALayer。打开官方文档，可以看到 CALayer 类也是继承于 NSObject 类，但是相对于 UIView 而言，它并没有继承 UIResponder 类，因此可以知道 CALayer 类并不能和 UIView 类一样响应用户的事件。

那么，有的读者就会有疑问，CALayer 是什么？有什么作用呢？其实 CALayer 类的主要功能是用于绘制图形内容，而且可以对绘制的内容进行动画方式的处理，同时通过 UIView 来显示动画的效果，但是并不能处理任何用户事件。那么读者又会有疑问了，UIView 不是也能绘制内容吗？其实这个观点不完全是正确的，准确来说是 CALayer 类绘制内容，而通过 UIView 类来显示，只是如果不需要使用动画效果时，CALayer 使用的机会就不是很多，所以大多数用户都认为 UIView 可以用来绘制内容。

CALayer 类的本质是一块包含一幅位图（bitmap）的缓冲区。最后可以得出结论，UIView 来源于 CALayer，但是高于 CALayer，因为它能对用户的事件进行响应，UIView 是 CALayer 高层的实现与封装。两者是相互依赖的关系，UIView 的所有特性都来源于 CALayer 的支持。

每一个 view 中都自带一个 layer 层，与 UIView 一样，CALayer 还可以定义子层。

下面列出了 layer 的一些常用属性。

- CornerRadius：圆角
- ShadowColor：层阴影颜色
- ShadowOffset：层阴影距离
- ShadowOpacity、ShadowRadius：层阴影模糊程度
- BorderColor：层边颜色
- BorderWidth：层边粗细

接下来完成一个类似头像框的例子，它的边框是带有阴影的圆角矩形，以渐显的方式显示，5 秒钟之后头像显示完毕。

〖步骤1〗 通过 CALayer 类来实现这个功能。在 myView 实例上添加相应的层。代码如下。

在前面提到过，要使用 CALayer 类，则先要在项目中导入 QuartzCore.framework，然后将它的头文件导入到导航控制器的.h 文件中。代码如下。

```
1.  #import <UIKit/UIKit.h>
2.  #import <QuartzCore/QuartzCore.h>
```

首先在 viewDidLoad 方法中设置 myView 本身 layer 层的属性。代码如下。

```
3.  myView.layer.backgroundColor = [UIColor grayColor].CGColor;
4.  myView.layer.cornerRadius = 20.0f;
```

然后在 myView.layer 层上再添加一个子层，设置好它的边框属性，如圆角矩形、阴影颜色、阴影区域大小等。代码如下。

```
5.  CALayer *sublayer =[CALayer layer];
6.  sublayer.backgroundColor =[UIColor blueColor].CGColor;
7.  sublayer.shadowOffset = CGSizeMake(0, 3);
8.  sublayer.shadowRadius =5.0;
9.  sublayer.shadowColor =[UIColor blackColor].CGColor;
10. sublayer.shadowOpacity =0.8;
11. sublayer.frame = CGRectMake(60, 150, 200, 200);
12. sublayer.borderColor =[UIColor blackColor].CGColor;
13. sublayer.borderWidth =2.0;
14. sublayer.cornerRadius =10.0;
15. [self.view.layer addSublayer:sublayer];
```

有的读者会有疑问，为什么每次在设置颜色后面都要加一个".CGColor"？可以将这个.CGColor 语句删除，此时会出现一条警告语句，提示这两种颜色 UIColor 和 CGColor 不

是一个类型，因为 CALayer 设置颜色时是使用 CGColor 类而不是 UIColor 类，所以在设置层 layer 颜色属性时要做一个类型的转换。

〖步骤 2〗 在 sublayer 子层上再添加一个用于显示头像图片的子层。先将头像图片导入到项目中。代码如下。

```
16. CALayer *imageLayer =[CALayer layer];
17. imageLayer.frame = sublayer.bounds;
18. imageLayer.cornerRadius =10.0;
19. imageLayer.contents =(id)[UIImage imageNamed:@"us.jpg"].CGImage;
20. imageLayer.masksToBounds =YES;
21. [sublayer addSublayer:imageLayer];
```

〖步骤 3〗 构建并运行，可以看到最终图片显示的效果如图 8-12 所示。

其中 masksToBounds 这个属性在前面的章节中也介绍过，它的作用是使当前视图或层隐藏超出的部分。可以将 masksToBounds 属性设置为 NO，再来查看最后的效果，如图 8-13 所示。

图 8-12 通过 CALayer 类显示图片　　图 8-13 masksToBounds 属性设置为 NO 时的效果

仔细观察，还是可以看到层的边框部分超出了图片层，这样就影响了整体的美观，所以大部分情况下，我们都要将 masksToBounds 属性设置为 YES。

2. CABasicAnimation 动画效果

CABasicAnimation 类提供了属性变化的动画效果，它继承于 CAPropertyAnimation 类。当使用 CABasicAnimation 来创建动画时，需要通过"-setFromValue"和"-setToValue"来指定一个开始值和结束值。当将 CABasicAnimation 效果添加到相应的层中时，它就开始运行。

常用设置的属性如下。

- transform.scale：比例转换
- transform.scale.x：X 轴的比例变换
- transform.scale.y：Y 轴的比例变换

- transform.rotation.z：平面图的旋转
- opacity：透明度

〖**步骤 4**〗 在初始化动画时是通过 animationWithKeyPath 键值对的方法来设置动画的效果的。例如现在在头像图片层的基础上添加一个改变透明度属性的动画，以达到图片渐显的效果。代码如下。

```
22. CABasicAnimation *fader = [CABasicAnimation animationWithKeyPath:@"opacity"];
23. [fader setDuration:3.0];
24. [fader setFromValue:[NSNumber numberWithFloat:0.0]];
25. [imageLayer addAnimation:fader forKey:@"Fade"];
```

以上通过 setDuration 属性设置动画的持续时间为 3 秒，然后让动画开始时的透明度为 0，这里没有设置 setToValue 属性，则它的默认值就是图片原来的透明度值。最后，将 fader 动画效果添加到 imageLayer 图片层上。构建并运行，可以看到最后的效果如图 8-14 所示。

此外还可以设置一个层旋转的动画效果，就是对 transform.rotation 键值对进行设置。代码如下。

```
26. CABasicAnimation *spin = [CABasicAnimation animationWithKeyPath:@"transform.rotation"];
27. [spin setToValue:[NSNumber numberWithFloat:M_PI * 2.0]];
28. [spin setDuration:1.5];
29. [self.view.layer addAnimation:spin forKey:@"spinAnimation"];
```

注意，在将动画添加到层上时，如果是添加在父类层上，那么在父类层中所有的子层都会实现该动画效果，例如现在将动画添加在 self.view.layer 上，那么这个 layer 上的两个子层都会跟着父类层进行旋转。

〖**步骤 5**〗 构建并运行，可以看到最后的效果如图 8-15 所示。

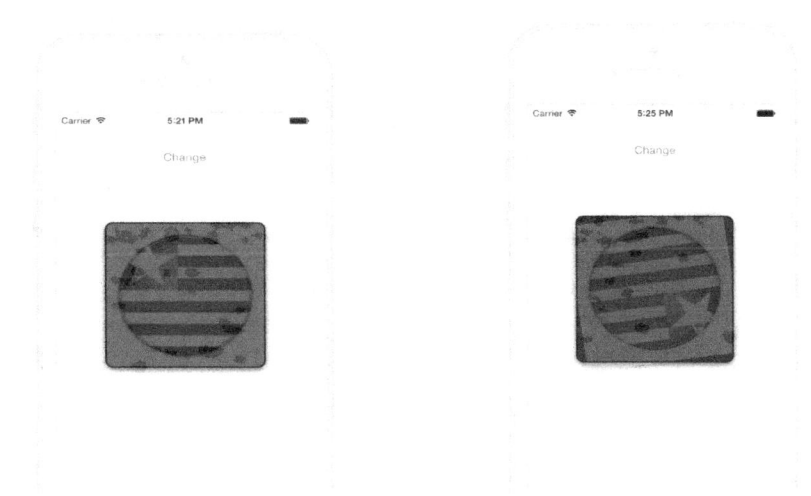

图 8-14 CABasicAnimation 渐显动画效果　　图 8-15 CABasicAnimation 旋转动画效果

通过 CABasicAnimation 类来实现动画是不是很方便，也很简单呢？当然，还可以利用许多其他的属性来设置动画，感兴趣的读者可以自己去实现。

3. 页面切换或翻转效果实现

有两种方法可以实现页面切换或翻转的动画效果，一种是 UIView 视图的页面切换效果；另一种则是通过 CATransition 实现动画的效果。接下来将介绍这两种实现页面翻转的动画效果。

· UIView 页面切换动画效果

要实现 UIView 页面切换的效果，有一个前提条件，根视图至少需要 2 个子视图，所以在实现动画之前，需要在视图上创建 2 个子视图。

〖步骤 1〗 在 Xcode 中新建一个 Single View Application 项目模板，然后新建一个 UIViewController 视图控制器文件，并将视图控制器实例设置为根视图控制器，对于这些方法、步骤读者应该都很熟悉了。代码如下。

```
1.   #import "AppDelegate.h"
2.   #import "ViewController.h"
3.   - (BOOL)application:(UIApplication *)application didFinishLaunchingWithOptions:(NSDictionary *)launchOptions
4.   {
5.       self.window = [[[UIWindow alloc] initWithFrame:[[UIScreen mainScreen] bounds]] autorelease];
6.       // Override point for customization after application launch.
7.       self.window.backgroundColor = [UIColor whiteColor];
8.       [self.window makeKeyAndVisible];
9.       self.window.rootViewController = [[[ViewController alloc]init]autorelease];
10.      return YES;
11.  }
```

〖步骤 2〗 在 ViewController.m 文件中再创建两个视图实例和一个按钮，以实现页面翻转的效果。代码如下。

```
12.  - (void)viewDidLoad
13.  {
14.      [super viewDidLoad];
15.      // Do any additional setup after loading the view.
16.      UIView *view1 = [[UIView alloc]initWithFrame:[UIScreen mainScreen].bounds];
17.      view1.backgroundColor = [UIColor yellowColor];
18.      [self.view addSubview:view1];
19.      [view1 release];
20.      UIView *view2 = [[UIView alloc]initWithFrame:[UIScreen mainScreen].bounds];
21.      view2.backgroundColor = [UIColor cyanColor];
22.      [self.view addSubview:view2];
```

```
23.     [view2 release];
24.     UIButton *button = [UIButton buttonWithType:UIButtonTypeRoundedRect];
25.     [button setTitle:@"页面切换" forState:UIControlStateNormal];
26.     button.frame = CGRectMake(120, 140, 100, 40);
27.     [button addTarget:self action:@selector(change)   forControlEvents:UIControlEventTouchUpInside];
28.     [self.view addSubview:button];
29. }
```

〖**步骤3**〗 接下来为按钮添加单击事件，实现页面切换的动画效果。代码如下。

```
30. - (void)change
31. {
32.     //标志动画块开始
33.     [UIView beginAnimations:@"animation" context:nil];
34.     [UIView setAnimationDuration:1.0f];
35.     //设置动画的速率
36.     [UIView setAnimationDelay:1];
37.     [UIView setAnimationCurve:UIViewAnimationCurveEaseInOut];
38.     [UIView setAnimationTransition:UIViewAnimationTransitionFlipFromRight forView:self.view cache:YES];
39.     [self.view exchangeSubviewAtIndex:1 withSubviewAtIndex:0];
40.     //标志动画块结束
41.     [UIView commitAnimations];
42. }
```

以上在实现动画效果的代码中，setAnimationCurve 方法是用来设置动画实现的快慢速度的，例如 UIViewAnimationCurveEaseInOut 表示动画实现得很平和，而 UIViewAnimationCurveEaseIn 表示动画在开始时很平和，在结束时则运动得比较快。

setAnimationTransition 方法则是设置动画的效果，系统提供了4种页面翻转的效果，分别是：

- UIViewAnimationTransitionFlipFromLeft 向左翻动
- UIViewAnimationTransitionFlipFromRight 向右翻动
- UIViewAnimationTransitionCurlUp 向上翻页
- UIViewAnimationTransitionCurlDown 向下翻页

"self.view exchangeSubviewAtIndex:1 withSubviewAtIndex:0];" 这行代码则是用于实现两个子视图的切换。构建并运行，可以看到最后的效果如图 8-16 所示。

· **CATransition 页面翻转动画效果**

CATransition 类继承于 CAAnimation 类，该类为用户提供了许多封装好了的精美的动画效果，只需要根据动画的名称进行相应的调用即可。CATransition 中也有两种实现方法，一种是通过 setType 方法；另一种则是通过 transition.type 和 transition.subtype 方法来实现。

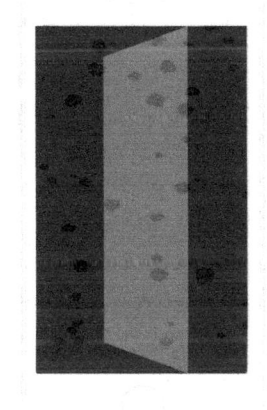

图 8-16 UIView 页面切换动画效果

在 setType 方法中,系统为用户封装了 9 种页面切换的动画效果,如表 8-2 所示。

表 8-2 CATransition 页面翻转动画效果表

动画名称	动画效果描述
cube	立方体效果
moveIn	移进
reveal	渐显
fade	渐隐
pageCurl	向上翻一页
pageUnCurl	向下翻一页
oglFlip	上下翻转效果
rippleEffect	滴水效果
suckEffect	收缩效果,如一块布被抽走

下面将通过 CATransition 来实现页面翻转的动画效果,看看与 UIView 实现的情况有什么不同。在使用 CATransition 类实现动画之前,同样地也要将 QuartzCore.framework 框架导入到项目工程中,并在.h 文件中导入相应的框架头文件。代码如下。

```
#import <QuartzCore/QuartzCore.h>
```

将 change 按钮中的实现代码做如下的修改。

```
43. - (void)change
44. {
45.     CATransition *transition = [CATransition animation];
46.     transition.duration = 1.0f;
47.     [transition setType:@"rippleEffect"];
48.     [self.view exchangeSubviewAtIndex:1 withSubviewAtIndex:0];
49.     [self.view.layer addAnimation:transition forKey:@"animation"];
50. }
```

构建并运行,可以看到最后的效果如图 8-17 所示。

而在 transition.type 和 transition.subtype 方法中,系统同样为用户提供了多种动画效果,分别如下。

- kCATransitionFade   淡出
- kCATransitionMoveIn 覆盖原图
- kCATransitionPush   推出
- kCATransitionReveal 底部显出来
- kCATransitionFromRight
- kCATransitionFromLeft
- kCATransitionFromTop

- kCATransitionFromBottom

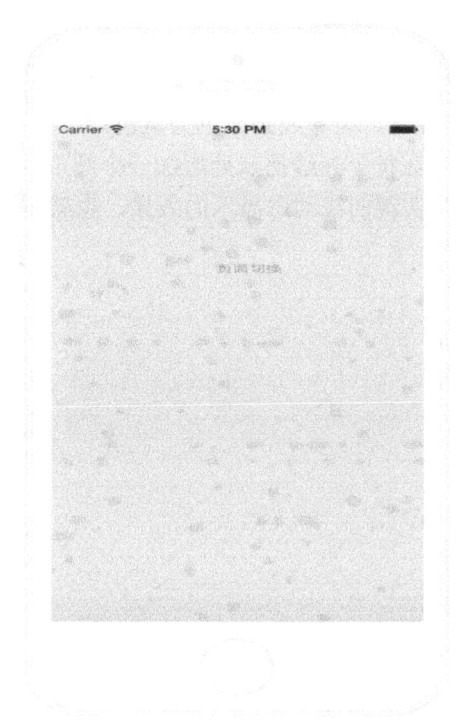

图 8-17　通过 CATransition 中 setType 方法设置页面切换动画

以上几种动画效果读者可以自己去实现，**这里要提一点比较重要的是**，如果同时设置了这 3 种动画效果，例如：

```
transition.type    = kCATransitionPush;
transition.subtype = kCATransitionFade;
[transition setType:@"rippleEffect"];
```

那么系统会使用哪一种动画效果呢？事实上，系统会使用最后的效果作为最终的动画效果，因此在上面的代码中，系统就会实现最后一种 rippleEffect 滴水效果作为最后的页面切换动画效果。**这一点需要读者注意**。其他的内容在实现上并没有什么难度，读者只需在使用时借助相应的文档去查看相应的动画效果即可。

本章小结

本章中主要讲解了通过 QuartzCore 框架绘制图形的方法，需要注意的图形上下文的使用，在使用 QuartzCore 框架前，需要设置图形上下文。然后讲解了 UIView 中的基本动画的实现，在视图的基础上，添加了渐显及位移动画，希望读者能够掌握基本的 UIView 动画实现的方法。

习题 8

1. 给出了 8 份高考成绩：534、573、512、452、345、312、256、573，请在视图中使用这 8 个点绘制出成绩波动曲线，设置线条颜色为蓝色。

2. 在第 1 题的基础上，在每个曲线拐点处增加一个圆形点，并标出具体的成绩。

3. 在前两题的基础上，实现曲线动态显示的效果，也就是使曲线从左到右慢慢地显示出来。

第 9 章 iOS 中的数据存储

数据存储在 App 开发中是非常重要的一个部分，有时我们需要将相应的数据存储到本地，或者从互联网下载相应的数据保存到 App，这些情景都需要运用 iOS 中的数据存储技术。在 iOS 中，也可以将其称为数据持久化。

【教学目标】
- ❖ 了解 iOS 中数据存储的基本方法
- ❖ 了解 iOS 中 SandBox 沙盒机制
- ❖ 掌握 SQLite 数据库的使用方法，包括创建、插入、查询等
- ❖ 了解网络资源获取的方法

9.1 数据存储的基本方式

9.1.1 数据存储基本方式介绍

iOS 提供本地存储和云存储（iCloud）方式，苹果公司提供的 iCloud 云存储共享技术已经非常成熟，有兴趣的读者可以去研究如何使用 iCloud 存储数据，并进行文件分享。在本书中，我们主要讲述本地存储方式。

本地存储主要涉及以下 5 种机制。
- 属性列表。可以将集合对象以键值对的形式读写到属性列表（plist）中。
- NSUserDefaults。它是轻量级的数据存储机制。
- 对象归档。可以将对象的状态保存到归档文件中。
- SQLite 数据库。轻量级开源嵌入式数据库，用于保存数据。
- Core Data。它是一种对象关系映射技术（ORM），也是基于 SQLite 存储的。

9.1.2 属性列表

在本节中，主要对属性列表进行讲解，其他内容将在后续的章节中进行详细介绍。

属性列表就是通过 plist 文件对数据进行存储，plist 其实是一种 XML 文件，在 Foundation 框架中的数组和字典等都可以与属性列表文件相互转换。打开一个属性列表 student.plist 文件查看文件结构，如图 9-1 所示。

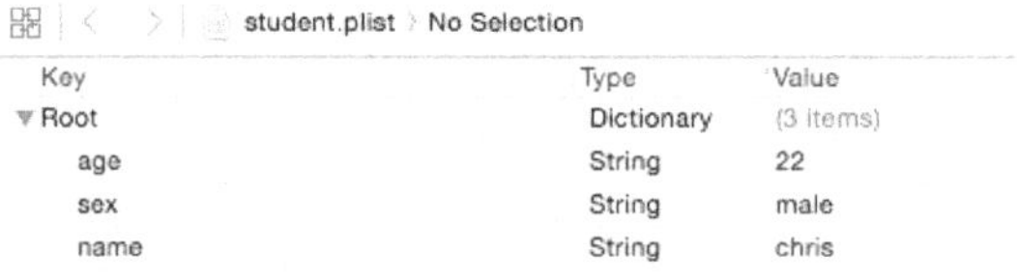

Key	Type	Value
▼ Root	Dictionary	(3 items)
age	String	22
sex	String	male
name	String	chris

图 9-1　"学生信息"属性列表文件结构图

在图 9-1 中，我们看到 area.plist 文件中有 3 个字段，分别是 key、type 和 value，分别代表存储数据的名称（key）、存储数据的类型（type）及与名称对应的值（value），这里我们使用的类型是 Dictionary 字典，可以使用 NSArray 数组。当我们需要读取相应数据时，只需要读取相应字段（key）的值（value）即可。下面我们通过一个例子来实现属性列表的数据存储。

〖步骤 1〗　在 XCode 中创建一个新工程，使用 Single View Application 模板，并创建一个 plist 文件，名称为 student.plist，创建过程如图 9-2 所示。

图 9-2　新建 Property List 文件对话框

创建完成后，我们在 StoryBoard（故事板）中，对视图进行布局，故事板相当于 XIB 文件，用于手动进行布局操作。在故事板中，我们可以对其进行设置，将"Use Auto Layout"选项去掉，如图 9-3 所示。

〖步骤 2〗　在 StoryBoard 中拖入 3 个 UITextField 文本输入框和两个按钮，用于保存数据和读取数据，如图 9-4 所示。

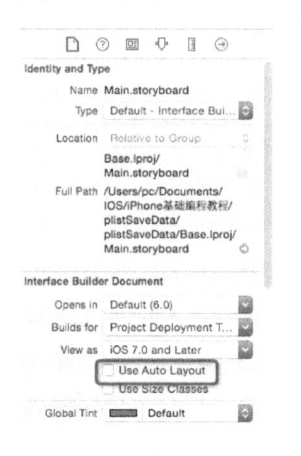

图 9-3　修改 StoryBoard 文件属性 　　　图 9-4　StoryBoard 界面布局

【步骤 3】 接下来，将 StoryBoard 中的控件与 viewController.h 文件链接起来，创建插座，如图 9-5 所示。

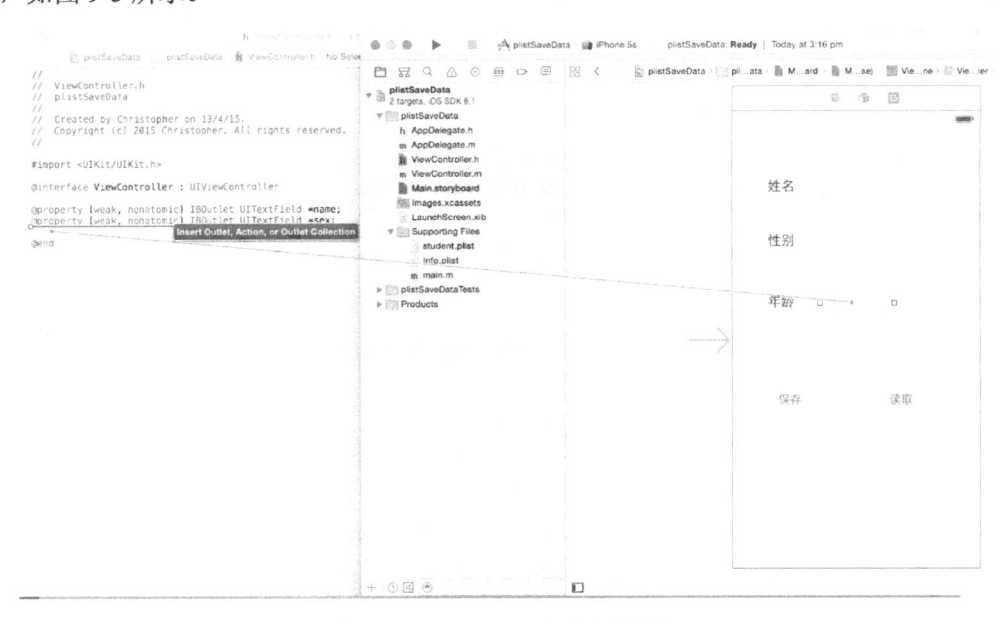

图 9-5　StoryBoard 与头文件链接

注意，UIButton 按钮的"connection"类型要选择"Action"，UITextField 的"connection"类型为"Outlet"。

【步骤 4】 链接完成后，我们就可以在.m 文件中对数据进行存储了。首先实现 saveData 按钮事件，单击以实现将数据数据保存到 plist 文件中的功能。代码如下。

```
1.   - (IBAction)saveData:(id)sender {
2.       NSLog(@"保存成功");
3.       //设置文件保存的路径
4.       NSArray *paths = NSSearchPathForDirectoriesInDomains(NSDocumentDirectory, NSUserDomainMask, YES);
5.       //获取 documents 的路径
6.       NSString *documentPath = [paths lastObject];
7.       //定义路径
8.       NSString *savePath = [documentPath stringByAppendingString:@"student.plist"];
9.       //获取用户输入内容，通过字典存储
10.      NSMutableDictionary *studentData = [[NSMutableDictionary alloc]init];
11.      //添加学生数据
12.      [studentData setObject:_name forKey:@"name"];
13.      [studentData setObject:_sex forKey:@"sex"];
14.      [studentData setObject:_age forKey:@"age"];
15.      //保存到文件
16.      [studentData writeToFile:savePath atomically:YES];
17.  }
```

以上是利用 NSSearchPathForDirectoriesInDomains 方法搜索沙盒文件目录，然后通过 stringByAppendingString 方法找到 student.plist 文件，接着通过可变字典添加数据，最后将字典写入到文件中。

〖**步骤 5**〗 读取用户输入内容的方法是，首先获取文件目录，然后使用字典存储内容，最后进行读取。代码如下。

```
18. - (IBAction)loadData:(id)sender {
19.     //设置文件保存的路径
20.     NSArray *paths = NSSearchPathForDirectoriesInDomains (NSDocumentDirectory, NSUserDomainMask, YES);
21.     //获取 documents 的路径
22.     NSString *documentPath = [paths lastObject];
23.     //定义路径
24.     NSString *savePath = [documentPath stringByAppendingPathComponent:@"student.plist"];
25.     //获取用户输入内容，通过字典存储
26.     NSMutableDictionary *readData = [NSMutableDictionary dictionaryWithContentsOfFile:savePath];
27.     NSLog(@"readData:%@",readData);
28.     _name = [readData objectForKey:@"name"];
29.     _sex = [readData objectForKey:@"sex"];
30.     _age = [readData objectForKey:@"age"];
31. }
```

在保存文件时，我们可以注意到控制台输出了文件位置，控制台输出结果如下：

/Users/pc/Library/Developer/CoreSimulator/Devices/99B39655-17EB-4F78-98BF-B43FB01D1A29/data/Containers/Data/Application/3AA2455E-6861-4390-944E-A85B5073A400/Documents/student.plist

这就是保存在沙盒目录下的文件路径，关于沙盒机制我们将在下一节中详细讲解。

9.2 沙盒（SandBox）和归档（Archive）

9.2.1 沙盒机制

与 Windows 操作系统不同，Mac 操作提供了一种沙盒（SandBox）机制，它在安全方面的等级更高。沙盒中存放了 iOS 的各个 App，每个 App 是独立存储的，且 App 之间的数据是不能共享的，如果要使用其他 App 的数据，那么需要一些特殊的 API 进行访问。

Mac 中的沙盒目录为~Library/Application Support/iPhone Simulator/6.0/Applications，我们在 "Finder" 文件管理器中找到该目录，可以使用 "Command+Shift+G" 按键快速进入文件。任意进入到一个 App 中，我们看到沙盒目录下有 3 个子文件夹，如图 9-6 所示。

图 9-6　沙盒文件管理

我们访问的 NSBundle 类就是沙盒目录下的包，也就是在图 9-6 中的 "WhereAmI"，即运行程序，此时它处于不可使用的状态，因为它是 iOS 程序，因此不能在 Mac 下运行。

每个应用都有如图 9-6 所示的 3 个文件夹，那么这 3 个文件夹各代表什么含义呢？以下将进一步讲解。

1. Documents 目录

该目录用于存放本 App 所有的资源文件和数据文件，当打开文件夹后，可以看到应用程序所有的文件和图片资源都存放在其中。

获取目录位置的代码如下。

```
NSArray *documentPath = NSSearchPathForDirectoriesInDomains (NSDocumentDirectory,NSUserDomainMask,YES)
```

其中 documentPath 是只有一个元素的数组，然后我们可以使用如下代码将路径取出。

```
NSString *myDocumentPath = [documentPath lastObject]
```

或者

```
NSString *myDocumentPath = [documentPath objectAtIndex:0]
```

2. Library 目录

在 Library 目录下存放了 Preferences 和 Caches 目录，前者存放了应用程序的偏好设置数据，例如本地化、国际化偏好设置数据，后者存放了缓存数据。

3. tmp 目录

该目录是临时文件目录，用户可以访问，但是不能进行 iTunes 和 iCloud 的备份。可以使用以下代码获取临时目录的路径。

```
NSString *temDir = NSTemporaryDirectory()
```

9.2.2　归档

归档的含义就是指将对象写入文件并保存在硬盘中，当再次打开应用程序时，可以还原这些对象,以达到数据存储的功能。归档也可以称为对象序列化和对象持久化。

与属性列表不同的是,归档后的数据是加密的,即我们看不到数据具体的内容。下面我们通过一个实例来了解如何进行数据归档。

〖**步骤1**〗 在 Xcode 中新建项目,使用 Command Line Tool 命令行应用程序。

归档前,我们定义一个数组对象,并初始化一些数据,然后定义一个文件路径,用于保存归档后的文件。代码如下。

```
1.  #import <Foundation/Foundation.h>
2.  int main(int argc, const char * argv[]) {
3.      @autoreleasepool {
4.          NSArray *dataArray = [NSArray arrayWithObjects:@"Jack",@"Rose",@"Mike", nil];
5.          NSString *filePath = [NSHomeDirectory() stringByAppendingPathComponent:@"array.archive"];
6.          BOOL success = [NSArchiver archiveRootObject:dataArray toFile:filePath];
7.          if (success) {
8.              NSLog(@"归档成功!");
9.          }
10.     }
11.     return 0;
12. }
```

注意,以上文件的格式是随意定义的,在这里只是表示一个形式,没有规定的格式。最后使用 archiveRootObject 方法进行对象归档,它的返回值是布尔类型,因此我们定义了一个 BOOL 类型的变量。

〖**步骤2**〗 运行项目后,可以找到文件目录,看到归档的文件如图 9-7 所示。

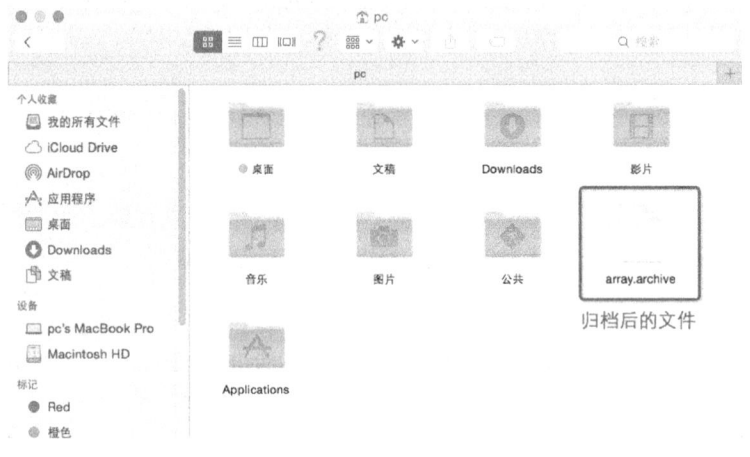

图 9-7 归档后的文件

在前面提到过,因为归档后的文件是加密保存的,我们看到的都是经过加密处理的数据,所以当要读取文件内容时,需要进行解归档操作。

〖**步骤3**〗 重写 main 方法,因为归档的是数组对象,所以解归档时也要使用数组对象来接收解归档的数据。代码如下。

```
13. #import <Foundation/Foundation.h>
14. int main(int argc, const char * argv[]) {
15.     @autoreleasepool {
16.         NSString *filePath = [NSHomeDirectory() stringByAppendingPathComponent:@"array.archive"];
17.         NSArray *array = [NSUnarchiver unarchiveObjectWithFile:filePath];
18.         NSLog(@"array:%@",array);
19.     }
20.     return 0;
21. }
```

〖步骤4〗 运行模拟器，可以看到控制台输出结果如下所示。

```
array:(
    Jack,
    Rose,
    Mike
)
```

这种解归档的方式有许多缺点，例如一个对象只能归档一个文件，而且必须知道归档的类型。因此使用下面的方法来对多个对象进行归档，我们重写 main 方法。代码如下。

```
22. #import <Foundation/Foundation.h>
23. int main(int argc, const char * argv[]) {
24.     @autoreleasepool {
25.         NSArray *nameArray = [NSArray arrayWithObjects:@"Jack",@"Rose",@"Mike", nil];
26.         NSArray *teamArray = [NSArray arrayWithObjects:@"Arsenal",@"AC Milan", nil];
27.         NSString *filePath = [NSHomeDirectory() stringByAppendingPathComponent:@"array.text"];
28.         NSMutableData *data = [NSMutableData data];
29.         NSKeyedArchiver *archiver = [[NSKeyedArchiver alloc]initForWritingWithMutableData:data];
30.         [archiver encodeObject:nameArray forKey:@"name"];
31.         [archiver encodeObject:teamArray forKey:@"team"];
32.         [archiver finishEncoding];
33.         BOOL success = [data writeToFile:filePath atomically:YES];
34.         if (success) {
35.             NSLog(@"归档成功");
36.         }
37.     }
38.     return 0;
39. }
```

以上我们定义了两个数组对象，当然也可以定义多个，之后创建了 NSMutableData 实例，接着创建了 NSKeyedArchiver 实例，用于保存 data 实例中的内容，再将数组写入归档对象，最后结束归档。

〖**步骤 5**〗 运行项目，可以看到在目录下创建好了归档文件，如图 9-8 所示。

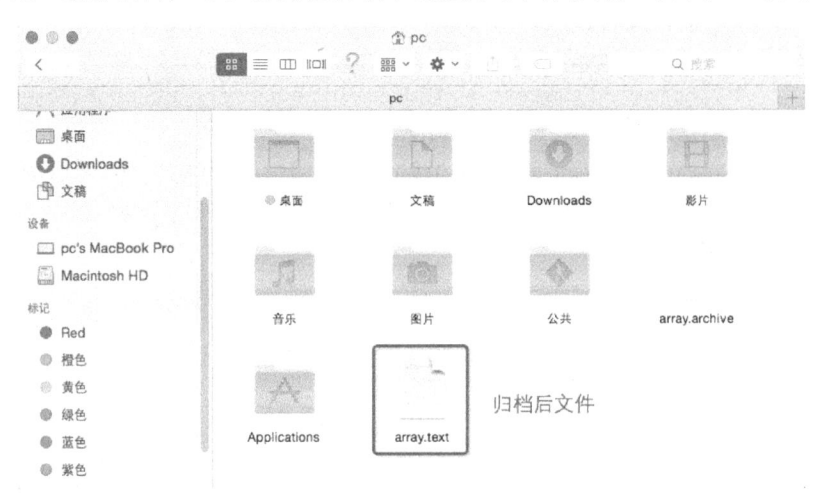

图 9-8 归档后的文件

当我们要读取数据时，需要进行解归档操作，这里和第一种方式也有一定的区别，我们需要创建一个 NSMutableData 实例，用于存储归档后的数据。因此重写 main 方法，代码如下。

```
40. #import <Foundation/Foundation.h>
41. int main(int argc, const char * argv[]) {
42.     @autoreleasepool {
43.         NSString *filePath = [NSHomeDirectory() stringByAppendingPathComponent:@"array.text"];
44.         NSMutableData *data = [[NSMutableData alloc]initWithContentsOfFile:filePath];
45.         NSKeyedUnarchiver *unarchiver = [[NSKeyedUnarchiver alloc]initForReadingWithData:data];
46.         NSArray *array1 = [unarchiver decodeObjectForKey:@"name"];
47.         NSArray *array2 = [unarchiver decodeObjectForKey:@"team"];
48.         NSLog(@"array1:%@",array1);
49.         NSLog(@"array2:%@",array2);
50.     }
51.     return 0;
52. }
```

〖**步骤 6**〗 运行项目，可以看到控制台输出结果如下所示。

```
array1:(
    Jack,
    Rose,
    Mike
)
array2:(
    Arsenal,
```

```
    "AC Milan"
)
```

以上就是简单归档的使用，希望读者能够掌握。

9.3 SQLite 数据库

SQLite 数据库是一个开源的嵌入式关系型数据库，也就是为手持移动终端开发的关系型数据库，它管理的数据规模较小。相比其他数据库来说，SQLite 数据库具有可移植性好、容易使用、占用空间小、高效可靠等优点。

它还有一个更大的优点就是在嵌入到程序内部时不需要进行网络配置，也不需要进行管理，这是因为客户端和服务器在同一个进程空间里运行，所以访问的速度非常快。其他的关系型数据库，例如 DB2、Oracle 等都需要与网络进行通信，以达到数据管理功能。

在使用 SQLite 数据库前，我们需要添加 libsqlite3.0.dylib 框架，添加的方式如图 9-9 所示。

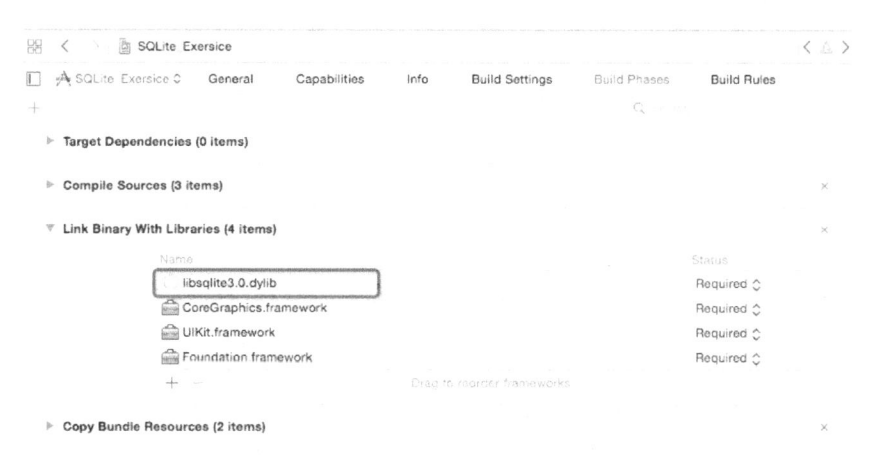

图 9-9 导入 SQLite 数据库框架

具体操作是在项目的"Build Phases"选项下的"Link Binary With Libraries"选项中添加框架。我们主要讲述如何在 XCode 中使用 SQLite 对数据库表进行创建、添加数据、查询数据等操作。

在执行具体操作之前，我们需要在 XCode 中新建工程，使用 Single View Application 模板。在工程中导入 libsqlite3.0.dylib 框架，同时在.h 文件中导入 sqlite3.h 头文件。代码如下。

```
------------------viewController.h--------------------
1.  #import <UIKit/UIKit.h>
2.  #import <sqlite3.h>
3.  @interface ViewController : UIViewController
4.  @end
```

准备工作完成后，现在开始实现对 SQLite 数据库的操作。

9.3.1 创建数据库表

创建数据库表的操作主要有以下 3 个步骤：
① 使用 sqlite3_open 函数打开数据库；
② 使用 sqlite3_exec 函数执行 create table 语句，创建数据库表；
③ 使用 sqlite3_close 函数关闭数据库表，释放资源。

接下来我们在.m 文件中新建 Create Table 方法，实现创建数据库表功能。代码如下。

```
--------------------viewController.m---------------------
5.  - (void)createTable{
6.      NSString *filePath = [NSHomeDirectory() stringByAppendingFormat:@"/student.sqlite"];
7.      NSLog(@"%@",filePath);
8.      sqlite3 *sqlite = nil;
9.      int result = sqlite3_open([filePath UTF8String], &sqlite);
10.     if (result != SQLITE_OK) {
11.         NSLog(@"数据库打开失败");
12.         sqlite3_close(sqlite);
13.         return;
14.     }
15.     char *error = nil;
16.     //创建数据库表
17.     NSString *sql = @"CREATE TABLE IF NOT EXISTS student (username TEXT primary key,password TEXT,age TEXT)";
18.     result = sqlite3_exec(sqlite, [sql UTF8String], NULL, NULL, &error);
19.     if (result != SQLITE_OK) {
20.         NSLog(@"创建表失败:%s",error);
21.         return;
22.     }
23.     //关闭数据库
24.     sqlite3_close(sqlite);
25.     NSLog(@"创建表成功！");
26. }
```

通过以上代码，首先我们获取文件的路径，并初始化 sqlite 实例，它是一个指向数据库文件的指针。然后使用"sqlite3_open([filePath UTF8String], &sqlite)"方法打开数据库，它返回的是一个 BOOL 类型的值，当结果为 true 则说明数据库打开成功，若为 false 则说明失败。这里使用 SQLite 提供的 SQLITE_OK 判断结果。

接下来我们使用"sqlite3_exec"方法创建数据库表"student"，最后关闭数据库释放资源。可以到沙盒目录中去查看我们的数据库文件是否创建成功。控制台输出路径如下。

Users/pc/Library/Developer/CoreSimulator/Devices/99B39655-17EB-4F78-98BF-B43FB01D1A29/data/Containers/Data/Application/40C85614-5F4E-4BED-AEEE-A5CF744DCF0A/student.sqlite

可以找到路径下的文件，如图 9-10 所示。

图 9-10　创建好的数据库文件

在创建数据库表时，我们定义了 3 个字段：username（主键），password 和 age。使用 SQLite 管理工具 SQLiteManager 打开创建的数据库，结果如图 9-11 所示。读者可以通过访问 SQLiteManager 官网来下载 SQLiteManager 工具。

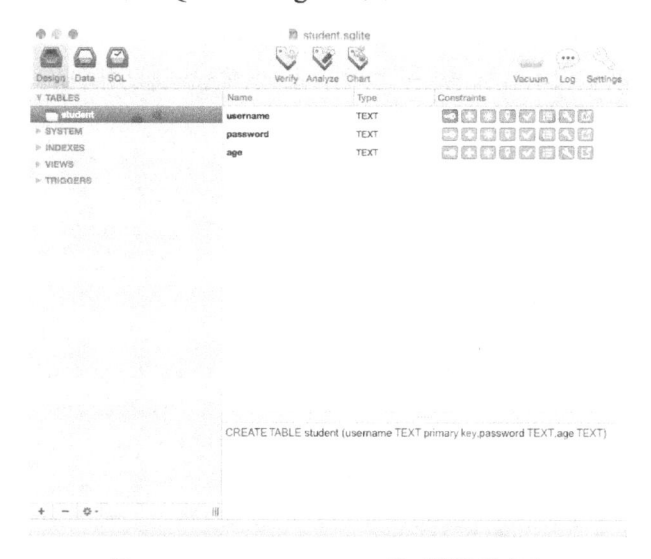

图 9-11　SQLiteManager 工具下的数据库表

在 SQLiteManager 工具中，可以清楚地看到数据库表 "student" 已经创建完成，说明代码成功执行了。

9.3.2　插入数据

向数据库表中插入数据记录主要有以下 6 个步骤：
① 使用 sqlite3_open 函数打开数据库；
② 使用 sqlite3_prepare 函数对 SQL 语句进行编译；
③ 使用 sqlite3_bind_text 函数对数据进行插入；
④ 使用 sqlite3_step 函数执行 SQL 插入语句；
⑤ 使用 sqlite3_finalize 函数关闭数据库句柄；
⑥ 使用 sqlite3_close 函数关闭数据库释放资源。

〖步骤1〗 我们在.m 文件中新建一个 insertTable 方法,用于实现添加数据功能。代码如下。

```
27. - (void)insertTable
28. {
29.     sqlite3 *sqlite = nil;
30.     sqlite3_stmt *stmt = nil;
31.     NSString *filePath = [NSHomeDirectory() stringByAppendingString:@"/student.sqlite"];
32.     //打开数据库
33.     int result = sqlite3_open([filePath UTF8String], &sqlite);
34.     if (result != SQLITE_OK) {
35.         NSLog(@"数据库打开失败");
36.         return;
37.     }
38.     //创建 SQL 语句
39.     NSString *sql = @"INSERT INTO student(username,password,age) VALUES (?,?,?)";
40.     //编译 SQL 语句
41.     sqlite3_prepare(sqlite, [sql UTF8String], -1, &stmt, NULL);
42.     NSString *username = @"jack";
43.     NSString *password = @"123321";
44.     NSString *age = @"23";
45.     //向数据库中添加数据
46.     sqlite3_bind_text(stmt, 1, [username UTF8String], -1, NULL);
47.     sqlite3_bind_text(stmt, 2, [password UTF8String], -1, NULL);
48.     sqlite3_bind_text(stmt, 3, [age UTF8String], -1, NULL);
49.     //执行 SQL 语句
50.     result = sqlite3_step(stmt);
51.     if (result == SQLITE_ERROR || result == SQLITE_MISUSE) {
52.         NSLog(@"执行 SQL 语句失败");
53.         return;
54.     }
55.     //关闭数据库句柄
56.     sqlite3_finalize(stmt);
57.     //关闭数据库
58.     sqlite3_close(sqlite);
59.     NSLog(@"数据插入成功");
60. }
```

以上在 viewDidLoad 方法中调用了 insertTable 方法,以实现插入操作。

可以看到在方法中首先创建了一个 sqlite3_stmt 实例,这是数据库用于操作的句柄实例,只有通过使用该实例,才可以对数据库表里的数据进行相应的操作。接下来成功打开数据库,并使用 "INSERT INTO student(username,password,age) VALUES (?,?,?)" 语句向数据库中插入数据,这里需要注意的是,数据库名称和对应的字段要正确,value 的值用 "?" 代替，在下面的内容中进行实现。

接下来我们定义了3个NSString类型的变量，并使用"sqlite3_bind_text(stmt, 1, [username UTF8String], -1, NULL)"方法插入数据，因为这里的数据库表结构定义的是 text 类型的数据，所以我们使用了"sqlite3_bind_text"方法。若是其他数据类型，则需要使用其他的绑定方法，读者可以自己查看 SDK。之后再执行插入语句，最后关闭数据库句柄和数据库文件，释放资源。

〖步骤2〗 打开 SQLiteManager 管理工具来查看插入的数据，如图 9-12 所示。

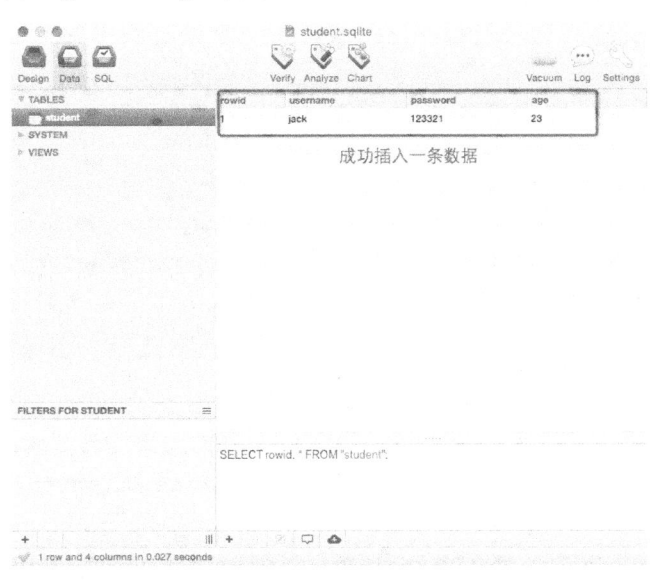

图 9-12 插入数据记录成功

9.3.3 查询数据

在数据库中查询数据主要有以下 5 个步骤：
① 使用 sqlite3_open 函数打开数据库；
② 使用 sqlite3_prepare 函数对 SQL 语句进行编译；
③ 使用循环语句执行 sqlite3_step 函数进行查询；
④ 使用 sqlite3_finalize 函数关闭数据库句柄；
⑤ 使用 sqlite3_close 函数关闭数据库释放资源。

可以将最后的查询结果显示在 viewController 视图控制器中。需要在视图控制器中进行布局，创建 3 个 UITextField 实例和一个按钮，用于实现查询方法。

〖步骤1〗 在 viewController.h 文件中创建 2 个 UITextField 实例，用于显示查询数据后的结果。代码如下。

```
------------------viewController.h------------------
61. #import <UIKit/UIKit.h>
62. #import <sqlite3.h>
63. @interface ViewController : UIViewController
```

64. @property (nonatomic, retain)UITextField *username;
65. @property (nonatomic, retain)UITextField *age;
66. @end

〖步骤 2〗 在.m 文件中对实例进行初始化布局，并对相关属性进行设置。代码如下。

------------------viewController.m------------------
```
67. - (void)viewDidLoad {
68.     [super viewDidLoad];
69.     //用户名文本输入框
70.     _username = [[UITextField alloc]initWithFrame:CGRectMake(120, 40, 80, 40)];
71.     _username.borderStyle = UITextBorderStyleRoundedRect;
72.     [self.view addSubview:_username];
73.     //年龄文本输入框
74.     _age = [[UITextField alloc]initWithFrame:CGRectMake(120, 100, 80, 40)];
75.     _age.borderStyle = UITextBorderStyleRoundedRect;
76.     [self.view addSubview:_age];
77.     //查询按钮
78.     UIButton *searchButton = [UIButton buttonWithType:UIButtonTypeRoundedRect];
79.     searchButton.frame = CGRectMake(120, 200, 80, 20);
80.     [searchButton setTitle:@"查询" forState:UIControlStateNormal];
81.     [searchButton setTintColor:[UIColor blueColor]];
82.     [searchButton addTarget:self action:@selector(search) forControlEvents:UIControlEventTouchUpInside];
83.     [self.view addSubview:searchButton];
84. }
```

注意，以上我们在对按钮进行初始化时，设置了一个 search 方法，该方法就是实现数据库数据查询的方法。代码如下。

```
85. - (void)search
86. {
87.     sqlite3 *sqlite = nil;
88.     sqlite3_stmt *stmt = nil;
89.     NSString *filePath = [NSHomeDirectory() stringByAppendingString:@"/student.sqlite"];
90.     //打开数据库
91.     int result = sqlite3_open([filePath UTF8String], &sqlite);
92.     if (result != SQLITE_OK) {
93.         NSLog(@"数据库打开失败");
94.         return;
95.     }
96.     NSString *sql = @"SELECT username,password,age FROM student";
97.     //编译 SQL 语句
98.     sqlite3_prepare_v2(sqlite, [sql UTF8String], -1, &stmt, NULL);
```

```
99.     //执行查询 SQL 语句
100.    result = sqlite3_step(stmt);
101.        while (result == SQLITE_ROW) {
102.            char *username = (char *)sqlite3_column_text(stmt, 0);
103.            char *password = (char *)sqlite3_column_text(stmt, 1);
104.            char *age = (char *)sqlite3_column_text(stmt, 2);
105.            NSString *userName = [NSString stringWithCString:username encoding:NSUTF8StringEncoding];
106.            NSString *passWord = [NSString stringWithCString:password encoding:NSUTF8StringEncoding];
107.            NSString *Age = [NSString stringWithCString:age encoding:NSUTF8StringEncoding];
108.            //移动游标指向下一条数据
109.            result = sqlite3_step(stmt);
110.            _username.text = userName;
111.            _age.text = Age;
112.        }
113.    sqlite3_finalize(stmt);
114.    sqlite3_close(sqlite);
115. }
```

以上的步骤和其他两个方法一样，对于查询部分，我们先定义了 3 个 char 类型的字符串，分别用于存放数据库表中的 3 个字段，因为 SQLite 是针对于 C 结构的数据库，不能使用面向对象的类进行访问，所以使用 char 类型的字符串。接下来使用 Objective-C 中的字符串实例 NSString 对 C 语言的字符串 char 进行转换，使用 stringWithCString encoding 方法，然后让游标移动至下一条数据，这也是整个查询功能中最为核心的代码——sqlite3_step(stmt)，如果没有该行代码，则游标不会移动，将导致查询失败。最后关闭数据库句柄和数据库文件，释放资源。

〖**步骤 3**〗 运行模拟器，可以看到最后的运行效果如图 9-13 和图 9-14 所示。

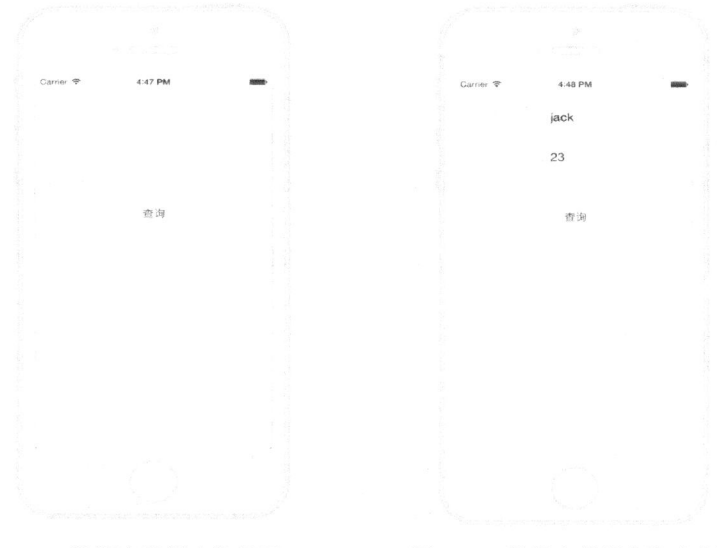

图 9-13　数据库数据查询界面　　　图 9-14　数据库数据查询成功界面

9.4 获取网络资源

在 iOS 中获取网络资源，也就是通过网络下载相应文件或图片保存到本地，实现的方法有许多种，但都需要通过 URL 来实现，也就是获取下载文件或图片的网址。在本节内容中，我们使用 3 种方式来实现，分别是 NSData，NSURLRequest 和第三方库 ASIHttpRequest。

〖步骤 1〗 首先搭建项目的整体框架，并对控件进行布局。在 XCode 中新建项目，使用 Single View Application 模板。

在 StoryBoard 文件中，也就是在 XIB 文件中拖入一个按钮控件和一个 UIImageView 控件，用于显示下载的图片，最后的 StoryBoard 布局如图 9-15 所示。

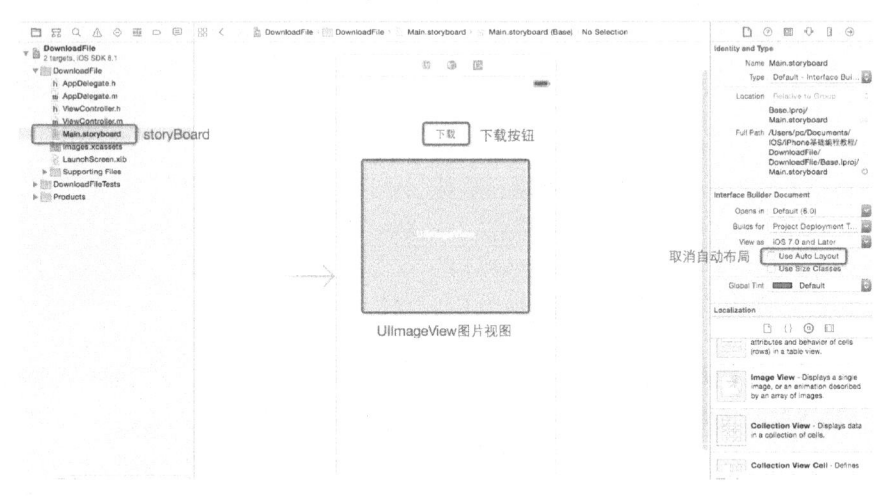

图 9-15 StoryBoard 布局

〖步骤 2〗 将这两个控件与 .h 文件链接起来，右键选择控件，将其拖入到 viewController.h 文件中，设置两个插座变量，UIButton 的链接类型为 Action，UIImageView 的链接类型为 Outlet。代码如下。

```
---------------viewController.h---------------
1.  #import <UIKit/UIKit.h>
2.  @interface ViewController : UIViewController
3.  - (IBAction)downloadAction:(id)sender;
4.  @property (weak, nonatomic) IBOutlet UIImageView *imageView;
5.  @end
```

完成布局后，现在我们通过 3 个方法实现下载图片功能。

9.4.1 NSData 方法

NSData 是 Objective-C 的数据类型，是 NSObject 的一个子类，它是用于保存数据的一个缓冲区区域，分为不可变缓冲区（NSData）和可变缓冲区（NSMutableData），NSData 支持 URL 方法，从网上下载文件或图片保存到缓冲区中，以用于显示。下面来实现 NSData 方法。

〖步骤 1〗 在 .m 文件中的 downloadAction 方法中添加以下代码。

```
--------------viewController.m---------------
6.   - (IBAction)downloadAction:(id)sender {
7.       NSURL *url = [NSURL URLWithString:@"
http://pica.nipic.com/2007-12-12/20071212235955316_2.jpg"];
8.       NSData *imageData = [NSData dataWithContentsOfURL:url];
9.       _imageView.image = [UIImage imageWithData:imageData];
10.  }
```

首先定义了一个 URL 地址,然后使用 NSData 的 dataWithContentsOfURL 方法下载 URL 地址的图片,最后将现在的图片显示在 UIImageView 中。

〖**步骤 2**〗 运行模拟器,可以看到最后的效果如图 9-16 所示。

图 9-16　使用 NSData 方法下载图片

此时,单击下载按钮,就可以实现下载图片的功能,是不是很简单呢?但是这种方法存在一个很大的问题,也就是当图片或文件较大时,这种同步方法就显得很不方便,只有当文件下载完毕后才能进行其他操作,所以称之为**同步方法**。

为了解决这个问题,需要采用异步方法,也就是使用另外的线程去实现方法,不阻塞主线程,这样就可以让下载在后台运行,程序通过代理检测下载的进度。

9.4.2　NSURLRequest 方法

使用 NSURLRequest 方法以异步方式完成下载任务。

〖**步骤 1**〗 在.h 头文件中声明一个 NSMutableData 的实例,用于存放下载后的数据。代码如下。

```
--------------viewController.h---------------
1.  #import <UIKit/UIKit.h>
2.  @interface ViewController : UIViewController
3.  - (IBAction)downloadAction:(id)sender;
4.  @property (weak, nonatomic) IBOutlet UIImageView *imageView;
```

```
5.  @property (nonatomic, retain) NSMutableData *mutableData;
6.  @end
```

〖步骤 2〗 接下来在.m 文件中实现异步方法。重写 downloadAction 方法，代码如下。

```
---------------viewController.m---------------
7.  - (IBAction)downloadAction:(id)sender {
8.      NSURL *url = [NSURL URLWithString:@"
http://pica.nipic.com/2007-12-12/20071212235955316_2.jpg"];
9.      NSMutableURLRequest *request = [[NSMutableURLRequest alloc] init];
10.     [request setURL:url];
11.     [request setHTTPMethod:@"GET"];  //设置请求方式
12.     [request setTimeoutInterval:60];//设置超时时间
13.     self.mutableData = [[NSMutableData alloc] init];
14.     [NSURLConnection connectionWithRequest:request delegate:self];//发送一个异步请求
15. }
```

以上创建了一个 NSMutableURLRequest 实例，并进行了初始化，通过 request 实例设置 URL 链接，然后设置请求网络方式为"GET"，最后使用 NSURLConnection 调用 connectionWithRequest 方法，请求网络。

〖步骤 3〗 请求网络后，还需要实现获取数据方法，这在多线程中执行。代码如下。

```
//数据加载过程中调用,获取数据
16. - (void)connection:(NSURLConnection *)connection didReceiveData:
(NSData *)data {
17.     [self.mutableData appendData:data];
18. }
//最后当网络访问完成后,将图片显示在UIImageView图片视图中。
//数据加载完成后调用
19. - (void)connectionDidFinishLoading:(NSURLConnection *)connection { _image
View.image = [UIImage imageWithData:self.mutableData];
20. }
```

〖步骤 4〗 运行模拟器，可以看到异步调用方法效果如图 9-17 所示。

图 9-17　使用异步方法下载图片

与同步方法不同，当单击下载按钮后，不会出现卡顿和不可操作现象，这就是使用异步方法的好处，可以将下载任务放置在后台进行，而不影响用户的其他操作。

9.4.3 ASIHttpRequest 方法

如果我们要将下载后的图片或文件保存在本地，可以使用第三方网络库 ASIHttpRequest 方法实现，该方法也是实现应用于网络交互的一种网络库，在后面的内容中还会对其做详细的介绍。

在使用 ASIHttpRequest 库之前，我们需要在项目中导入以下 5 个库，分别是：

（1）libxml2.2.dylib

（2）libz.1.2.5.dylib

（3）SystemConfiguration.framework

（4）MobileCoreServices.framework

（5）CFNetwork.framework

添加库的方法在前面章节中已经提及，方法是在项目的"Build Phases"选项卡中的"Link Binary with Libraries"选项中搜索这 5 个库，将其添加到项目中即可。此外，还需要将第三方库 ASIHttpRequest 文件导入到项目中，可以在 Github 开源代码库中搜索下载，也可以直接在已有的代码库中找到并直接使用。

〖步骤 1〗 使用前还需要导入"ASIHTTPRequest.h"头文件。

在 viewController.m 文件中重写 downloadAction 方法，代码如下。

```
--------------viewController.m---------------
1.  - (void)downloadAction
2.  {
3.      //------------------ASIHttpRequest 下载-----------------
4.      UIProgressView *progressView = [[UIProgressView alloc]initWithProgressViewStyle:UIProgressViewStyleBar];
5.      progressView.frame = CGRectMake(50, 100, 200, 20);
6.      [self.window addSubview:progressView];
7.      NSString *urlString = @"http://pica.nipic.com/2007-12-12/20071212235955316_2.jpg";
8.      NSString *documents = [NSHomeDirectory() stringByAp MKMapViewDelegate pendingPathComponent:@"Documents"];
9.      NSString *fileName = [urlString lastPathComponent];
10.     NSString *path = [documents stringByAppendingPathComponent:fileName];
11.     NSLog(@"path:%@",path);
12.     ASIHTTPRequest *request = [ASIHTTPRequest requestWithURL:[NSURL URLWithString:urlString]];
13.     //设置文件下载路径
14.     [request setDownloadDestinationPath:path];
15.     //设置下载进度条
16.     request.downloadProgressDelegate = progressView;
```

```
17.    //开始异步请求
18.    [request startSynchronous];
19. }
```

这里设置了一个 UIProgressView 实例用于显示下载进度，但因为下载的图片较小，所花时间太短，因此无法看清楚下载进度条的进度情况。之后设置了图片下载的目录，将它存放在沙盒的 Documents 目录下。

ASIHttpRequest 提供了设置下载路径、设置下载进度条等方法，这些方法读者直接调用即可，它们已经被封装在类库中。最后使用 startSynchronous 方法，开始异步请求。

〖步骤2〗 运行模拟器，打开沙盒目录，查看下载后的图片文件，如图 9-18 所示。

图 9-18 使用 ASIHttpRequest 方法下载图片文件

本章小结

本章向读者介绍了 iOS 中数据存储的方式，包括属性列表、对象归档、SQLite 数据库。对于 SQLite 数据库的介绍较为详细，分别介绍了数据库表的创建、数据的插入和查询方法。本章还介绍了获取网络资源的方法，也就是从网络中下载文件或图片文件的方法，并比较了几种方法的优缺点。通过本章的学习，读者应该掌握 iOS 数据存储的方法以及获取网络资源的方法。

习题 9

1. 分别使用 SQLite、plist 和 NSUserDefaults 存储省市信息，并比较这 3 种存储方式的优缺点，给出这几种方法合适的情景。
2. 将存储的省市信息进行归档与解归档操作。
3. 新建一个项目，实现以下功能：存储班上学生信息，包括姓名、学号、年龄和成绩，实现查询学生信息的功能，可以通过学生姓名和学生学号进行查询，还可以修改学生信息。试在 Xcode 中实现所有功能。
4. 实现从"土豆网"下载一段小视频到本地的功能，并播放。

第 10 章 iOS 网络编程

iOS 进行网络交互的过程是在 Web Service 应用层进行的，而 Web Service 采用的是 HTTP 与 HTTPS 协议。本章将对 HTTP 协议进行相关的介绍。

【教学目标】
- ❖ 了解 HTTP 协议的基本概念及机制
- ❖ 掌握 iOS 中 HTTP 访问网络的方法，包括同步方法和异步方法
- ❖ 掌握 Json 的基本格式以及解析方法

10.1 HTTP 概述

HTTP 协议是 Hypertext Transfer Protocol 的简写，即超文本传输协议。我们知道网络中使用的基础协议都是 TCP/IP 协议，而 HTTP 协议是基于 TCP/IP 协议之上的应用层协议。

HTTP 协议支持 C/S 网络结构，是无连接协议，即每一次都请求建立连接，当服务器处理完客户端请求，应答完成后就会断开连接，不会一直占用网络资源。具体的 HTTP 协议请求过程如图 10-1 所示。

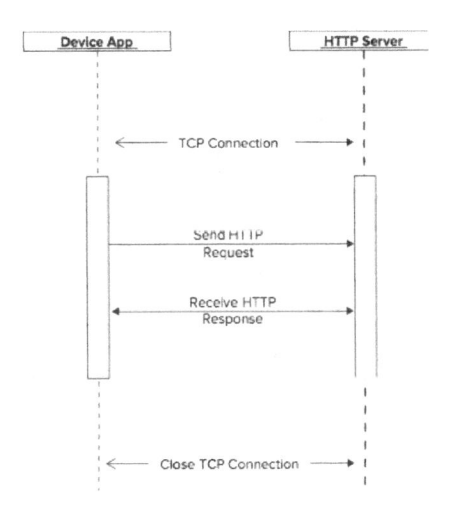

图 10-1 HTTP 协议请求响应过程示意图

从图中我们可以总结出 HTTP 协议的网络请求步骤有如下 4 步：
① 建立 TCP 连接；

② 发送 HTTP 请求；
③ 接收 HTTP 应答响应；
④ 断开 TCP 连接。

iOS 中为我们提供了请求网络和返回网络响应的类，分别是 NSURLRequest（NSMutableRequest）和 NSURLResponse（NSMutableResponse）。在说到 HTTP 时，还有一个不能不提的概念就是 URL，URL 的全称是 Uniform Resource Locator（统一资源定位符），通过一个 URL 可以找到互联网中唯一的一个网络资源。

一个 URL 包括以下几个部分，描述为 http://hostname:port/absolute path?query

- http 代表网络协议，此外还有 FTP 和 FILE 协议
- hostname 代表服务器端名称
- port 代表服务器端端口号
- absolute path 代表请求的绝对路径
- query 代表请求的具体参数

iOS 中使用 NSURL 类管理 URL。在下一节将详细讲解 HTTP 方法的使用。

10.2 HTTP 常用方法与使用

HTTP 协议总共定义了 8 种请求方法：OPTIONS、HEAD、GET、POST、PUT、DELETE、TRACE 和 CONNECTION。当我们使用 Web 服务器作为服务器访问网络时，必须实现 GET 和 HEAD 方法，其他的方法都是可选的。

在本节中，我们重点讲解 GET 方法和 POST 方法。

首先我们列出几种主要方法的名称以及解释，帮助读者了解这些方法的含义，见表 10-1。

表 10-1 HTTP 请求方法汇总表

请求方法	方法解释
GET	向特定的资源发出请求，将参数直接写在 URL 中，安全性较差
POST	向特定的资源提交数据进行处理请求，请求的参数包含的请求消息体（body）能保护数据的安全
HEAD	向服务器索要与 GET 请求一致响应的信息头中的元信息
PUT	向特定资源上传最新内容
DELETE	请求服务器删除 Request-URL 所表示的资源

10.2.1 同步 GET 方法

· iOS 自带方法

新建一个 XCode 项目，选择 Singe View Application 模板，在 .m 文件中，实现一个网络请求 GET 方法，并在 viewDidLoad 方法中调用。代码如下。

```
[self getMethod]
---------------viewController.m---------------
1.  //同步 GET 方法
2.  - (void)getMethod
3.  {
4.      //创建 URL
5.      NSURL *url=[NSURL URLWithString:@"http://api.hudong.com/iphonexml.do?type=focus-c"];
6.      //创建 GET 请求
7.      NSURLRequest *request = [[NSURLRequest alloc]initWithURL:url cachePolicy:NSURLRequestUseProtocolCachePolicy timeoutInterval:10];
8.      //连接服务器
9.      NSData *received = [NSURLConnection sendSynchronousRequest:request returningResponse:nil error:nil];
10.     NSString *str = [[NSString alloc]initWithData:received encoding:NSUTF8StringEncoding];
11.     NSLog(@"%@",str);
12. }
```

以上是 iOS 自带的 HTTP 请求方法，即通过 NSURLRequest 发送请求，并通过 Response 接收请求响应的信息，最后将信息通过字符串输出。

控制器输入部分信息如下。

```
data:<?xml version="1.0" encoding="UTF-8"?>
<response>
  <channelName><![CDATA[焦点词条]]></channelName>
  <docList>
    <docInfo>
<docTitle><![CDATA[珠穆朗玛峰]]></docTitle>
```

在代码中提到了缓存策略参数，表 10-2 展示了缓存策略相关信息。

表 10-2　缓存策略信息表

缓存策略名称	含义
NSURLRequestUseProtocolCachePolicy	基础策略
NSURLRequestReloadIgnoringLocalCacheData	忽略本地缓存
NSURLRequestReturnCacheDataElseLoad	首先使用缓存，如果没有本地缓存，则从源地址下载
NSURLRequestReturnCacheDataDontLoad	使用本地缓存，从不下载，如果本地没有缓存，则请求失败，此策略多用于离线操作
NSURLRequestReloadIgnoringLocalAndRemoteCacheData	无论是本地的还是远程的，总是从原地址重新下载
NSURLRequestReloadRevalidatingCacheData	如果本地缓存是有效的则不下载，其他任何情况都从原地址重新下载

- **ASIHttpRequest 方法**

除了 iOS 提供的请求方法外，还可以使用第三方轻量级网络访问类库——ASIHttpRequest。在第 9 章的内容中，我们也使用过，这里再次介绍一下其 GET 方法的使用。

在项目中导入 ASIHttpRequest 需要的 5 个库：

（1）libxml2.2.dylib

（2）libz.1.2.5.dylib

（3）SystemConfiguration.framework

（4）MobileCoreServices.framework

（5）CFNetwork.framework

然后引入"ASIHTTPRequest.h"头文件，接下来重写 getMothod 方法。代码如下：

```
13.   - (void)getMethod
14.   {
15.       NSURL *url = [NSURL URLWithString:@"http://api.hudong.com/iphonexml.do?type=focus-c"];
16.       ASIHTTPRequest *request = [ASIHTTPRequest requestWithURL:url];
17.       [request setRequestMethod:@"GET"];
18.       [request startSynchronous];
19.       NSData *netData = request.responseData;
20.       NSString *String = [[NSString alloc]initWithData:netData encoding:NSUTF8StringEncoding];
21.       NSLog(@"data:%@",String);
22.   }
```

可以看出，ASIHttpRequest 请求方法更为简单，具体步骤如下：

① 通过 URL 创建 ASIHttpRequet 连接请求；

② 选择请求方式；

③ 开始请求；

④ 通过请求的 responseData 显示响应返回的数据。

10.2.2 异步 GET 方法

因为阻塞线程的原因，所以在请求网络时，大部分都是使用异步方法，这就引入了代理的概念。通过代理方法监听请求过程，当请求完成时，通过代理方法返回响应请求的结果。代码如下：

```
1.    //创建URL
2.    NSURL *url = [NSURL URLWithString:@"http://api.hudong.com/iphonexml.do?type=focus-c"];
3.    //创建请求
4.    NSURLRequest *request = [[NSURLRequest alloc]initWithURL:url cachePolicy:NSURLRequestUseProtocolCachePolicy timeoutInterval:10];
5.    //连接服务器
```

```
6.  NSURLConnection *connection = [[NSURLConnection
alloc]initWithRequest:request delegate:self];
```
与同步方法不同的是，在创建连接时需要设置代理 delegate。异步方法的代理方法有如下 3 个。

- -(void)connection:(NSURLConnection *)connection didReceiveResponse: (NSURLResponse*) response
- -(void)connectionDidFinishLoading:(NSURLConnection *)connection
- -(void)connection:(NSURLConnection *)connection didFailWithError:(NSError *)error

第一个方法是请求过程中调用的方法，第二个方法是请求完成后调用的方法，第三个方法是当网络出现异常时调用的方法。

10.2.3 同步 POST 方法

同步 POST 方法的请求步骤用代码实现如下所示。

```
1.  //创建 URL
2.  NSURL *url = [NSURL URLWithString:@"http://api.hudong.com/iphonexml.do"];
3.  //创建请求
4.  NSMutableURLRequest *request = [[NSMutableURLRequest alloc]initWithURL:
url cachePolicy:NSURLRequestUseProtocolCachePolicy timeoutInterval:10];
5.  [request setHTTPMethod:@"POST"];//设置请求方式为 POST，默认为 GET
6.  //设置请求参数
7.  NSString *str = @"type=focus-c";
8.  NSData *data = [str dataUsingEncoding:NSUTF8StringEncoding];
9.  [request setHTTPBody:data];
10. //连接服务器
11. NSData *data = [NSURLConnection sendSynchronousRequest:request
returningResponse:nil error:nil];
12. NSString *result = [[NSString alloc]initWithData:data
encoding:NSUTF8StringEncoding];
```

从代码可以看出，同步 POST 方法的请求步骤如下：

① 创建 URL；
② 通过 URL 创建 request 请求；
③ 设置请求参数；
④ 设置 HTTPBody 请求体；
⑤ 连接服务器；
⑥ 获取服务器响应结果信息。

10.2.4 异步 POST 方法

异步 POST 方法只需在同步方法的基础上，设置代理即可。代码如下。

```
1.  //创建 URL
```

```
2.    NSURL *url = [NSURL URLWithString:@"http://api.hudong.com/iphonexml.do"];
3.    //创建请求
4.    NSMutableURLRequest *request = [[NSMutableURLRequest alloc]initWithURL:url cachePolicy:NSURLRequestUseProtocolCachePolicy timeoutInterval:10];
5.    [request setHTTPMethod:@"POST"];
6.    NSString *str = @"type=focus-c";
7.    NSData *data = [str dataUsingEncoding:NSUTF8StringEncoding];
8.    [request setHTTPBody:data];
9.    //连接服务器
10.   NSURLConnection *connection = [[NSURLConnection alloc]initWithRequest:request delegate:self];
```

10.3 服务器返回数据 JSon 解析

在通过 GET 或 POST 方法访问网络后，服务器端会根据访问请求的参数，返回相应的数据，但是这些数据都是特殊的字符，其根据服务器编程语言的不同又有不同的形式。那么我们怎么将这些特殊的字符转换成我们能够看懂的数据呢？这就需要用到 JSon 解析。

在本节的内容中，我们使用的接口是中国气象局提供的开放测试 API，地址是：http://m.weather.com.cn/data/101010100.html，读者可以在自己的项目中使用该地址测试 JSon 解析方法。

10.3.1 JSon 解析格式简介

说到 JSon 解析格式，就不得不提 XML 格式，全称是可扩展标记语言，在计算机世界中，XML 也可以说是人类世界中的一门语言，可以在计算机的世界中进行"沟通"。但随着计算机技术的发展，JSon 作为一个轻量级的数据交换格式，正在逐渐替代 XML 格式，成为网络传输的通用格式。

以下给出一个 JSon 格式的范例。

```
{
"title"："速度与激情"，
"rating"："8.8"，
"type"：["动作"，"剧情"，"热血"]，
"release"：{
     "location"："中国"，
     "date"："2014-3-2"
     }
}
```

从上述的 JSon 范例看出，JSon 数据格式是以字典 Dictionary 形式进行存储的，其中字典形式可以嵌套。在字典中，JSon 数据格式是以键值对的形式存储的，如范例中给出的格

式，拥有 4 个键值对，冒号":"前为 key 键，":"后为 value 值，通过 key 键可以唯一找到与之对应的 value 值。客户端与服务器通过 JSon 数据格式交互的示意图如图 10-2 所示。

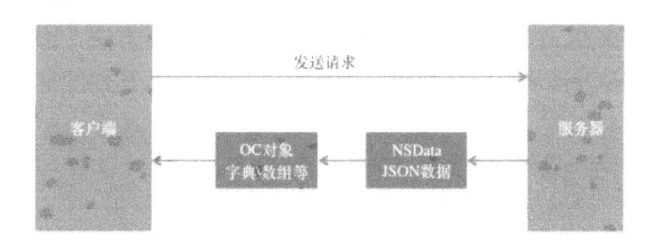

图 10-2　客户端与服务器 JSon 数据格式交互示意图

10.3.2　JSon 解析方法介绍

JSon 解析的方法有许多，可以使用 Apple 提供的 JSon 解析方式（NSJSONSerialization），也可以使用第三方 JSon 解析库 JSonKit、SBJson 等。在本节中，我们分别介绍 NSJSONSerialization 与 SBJson 解析方法。

〖步骤 1〗 在 XCode 中新建一个工程，使用 Single View Application 模板，首先在 StoryBoard 中对视图进行布局，StoryBoard 中的控件布局如图 10-3 所示。

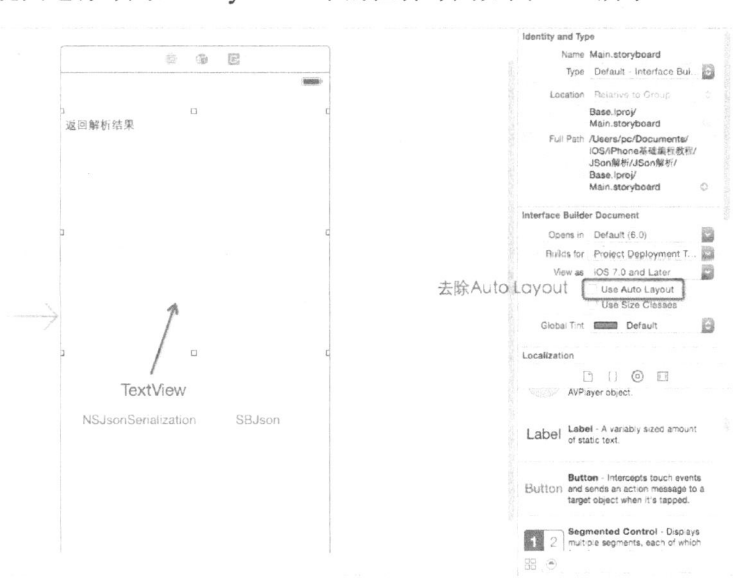

图 10-3　JSon 解析项目 StoryBoard 布局

〖步骤 2〗 将 UITextView 和 UIButton 与头文件链接，形成插座控件。注意，UIButton 的 Connection 方式为 Action。代码如下。

```
----------------viewController.h----------------
1.  #import <UIKit/UIKit.h>
2.  @interface ViewController : UIViewController
3.  @property (weak, nonatomic) IBOutlet UITextView *TextView;
```

```
4.   - (IBAction)NSJsonSerialization:(id)sender;
5.   - (IBAction)SBJson:(id)sender;
6.   @end
```

【步骤3】 接下来在.m 文件中实现 NSJSONSerialization 方法，因为它是 Apple 自带的一个解析工具，是 NSObject 的一个子类，因此它不需要导入其他的框架，直接使用即可。代码如下。

```
---------------viewController.m----------------
7.   //NSJsonSerialization 方法
8.   - (IBAction)NSJsonSerialization:(id)sender {
9.       //创建一个 request 请求，加载指定 NSURL 对象
10.      NSURLRequest *request = [NSURLRequest requestWithURL:[NSURL URLWithString:@"http://m.weather.com.cn/data/101010100.html"]];
11.      //将请求的 URL 数据放到 NSData 对象中
12.      NSData *responseData = [NSURLConnection sendSynchronousRequest:request returningResponse:nil error:nil];
13.      //将解析后的数据存入 NSDictionary 中
14.      NSDictionary *dataDic = [NSJSONSerialization JSONObjectWithData:responseData options:NSJSONReadingMutableLeaves error:nil];
15.      NSDictionary *weatherInfo = [dataDic objectForKey:@"weatherinfo"];
16.      //TextView 显示解析信息
17.      _TextView.text = [NSString stringWithFormat:@"今天是 %@ %@ %@ 的天气预报情况是: %@ %@",[weatherInfo objectForKey:@"date_y"],[weatherInfo objectForKey:@"week"],[weatherInfo objectForKey:@"city"],[weatherInfo objectForKey:@"weather5"],[weatherInfo objectForKey:@"temp1"]]];
18.  }
```

【步骤4】 我们将最后解析的结果显示在 TextView 中，运行模拟器，可以看到最后的效果如图 10-4 所示。

图 10-4　NSJSONSerialization 方法解析结果

NSJSONSerialization 是 Apple 原生态的一种解析方式，从 iOS 5 版本开始使用，它的效率在几种解析工具中其实是最高的，使用简单，也不需要引入其他框架。

〖**步骤 5**〗 接下来实现 SBJson 方法，该方法是第三方解析库，因此需要引入 SBJson 框架文件，并在文件中引入"SBJson.h"头文件。SBJson 下载地址为：http://download.csdn.net/detail/duxinfeng2010/4484842

在 viewController.m 文件中实现 SBjson 解析方法。代码如下。

```
19.  #import "SBJson.h"
20.  //SBJson 方法
21.  - (IBAction)SBJson:(id)sender {
22.       //创建一个 request 请求，加载指定 NSURL 对象
23.       NSURL *url = [NSURL URLWithString:@"http://m.weather.com.cn/data/101010100.html"];
24.       NSString *jsonString = [NSString stringWithContentsOfURL:url encoding:NSUTF8StringEncoding error:nil];
25.       //创建 SBJson 解析实例 Parser
26.       SBJsonParser *parser = [[SBJsonParser alloc] init];
27.       //将解析后的数据存入 NSDictionary 中
28.       NSDictionary *dataDic = [parser objectWithString:jsonString error:nil];
29.       NSDictionary *weatherInfo = [dataDic objectForKey:@"weatherinfo"];
30.       _TextView.text = [NSString stringWithFormat:@"今天是 %@ %@ %@ 的天气预报情况是：%@ %@ ",[weatherInfo objectForKey:@"date_y"],[weatherInfo objectForKey:@"week"],[weatherInfo objectForKey:@"city"], [weatherInfo objectForKey:@"weather5"], [weatherInfo objectForKey:@"temp1"]];
31.  }
```

〖**步骤 6**〗 运行模拟器，可以看到 SBJson 方法解析后的结果如图 10-5 所示。

图 10-5 SBJson 方法解析结果

通过 NSDictionary 的 objectForKey 方法可以读取存储字典中与 Key 对应的相应 value 的值。这就是 JSon 解析，通过本节的学习，相信读者已经可以完成较为复杂的 JSon 解析过程。

10.4 UIWebView 与 HTTP 综合使用

UIWebView 是 iOS 开发中用于展示网页的视图，它也是 UIView 的一个子类。在本节中，我们将介绍如何使用 UIWebView 和 HTTP 协议制作一个简单的网页浏览器。

〖步骤 1〗打开 XCode，新建一个项目，使用 Single View Application 模板，在 StoryBoard 中对视图进行布局，如图 10-6 所示。

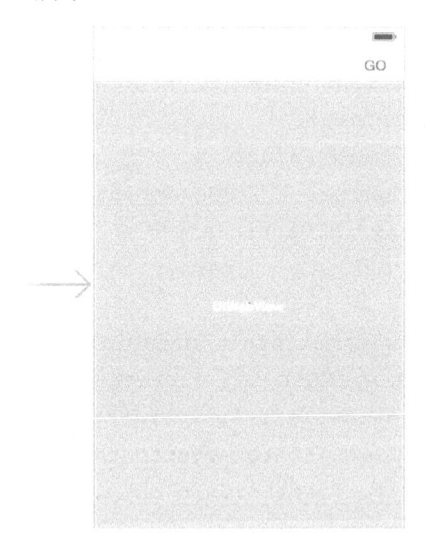

图 10-6 在 StoryBoard 中对视图进行布局

在视图中，我们拖入了一个 UIWebView 控件，用于显示网页信息；一个 UITextField 控件，用于输入网址信息；还有一个 UIButton 控件，用于实现访问动作。然后将这 3 个控件分别与.h 文件链接，形成插座变量。代码如下。

```
----------------viewController.h-----------------
1.  #import <UIKit/UIKit.h>
2.  @interface ViewController : UIViewController
3.  @property (weak, nonatomic) IBOutlet UITextField *webTextField;
4.  @property (weak, nonatomic) IBOutlet UIWebView *webView;
5.  - (IBAction)GOAction:(id)sender;
6.  @end
```

UIWebView 和 UITextField 的 Connection 方式是 Outlet，UIButton 的 Connection 方式是 Action。

〖步骤 2〗 接下来在 viewController.m 文件中实现 UIButton 的方法。代码如下。

```
----------------viewController.m-----------------
7.  - (IBAction)GOAction:(id)sender {
```

```
8.      NSURLRequest *request =[NSURLRequest requestWithURL:[NSURL
URLWithString:_webTextField.text]];
9.      if (_webTextField.text.length == 0) {
10.         UIAlertView *alert = [[UIAlertView alloc]initWithTitle:@"提示"
message:@"请输入网址" delegate:self cancelButtonTitle:@"OK" otherButtonTitles:
nil, nil];
11.         [alert show];
12.     }
13.     else{
14.         [_webView loadRequest:request];
15.         [_webTextField resignFirstResponder];
16.     }
17. }
```

以上代码中，首先我们定义了 NSURLRequest 的实例，用于使用 http 创建访问网络请求，其中的 url 为 UITextField 文本输入框的内容。这里做了一个判断，当 UITextField 中没有输入，也就是长度为 0 时，弹出提示框 UIAlertView，提示用户输入网址，然后通过 UIWebView 的 loadRequest 方法，将 request 作为参数，进行网络访问。最后关闭键盘，通过 resignFirstResponder 丢失第一响应者。

〖步骤3〗 运行模拟器，可以看到运行结果如图 10-7 所示。

图 10-7　WebView 访问网络效果

我们知道，当用户使用手机时，网络状态是不断变化的，有时候网络情况较好，则访问网页较为顺利，但有时候网络较差，则网页很久都打不开，那么如何进行判断呢？UIWebView 为我们提供了一个 UIWebViewDelegate 协议，用于对这些状态进行管理。

以下列出了 UIWebViewDelegate 协议的 3 个主要方法。

- – (void)webViewDidStartLoad:(UIWebView *)webView　　当网络开始加载时调用
- – (void)webViewDidFinishLoad:(UIWebView *)webView　　当网络加载完毕时调用
- – (void)webView:(UIWebView *)webView didFailLoadWithError:(NSError *)error

当网络加载出现错误时调用

〖步骤 4〗 现在在程序中来实现这 3 个协议方法。首先要在头文件中引入 UIWebViewDelegate。代码如下。

```
----------------viewController.h------------------
18. #import <UIKit/UIKit.h>
19. @interface ViewController : UIViewController<UIWebViewDelegate>
20. @property (weak, nonatomic) IBOutlet UITextField *webTextField;
21. @property (weak, nonatomic) IBOutlet UIWebView *webView;
22. - (IBAction)GOAction:(id)sender;
23. @property (nonatomic, retain) UIActivityIndicatorView *activityIndicator;
24. @end
```

这里我们还定义了一个 UIActivityIndicatorView 实例,用于在加载网页时显示,提示用户,以增强用户体验。

〖步骤 5〗 在.m 文件中实现协议方法。要实现协议方法,还有一个关键的步骤,就是设置 UIWebView 的代理 delegate 为 "self",在 viewDidLoad 方法中来实现。代码如下。

```
----------------viewController.m------------------
25. @synthesize activityIndicator;
26. - (void)viewDidLoad {
27.     [super viewDidLoad];
28.     _webView.delegate = self;
29. }
30. #pragma mark - UIWebView Delegate
31. //webView 正在加载方法
32. - (void)webViewDidStartLoad:(UIWebView *)webView
33. {
34.     UIView *backgroundView = [[UIView alloc]initWithFrame:CGRectMake(0, 0, self.view.frame.size.width,
35.     self.view.frame.size.height)];
36.     backgroundView.tag = 1;
37.     backgroundView.backgroundColor = [UIColor blackColor];
38.     backgroundView.alpha = 0.3;
39.     [self.view addSubview:backgroundView];
40.     activityIndicator = [[UIActivityIndicatorView alloc]initWithFrame:CGRectMake(0, 0, 35, 35)];
41.     [activityIndicator setCenter:self.view.center];
42.     [activityIndicator setActivityIndicatorViewStyle:UIActivityIndicatorViewStyleWhite];
43.     [backgroundView addSubview:activityIndicator];
44.     [activityIndicator startAnimating];
45.     NSLog(@"网页正在加载中");
46. }
```

self.view.frame.size 可以获得当前设备的宽度和高度,可在设备适配时使用。

```
47. //webView 结束加载方法
48. - (void)webViewDidFinishLoad:(UIWebView *)webView
49. {
50.     [activityIndicator stopAnimating];
51.     UIView *view = (UIView *)[self.view viewWithTag:1];
52.     [view removeFromSuperview];
53.     NSLog(@"网页加载结束");
54. }
```

通过 viewWithTag 方法获取与 tag 值相匹配的视图。

```
55. //webView 加载出现错误方法
56. - (void)webView:(UIWebView *)webView didFailLoadWithError:(NSError *)error
57. {
58.     NSLog(@"网页加载失败%@",error);
59. }
```

Error 作为错误参数会显示访问网络错误的原因。

注意到，在以上代码中有这样一句代码，#pragma mark - UIWebView Delegate，这句代码的含义是区分方法块的含义，#pragma mark 标识了一个方法块，标识后，编程人员便很容易可以看到所标识的方法，如图 10-8 所示。

当代码中有许多方法时，通过 pragma mark 标识能够很好地管理代码，便于阅读。

以上我们在 webViewDidStartLoad 方法中创建了一个视图，并将它的背景色设置为黑色，alpha 透明度设置为 0.3，并添加了 ActivityIndicator 实例，用于在加载网络时显示，通过 starAnimation 和 stopAnimation 方法控制实例的转动与停止。然后在 webViewDidFinishLoad 方法中移除该视图，并停止动画。最后在 didFailLoadWithError 方法中打印错误信息。

〖**步骤6**〗 运行模拟器，可以看到最后的效果如图 10-9 和图 10-10 所示。

图 10-8　pragma mark 标识　　　　图 10-9　正在加载网页　　　　图 10-10　网页加载完成

本章小结

本章中首先对 HTTP 协议进行了介绍,并介绍了 HTTP 的相关方法。然后通过例子对 HTTP 协议中的 GET 方法和 POST 方法进行讲解,分别讲解了其方法的同步和异步访问方法,并比较了它们之间的优缺点。最后介绍了 UIWebView 的使用,并制作了一个简易的网页浏览器。

习题 10

1. 查阅相关资料,掌握 HTTP 协议知识。
2. 比较 iOS 自带网络访问类和其他开源类访问网络的优缺点,并给出自己的见解。
3. 使用异步 GET 方法获取电影的最新资讯(可查阅聚合数据),并用 SBJson 进行数据解析,将最后解析的数据显示在 UITableView 中。

第 11 章　AVFoundation 的使用

随着移动互联网的发展，手机已经不再是仅仅用来打电话、发短信的通信工具，一些多媒体应用正逐渐涌入到了人们日常生活当中，其中音视频播放也就成为了手机中不可缺少的一部分。在本章中，我们将介绍在 iOS 开发中，如何播放音频与视频，并仿照 QQ 音乐，制作一个音乐播放器。

【教学目标】
- ❖ 了解 AVFoundation 框架的基本知识
- ❖ 掌握 iOS 中视频与音频播放的方法
- ❖ 掌握一个简单音乐播放器的实现

11.1　AVFoundation 介绍

AVFoundation 框架是一个功能强大的多媒体框架，用于 iOS 中音频、视频、音频会话、对摄像头和麦克风控制等功能的开发。

AVFoundation 框架在对声音控制与音视频播放方面有着强大的功能，它是一个包含音频和视频内容的 Objective-C 类。该框架包含的服务主要有以下 8 个方面：
（1）声音会话管理
（2）对应用媒体资源的管理
（3）对编辑媒体内容的支持
（4）捕捉声音和视频的功能
（5）播放音频和视频的功能
（6）轨迹管理
（7）对媒体元数据的管理
（8）立体拍摄

从上述服务可以总结出，AVFoundation 框架最主要的功能就是对音频和视频进行处理，包括音视频的录制捕捉、音视频轨迹处理以及音视频播放。

在本章中，我们将讲解如何通过 AVFoundation 框架进行音视频的播放。

11.2　视频与音频播放的方式

11.2.1　视频播放

在 iOS 中实现视频播放的方式有许多种，可以使用 AVFoundation 框架，也可以使用

MediaPlayer 框架。MediaPlayer 框架也是用于多媒体播放的一个框架，不同点是 AVFoundation 框架中的视频播放更多是在自定义视频播放器时使用，而 MediaPlayer 框架为我们定义好了一个功能较完整的视频播放器，有播放、暂停、停止等功能。下面我们就使用 MediaPlayer 框架实现视频播放功能。

〖步骤 1〗 在 Xcode 中新建一个工程，使用 Single View Application 模板，在工程中引入 MediaPlayer 框架，如图 11-1 所示。

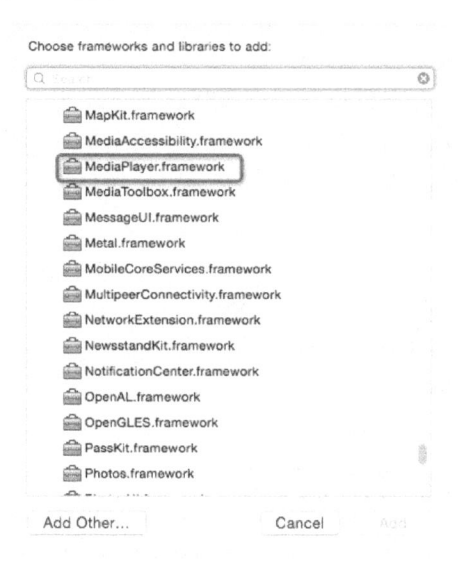

图 11-1 引入 MediaPlayer 框架

接下来将视频文件导入到项目中，在导入时，需要勾选"Copy items if needed"选项，如图 11-2 所示。

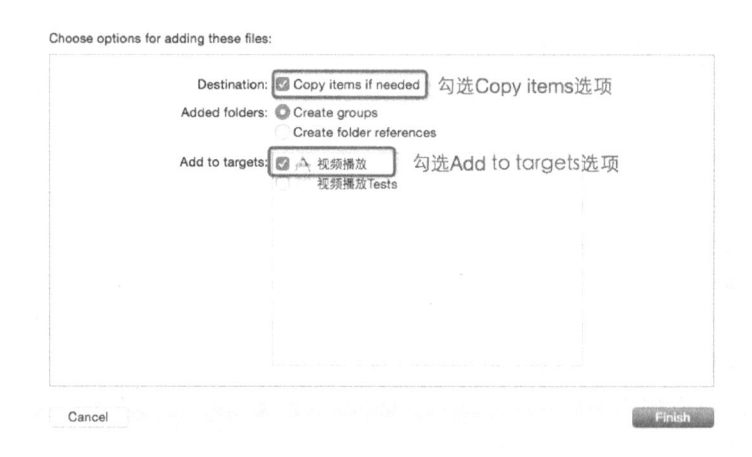

图 11-2 引入视频源文件

在引入视频源文件时，**需要特别注意的是**，还需要勾选"Add to targets"选项，这样才能在项目中读取本地文件。

〖步骤 2〗 将源文件引入后，接着在 viewController.h 文件中引入 MediaPlayer 头文件，并创建框架用于视频播放类 MPMoviePlayerController 的实例属性。代码如下。

```
---------------viewController.h----------------
1.  #import <UIKit/UIKit.h>
2.  #import <MediaPlayer/MediaPlayer.h>
3.  @interface ViewController : UIViewController
4.  @property (nonatomic, retain) MPMoviePlayerController *moviePlayer;
5.  @end
```

MPMoviePlayerController 类虽然能够帮助我们实现视频播放、暂停等功能，但它并不是一个完整的视图控制器，所以我们需要将它添加到视图中，在.m 文件中对其进行初始化设置。代码如下。

```
---------------viewController.m----------------
6.  - (void)viewDidLoad {
7.      [super viewDidLoad];
8.      // Do any additional setup after loading the view, typically from a nib.
9.      NSString *urlString = [[NSBundle mainBundle]pathForResource:@"The New Look of OS X Yosemite.mp4" ofType:nil];
10.     NSURL *url = [NSURL fileURLWithPath:urlString];
11.     _moviePlayer = [[MPMoviePlayerController alloc]init];
12.     _moviePlayer.contentURL = url;
13.     _moviePlayer.view.frame = self.view.bounds;
14.     [self.view addSubview:_moviePlayer.view];
15.     [_moviePlayer play];
16. }
```

以上，我们首先读取本地文件路径，并对 MPMoviePlayerController 的实例进行初始化，设置其 url，并将它添加到视图中，最后调用 play 方法进行播放。

〖步骤 3〗 运行模拟器，可以看到最后的视频播放效果如图 11-3 所示。

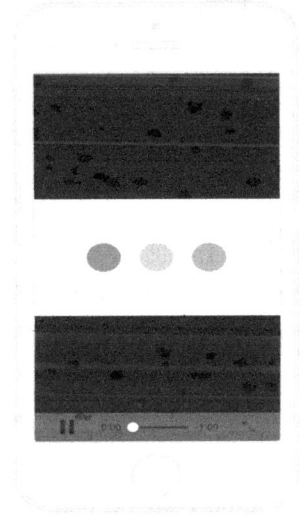

图 11-3 视频播放效果

我们还可以通过通知方法，对视频播放的状态进行监听，此部分将在课后练习中让读者自行练习。

11.2.2 音频播放

音频播放使用的是 AVFoundation 框架中的 AVAudioPlayer 类，通过此类可以对音频文件进行播放、暂停等操作。

AVAudioPlayer 类的操作也比较简单，通常的操作步骤如下：
① 初始化 AVAudioPlayer 对象，设置本地文件路径；
② 设置播放器属性，如音量、重复次数等；
③ 调用 play 方法进行播放。
此部分内容我们将在 11.3 节中进行详细讲解。

11.3 音乐播放器

在本节中，我们将学习制作一个简单的本地音乐播放器，可以实现音乐播放，暂停，切换至上一首、下一首，音量调节和相应的播放时间的显示，最后的效果如图 11-4 所示。

图 11-4 音乐播放器界面

制作音乐播放器的相关知识也包含了在前面学习的 UI 知识，通过本节内容的学习，读者可以对前面学习的内容进行巩固，同时可以学习到如何制作一个可以播放音乐的 iPhone 应用。

11.3.1 基本界面的搭建

〖步骤1〗打开 XCode，新建一个 Empty Application 项目模板，并将它命名为 MusicPlayer。然后在项目中添加一个 UIViewController 的子类，同时，将子类文件的头文件添加到

AppDelete.m 文件中。代码如下。

```
---------------Appdelete.m----------------
1.  #import "AppDelegate.h"
2.  #import "BaseViewController.h"
```

〖步骤2〗 接下来，为项目添加一个导航控制器，并将它设置为 Window 的根视图控制器。这里要注意，我们同时创建了一个 UIViewController 的实例，并将它交给 UINavigation Controller 的实例进行管理。

在 "application didFinishLaunchingWithOptions:" 方法中添加下面的代码。

```
3.  - (BOOL)application:(UIApplication *)application didFinishLaunching
WithOptions:(NSDictionary *)launchOptions
4.  {
5.      self.window = [[[UIWindow alloc] initWithFrame:[[UIScreen mainScreen] bounds]] autorelease];
6.      // Override point for customization after application launch.
7.      BaseViewController *baseVC = [[BaseViewController alloc]init];
8.      UINavigationController *navigationVC = [[UINavigationController alloc]initWithRootViewController:baseVC];
9.      [self.window setRootViewController:navigationVC];
10.     [navigationVC release];
11.     self.window.backgroundColor = [UIColor whiteColor];
12.     [self.window makeKeyAndVisible];
13.     return YES;
14. }
```

〖步骤3〗 接着我们就要按照最后的效果，来思考需要用到哪些 UI 类，或者说要用到哪些控件。首先需要用到 UIButton 类，用于实现播放，切换至上一首、下一首功能；还需要 UILabel 类，用于显示相应播放时间的信息；同时还需要用到 UISlider 类，用了显示播放音乐的进度和调节音量的大小。所以，我们需要在 BaseViewController.h 文件中定义这些全局变量。代码如下。

```
---------------BaseViewController.h----------------
15. @interface BaseViewController : UIViewController
16. {
17.     UISlider *processSlider;              //进度条
18.     UISlider *volumeSlider;               //音量调节
19.     NSTimer *timer;                       //监控音乐播放进度
20.     UISwitch *volumeSwitch;               //音量开关
21.     NSMutableArray *musicLists;           //歌曲列表
22.     UILabel *currentLabel;                //当前时间
23.     UILabel *totalLabel;                  //总时间
24.     BOOL isPlaying;                       //判断音乐是否在播放
25.     UIButton *play;                       //播放按钮
26.     UIButton *prior;                      //上一首按钮
27.     UIButton *next;                       //下一首按钮
```

```
28.    int songindex;                    //曲目标识
29. }
```

〖步骤4〗 定义完相关的实例之后,就需要为这些实例进行初始化的操作。首先来为导航栏添加一个标题。在这里只是简单地添加了一个标题信息,读者可以通过自己所学的知识去实现类似QQ音乐中导航栏信息左右移动的效果。代码如下。

```
---------------BaseViewController.m---------------
30. - (id)initWithNibName:(NSString *)nibNameOrNil bundle:(NSBundle *)nibBundleOrNil
31. {
32.    self = [super initWithNibName:nibNameOrNil bundle:nibBundleOrNil];
33.    if (self) {
34.        // Custom initialization
35.        self.title = @"音乐播放";
36.    }
37.    return self;
38. }
```

我们将屏幕分为了 2 个部分,上半部分是显示音乐专辑的信息,下半部分用来控制音乐播放和显示相关音乐播放信息。那么我们就要定义 2 个视图,分别用于这两个部分的显示。

〖步骤5〗 在 viewDidLoad 方法中添加 2 个 UIView 的实例,并进行初始化。代码如下。

```
39. - (void)viewDidLoad
40. {
41.    [super viewDidLoad];
42.    UIImageView *view = [[UIImageView alloc]initWithFrame:CGRectMake(0, 0, 320, 300)];
43.    view.image = [UIImage imageNamed:@"BLG.jpg"];
44.    [self.view addSubview:view];
45.    [view release];
46.    UIView *playView = [[UIView alloc]initWithFrame:CGRectMake(0, 300, 320, 180)];
47.    playView.backgroundColor = [UIColor whiteColor];
48.    [self.view addSubview:playView];
49.    [playView release];
50. }
```

〖步骤6〗 在下半部分的 UIView 子视图中初始化相应的实例。首先初始化3个控制音乐播放的按钮。代码如下。

```
51. //播放按钮
52. play = [UIButton buttonWithType:UIButtonTypeCustom];
53. [play setFrame:CGRectMake(120, 30, 80, 60)];
54. [play setImage:[UIImage imageNamed:@"play.png"] forState:UIControlStateNormal];
55. [playView addSubview:play];
```

```
56.    //"上一首"按钮
57.    prior = [UIButton buttonWithType:UIButtonTypeRoundedRect];
58.    [prior setFrame:CGRectMake(20, 45, 60, 40)];
59.    [prior setImage:[UIImage imageNamed:@"left.png"]
forState:UIControlStateNormal];
60.    [playView addSubview:prior];
61.    //"下一首"按钮
62.    next = [UIButton buttonWithType:UIButtonTypeRoundedRect];
63.    [next setFrame:CGRectMake(240, 45, 60, 40)];
64.    [next setImage:[UIImage imageNamed:@"right.png"]
forState:UIControlStateNormal];
65.    [playView addSubview:next];
```

然后初始化用于显示音乐当前播放时间和音乐总时间的2个UILabel实例。代码如下。

```
66.    //当前音乐时间
67.    currentLabel = [[UILabel alloc]initWithFrame:CGRectMake(10, 310, 50,
20)];
68.    currentLabel.textColor = [UIColor blackColor];
69.    [self.view addSubview:currentLabel];
70.    //总音乐时间
71.    totalLabel = [[UILabel alloc]initWithFrame:CGRectMake(260, 310, 50,
20)];
72.    totalLabel.textColor = [UIColor blackColor];
73.    [self.view addSubview:totalLabel];
```

可以看到在QQ音乐播放器中，音乐播放进度条在2个视图中间，而且它们的进度条是自定义的，因此在这里就使用系统自带的UISlider类来定义音乐播放进度条，将它在屏幕中的位置也固定在2个视图的中间。代码如下。

```
74.    processSlider = [[UISlider alloc]initWithFrame:CGRectMake(0, 290, 320,
20)];
75.    [self.view addSubview:processSlider];
```

接下来初始化音量控制实例，音量控制包括2个类：UISwitch和UISlider类。UISwitch用来控制UISlider类的显示和隐藏，而UISlider类用于控制音量。当程序运行时，UISlier实例是隐藏的，如果需要，则打开开关就能显示。代码如下。

```
76.    volumeSlider = [[UISlider alloc]initWithFrame:CGRectMake(150, 390, 150,
20)];
77.    volumeSlider.hidden = YES;
78.    volumeSlider.minimumValue = 0.0f;
79.    volumeSlider.maximumValue = 1.0f;
80.    volumeSlider.value = 0.5f;
81.    [self.view addSubview:volumeSlider];
```

以上我们将UISlider实例的最大值和最小值分别设置为1.0 f和0.0 f，然后将它的默认值设置为0.5 f。当程序运行时，用户可以自己来调节音量的大小，代码如下。

```
82.    volumeSwitch = [[UISwitch alloc]initWithFrame:CGRectMake(10, 390, 20, 10)];
83.    volumeSwitch.on = YES;
84.    [self.view addSubview:volumeSwitch];
```

11.3.2 音乐播放功能实现

在 iOS 3.0 之后，新的 iOS 版本中系统为我们提供了一个 AVFoundation 框架，这个框架的功能十分强大，可以实现几乎所有关于音频操作的功能。在 AVFoundation 框架中，包含了以下 3 个类：

- AVAudioPlayear ：提供音频的播放功能
- AVAudioRecorder ：提供音频的录制功能
- AVAudioSession ：相关音频配置功能

所以如果要在应用中加入音频播放的功能，首先要在项目中添加 AVFoundation 框架，接着在头文件中将它包含进来。代码如下。

```
---------------BaseViewController.h---------------
85.    #import <UIKit/UIKit.h>
86.    #import <AVFoundation/AVFoundation.h>
```

框架中还为我们提供了在音乐播放中常常用到的 2 个重要的代理方法：

```
//当音乐播放完之后调用方法
  -(void)audioPlayerDidFinishPlaying:(AVAudioPlayer *)player successfully:(BOOL)flag;
//当音乐播放出现错误时调用方法
  -(void)audioPlayerDecodeErrorDidOccur:(AVAudioPlayer*)player error:(NSError *)error;
```

第一个代理方法用得非常多，例如在播放音乐完成之后，可以选择让系统自动播放下一首歌曲，或者是单曲循环等，又或是直接关掉音乐播放器，都可以在这个代理方法中实现。所以我们还需要在头文件中使用 AVFoundation 中的协议。代码如下。

```
@interface BaseViewController : UIViewController<AVAudioPlayerDelegate>
```

【**步骤 1**】当前我们制作的应用是基于本地音乐播放的，因为现阶段所讲内容还没有涉及网络部分的编程，那么我们先从本地添加 3 首歌曲到项目中，然后为它们初始化一个歌曲列表。代码如下。

```
---------------BaseViewController.m---------------
87.    - (void)initMusic
88.    {
89.        musicLists = [[NSMutableArrayalloc]initWithObjects:@"Brokenhearted",@"Stolen",@"Say It Again", nil];
90.        NSString *path = [[NSBundle mainBundle] pathForResource:[musicListsobject AtIndex:songindex] ofType:@"mp3"];
91.        NSURL *url = [NSURL fileURLWithPath:path];
92.    }
```

以上通过创建一个 **NSMutableArray** 可变数组事项来装载 3 首歌曲。然后通过 **NSBundle**

类来获取到 3 首歌曲在本地的路径，并将它的值赋给一个字符串实例，NSURL 类的功能就是能够获取一些本地或网络的资源，它的值可以是字符串也可以是一个网站资源。

〖步骤2〗 接下来就要使用 AVFoundation 框架中的一个 AVAudioPlayer 类，使用前先在头文件中定义一个全局变量。代码如下。

```
---------------BaseViewController.h---------------
93.   @interface BaseViewController : UIViewController <AVAudioPlayerDelegate>
94.   {
95.       AVAudioPlayer *avAudioPlayer;            //播放器
96.       UISlider *processSlider;                 //进度条
97.       UISlider *volumeSlider;                  //音量调节
98.       ...
99.   }
```

AVAudioPlayer 类中提供了以下几种控制音乐播放的方法：

- (BOOL)prepareToPlay;   //播放就绪状态
- (BOOL)play;   //音乐正在播放
- (BOOL)playAtTime:(NSTimeInterval)time NS_AVAILABLE(10_7, 4_0);   //选择音乐播放的时间
- (void)pause;   //暂停播放
- (void)stop;   //停止播放

〖步骤3〗 回到代码中，要设置 AVAudioPlayer 实例的代理，设置之后才能使用相应的代理方法。然后将实例的状态设置为 prepareToPlay，让它等待音乐的播放。代码如下。

```
---------------BaseViewController.m---------------
100.   - (void)initMusic
101.   {
102.       NSURL *url = [NSURL fileURLWithPath:path];
103.       avAudioPlayer = [[AVAudioPlayer alloc]initWithContentsOfURL:url error:nil];
104.       avAudioPlayer.delegate = self;
105.       [avAudioPlayer prepareToPlay];
106.   }
```

〖步骤4〗 初始化 AVAudioPlayer 的实例之后，就可以为控制音乐播放的几个按钮实现相应的功能了。首先为 BOOL 类型的实例 isPlaying 赋一个初值 YES，为以后判断音乐是否正在播放做好准备。然后调用初始化音乐方法。代码如下。

```
107.   - (void)viewDidLoad
108.   {
109.       [super viewDidLoad];
110.       isPlaying = YES;
111.       [self initMusic];
112.       ...
113.   }
```

〖步骤5〗 接下来分别在几个按钮的初始化方法中添加相应的单击事件，并实现之。

```
114.    //播放音乐
115.    [play addTarget:self action:@selector(play) forControlEvents:
UIControlEventTouchUpInside];
116.    - (void)play
117.    {
118.        if(isPlaying) {
119.            [avAudioPlayer play];
120.            [play setImage:[UIImage imageNamed:@"stop.png"]
121.            forState:UIControlStateNormal];
122.            isPlaying = NO;
123.        }else{
124.            [avAudioPlayer pause];
125.            [play setImage:[UIImage imageNamed:@"play.png"]
126.            forState:UIControlStateNormal];
127.            isPlaying = YES;
128.        }
129.    }
```

在播放音乐功能中，主要还是音乐播放/暂停功能的切换，因此首先要作出一个判断——音乐是否在播放。当音乐在播放时，需要将播放按钮修改为暂停按钮，并通过 AVAudioPlayer 实例调用 play 方法；同样地，当音乐未处于播放状态时，就将播放按钮切换成播放的图片，并将 BOOL 类型实例重新赋值为 YES，此时音乐也将暂停播放。代码如下。

```
130.    //播放上一首
131.    [prior addTarget:self action:@selector
132.    (prior) forControlEvents:UIControlEventTouchUpInside];
133.    - (void)prior
134.    {
135.        if(avAudioPlayer.playing)
136.        {
137.            isPlaying = YES;
138.            [avAudioPlayer stop];
139.        }
140.        else
141.        {
142.            isPlaying = NO;
143.        }
144.        songindex--;
145.        if(songindex < 0)
146.            songindex= musicLists.count - 1;
147.        [self initMusic];
148.        if(isPlaying)
149.        {
150.            [avAudioPlayer play];
```

```
151.            }
152.        }
```

以上代码中，首先我们需要判断音乐是否在播放，如果正在播放，那么我们就将音乐停止，然后将播放标识符 isPlaying 设置为 YES；如果音乐不在播放状态，那么就直接将播放标识符 isPlaying 设置为 NO 即可。接下来就要到存放音乐的可变数组实例中对歌曲的播放顺序做一个调整，因为要实现的是播放上一首歌曲的功能，所以在当前的歌曲索引值 songindex 的基础上"减一"，接着重新调用 initMusic 方法，重新初始化播放列表，就能实现播放上一首歌曲的功能。**这里还要注意一个问题**，如果当前的歌曲是第一首歌，那么它的 songindex 值为 0，"songindex--"这个方法就会出现错误。所以在这里做了一个判断，如果 songindex 的值小于 0，那么就让整个音乐播放列表的数值减 1，如果等于 0 就是播放整个播放列表的最后一首歌。最后调用 play 方法[avAudioPlayer play]让音乐继续播放。代码如下。

```
153.    //播放下一首
154.    [next addTarget:self action:@selector
155.    (next) forControlEvents:UIControlEventTouchUpInside];
156.    -(void)next
157.    {
158.        if(avAudioPlayer.playing)
159.        {
160.            isPlaying = YES;
161.            [avAudioPlayer stop];
162.        }
163.        else
164.        {
165.            isPlaying = NO;
166.        }
167.        songindex++;
168.        if(songindex == musicLists.count)
169.            songindex = 0;
170.        [self initMusic];
171.        if(isPlaying)
172.        {
173.            [avAudioPlayer play];
174.        }
175.    }
```

与播放上一首歌曲功能相类似，播放下一首歌曲功能在实现时也要对当前音乐播放的状态进行判断，如果当前音乐在播放，就将播放标识符 isPlaying 的值设置为 YES，然后调用 stop 方法让音乐停止播放；如果当前音乐不是处于播放状态，那么直接将播放标示符 isPlaying 的值设置为 NO 即可。接下来让 songindex 的值"加一"，如果当前歌曲已经是播放列表中的最后一首歌，那么重新给 songindex 赋值为 0，相当于播放歌曲列表中的第一首歌。最后重新调用 initMusic 方法，并让音乐重新播放。

【步骤6】 构建并运行程序，分别单击3个按钮，可以看到已经能实现播放、暂停、播放上一首和下一首歌曲的功能了，接下来就要去完善一下界面显示的内容了。

11.3.3 音乐播放相关信息显示

【步骤1】 首先需要完成的一个比较重要的内容是音乐进度条的实现。在这里我们需要初始化一个 NSTimer 实例，用于监视音乐播放进度，根据现实中音乐播放的情况，每秒钟刷新一次。

AVAudioPlayer 类中提供了音乐播放的2个关于时间的属性，一个是 currentTime 属性，表示当前播放时间；另一个则是 duration 属性，表示音乐总时间。那么请读者思考一下，对于进度条的值该如何计算呢？我们是不是可以用音乐播放的当前时间去除以音乐的总时间得出进度条的值呢？代码如下。

```
176.    timer = [NSTimer scheduledTimerWithTimeInterval:1.0f target:self selector:@selector(playProgress) userInfo:nil repeats:YES];
177.    - (void)playProgress
178.    {
179.    processSlider.value = avAudioPlayer.currentTime / avAudioPlayer.duration;
180.    }
```

【步骤2】 在一个音乐播放器中，还有一个基本的功能，就是当用户滑动音乐播放器的进度条时，音乐会跳转到当前进度条所在的时间节点，这个效果可以通过上面提到的 currentTime 属性和 duration 属性来实现。

首先为 processSlider 实例添加一个单击事件。代码如下。

```
181.    processSlider = [[UISlider alloc]initWithFrame:CGRectMake(0, 290, 320, 20)];
182.    [processSlider addTarget:self action:@selector(progressChange) forControlEvents:UIControlEventValueChanged];
183.    [self.view addSubview:processSlider];
```

滑动进度条的实现需要改变 AVAudioPlayer 实例的当前时间，也就是 avAudioPlayer.currentTime 这个属性，因此将进度条当前的值和歌曲总长度的乘积赋给当前时间属性。这样就可以随意滑动进度条播放当前的进度了。代码如下。

```
184.    - (void)progressChange
185.    {
186.    avAudioPlayer.currentTime = processSlider.value * avAudioPlayer.duration;
187.    }
```

完成进度条的显示之后，还需要动态地显示歌曲播放的时间和歌曲总时间，因此在头文件中定义好了2个用于显示事件的标签实例。

【步骤3】 当前时间的显示还需要通过一个定时器来显示，每一秒钟刷新一次。

因此在 viewDidLoad 方法中再添加一个定时器用于显示当前歌曲播放时间。代码如下。

```
188.    [NSTimer scheduledTimerWithTimeInterval:1.0f target:self
```

```
selector:@selector(showTime) userInfo:nil repeats:YES];
```
然后我们来实现显示事件的方法。代码如下。
```
189.    - (void)showTime
190.    {
191.        if((int)avAudioPlayer.currentTime % 60 < 10){
192.    currentLabel.text = [NSString stringWithFormat:@"%d : 0%d",(int)
avAudioPlayer.currentTime/60,(int)avAudioPlayer.currentTime % 60];
193.        }else{
194.            currentLabel.text = [NSString stringWithFormat:@"%d : %d",
(int)avAudioPlayer.currentTime/60,(int)avAudioPlayer.currentTime % 60];
195.        }
196.    }
```
这里做了一个时间显示的判断，我们知道，当歌曲播放秒钟时间少于 10 秒时，十位上的数字是 0，如果不做这个判断而人为地给它加上一个 0，那么显示的时候就不会达到所需要的效果。分钟上的时间是用当前时间对 60 进行整除，而秒钟上的时间是用当前时间对 60 进行求余得出。如果秒钟时间大于 10 秒，就直接显示时间即可，不需要加 0。

〖**步骤 4**〗 接着在 play 方法中显示歌曲的总时间信息。获取时间的方法和当前播放时间的方法一致。代码如下。
```
197.    - (void)play
198.    {
199.        if(isPlaying) {
200.            [avAudioPlayer play];
201.            [play setImage:[UIImage imageNamed:@"stop.png"]
202.            forState:UIControlStateNormal];
203.            isPlaying = NO;
204.        }else{
205.            [avAudioPlayer pause];
206.            [play setImage:[UIImage imageNamed:@"play.png"]
207.            forState:UIControlStateNormal];
208.            isPlaying = YES;
209.        }
210.    totalLabel.text = [NSString stringWithFormat:@"%d : %d",(int)
avAudioPlayer.duration /60,(int)avAudioPlayer.duration % 60];
211.    }
```
在前面的内容中也提到，当歌曲播放完成后，可以通过一个代理方法实现歌曲列表顺序播放，下面就来实现该代理方法。代码如下。
```
212.    - (void)audioPlayerDidFinishPlaying:(AVAudioPlayer *)player
successfully:(BOOL)flag
213.    {
214.        [avAudioPlayer release];
215.        songindex++;
216.        if(songindex == musicLists.count)
```

```
217.        songindex = 0;
218.        [self initMusic];
219.        [avAudioPlayer play];
220.        totalLabel.text = [NSString stringWithFormat:@"%d : %d",(int)
avAudioPlayer.duration /60,(int)avAudioPlayer.duration % 60];
221.    }
```

以上让歌曲列表的索引值加 1，使其播放下一首歌曲，同时，还做了一个判断，如果当前歌曲位于歌曲列表的最后一个位置，那么就播放列表中的第一首歌曲。因为我们停止了播放歌曲，所以要重新初始化播放器实例，还需重新调用一次 initMusic 方法。同样地，因为歌曲发生了变化，所以歌曲总时间的标签也要重新显示。

〖**步骤 5**〗 现在已经基本完成了一个简单音乐播放器的项目构建，最后一个任务是完成音量控制的功能。这个功能实现起来非常简单，只需要将控制音量的 UISlider 实例的值赋给 AVAudioPlayer 实例的音量值即可。首先要为 volumeSlider 实例添加一个滑动事件，并实现之。代码如下。

```
222.    volumeSlider = [[UISlider alloc]initWithFrame:CGRectMake(150, 390,
150, 20)];
223.    [volumeSlider addTarget:self action:@selector(volumeChange)
forControlEvents:UIControlEventValueChanged];
224.    volumeSlider.hidden = YES;
225.    volumeSlider.minimumValue = 0.0f;
226.    volumeSlider.maximumValue = 1.0f;
227.    volumeSlider.value = 0.5f;
228.    [self.view addSubview:volumeSlider];
229.    - (void)volumeChange
230.    {
231.        avAudioPlayer.volume = volumeSlider.value;
232.    }
```

为了达到更好的用户体验，在初始化 volumeSlider 实例时，默认是将它隐藏起来了，只有当用户需要调节音乐的音量时，才将音量控制滚动条显示出来。所以还要初始化一个 UISwitch 开关实例，当 UISwitch 的值为 ON 时，才会显示音量控制滚动条。接下来为 UISwitch 实例添加一个滑动事件，并实现之。代码如下。

```
233.    volumeSwitch = [[UISwitch alloc]initWithFrame:CGRectMake(10, 390,
20, 10)];
234.    [volumeSwitch addTarget:self action:@selector(volumeswitch:)
forControlEvents:UIControlEventValueChanged];
235.    volumeSwitch.on = NO;
236.    [self.view addSubview:volumeSwitch];
237.    - (void)volumeswitch:(UISwitch *)sender
238.    {
239.        volumeSlider.hidden = sender.on;
240.    }
```

以上是将 UISwitch 作为一个参数传给 volumeSlider，当 UISwitch 为 ON 时，就显示音

量控制滚动条，否则不显示。

最后别忘了调用 dealloc 方法，以释放掉所创建实例的内存，如果不对内存做相应的管理，那么你会发现随着音乐播放器运行的时间增加，系统的杂音会越来越大，直至最后完全听不清楚音乐。这也是 iPhone 编程中比较重要的一个环节。

〖**步骤 6**〗至此，我们就学会了如何制作一个简单的本地音乐播放器。构建并运行程序，可以看到播放器最终的效果如图 11-5 所示。

图 11-5　简单音乐播放器的最终效果

本章小结

本章介绍了 AVFoundation 框架的主要使用方法，以及 MediaPlayer 框架中视频播放类的使用方法，然后通过一个音乐播放器的制作再次学习 AVFoundation 框架中 AVAudioPlayer 类的使用，掌握它是如何对音频文件进行管理的。

习题 11

1. 在第 5 章习题的第 2 题的基础上，实现音乐播放效果。
2. 在网上查找资料，查找至少 3 种音视频播放的方法，并比较它们的优缺点。
3. 实现音乐后台播放功能，也就是当最小化应用时，音乐仍在后台播放。

第 12 章　GPS 位置服务与地图编程

在 iPhone 的应用中，许多都包含了定位功能，例如当你需要查看周围哪里有好吃的店铺或者好玩的地方，就可以打开地图应用，开启 GPS 定位，就能定位到你所处的位置，如图 12-1 所示。

图 12-1　iPhone 应用中地图的使用

在本章的内容中，将一起来学习如何在自己的应用中添加定位功能，并将自己的位置信息显示在地图上。

【教学目标】

- ❖ 了解 MKMapView 框架的基本知识
- ❖ 掌握 MKMapView 定位的基本使用方法
- ❖ 掌握 iOS 地图编程中的大头针放置方法

12.1　GPS 位置服务编程

在学习如何使用 MapKit 类之前，还要了解一下在 iOS 设备中一个重要的类 CLLocation，它的作用就是定位设备的当前位置，这个功能也会用于 MapKit 类中。CLLocation 类位于 CoreLocation 框架中，因此如果要使用 CLLocation 类，还需要将 CoreLocation.framework 导入到项目中，这里先将导入方法再讲述一遍，有助于读者将其掌握。

〖**步骤 1**〗 在左侧项目栏中，单击项目名称，在 XCode 的中间区域会出现一排选项卡，然后选择"Build Phases"选项卡，接下来选择"Link Binary With Libraries"标签，在这个标签里就能添加所需要的框架了，如图 12-2 所示。

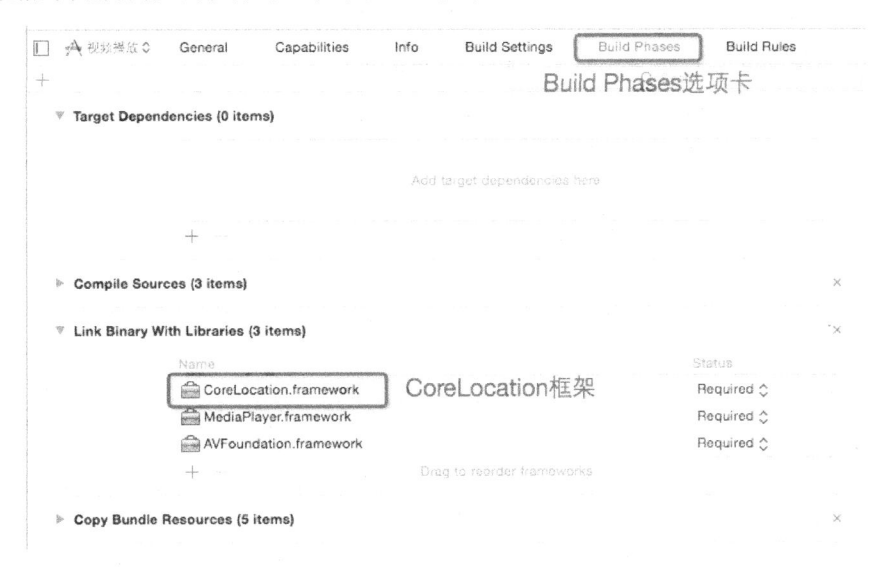

图 12-2 添加框架选项卡"Build Phases"

接下来，我们就通过一个简单的例子来学习如何通过定位功能获取当前设备所在的地理位置的坐标信息。

〖**步骤 2**〗 在 XCode 中新建一个 Single View Application 项目模板，然后使用上述导入框架的方法导入 CoreLocation.framework，接着还需要在 AppDelegate.h 头文件中导入 CoreLocation 框架的头文件，并且使用用于定位的协议 CLLocationManagerDelegate。代码如下。

```
1.   #import <UIKit/UIKit.h>
2.   #import <CoreLocation/CoreLocation.h>
3.   @interface AppDelegate : UIResponder
4.   <UIApplicationDelegate,CLLocationManagerDelegate>
```

然后在 AppDelete.m 文件的初始化方法中使用 CLLocationManager 类来获取当前设备的地理位置信息。

```
5.   - (BOOL)application:(UIApplication *)application didFinishLaunching
WithOptions:(NSDictionary *)launchOptions
6.   {
7.       self.window = [[[UIWindow alloc] initWithFrame:[[UIScreen mainScreen] bounds]] autorelease];
8.       self.window.backgroundColor = [UIColor whiteColor];
9.       [self.window makeKeyAndVisible];
10.      CLLocationManager *locationManager = [[CLLocationManager alloc]init];
11.      locationManager.delegate = self;
12.      [locationManager setDesiredAccuracy:kCLLocationAccuracyNearestTenMeters];
13.      [locationManager startUpdatingLocation];
```

```
14.     return YES;
15. }
```

以上代码中，我们首先创建了一个 CLLocationManager 的实例，然后对它进行初始化，并设置了实例的代理为本身，这样才可以使用相应的代理方法。setDesiredAccuracy 方法用来设置定位的精确度，它包含了以下 5 种不同精确度的值。

- kCLLocationAccuracyBest：精确度最高
- kCLLocationAccuracyNearestTenMeters：精确度为 10 米
- kCLLocationAccuracyHundredMeters：精确度为 100 米
- kCLLocationAccuracyKilometer：精确度为 1000 米
- kCLLocationAccuracyThreeKilometers：精确度为 3000 米

如果在项目中对地理位置定位的精确度要求比较高，就将值设置为 kCLLocationAccuracyBest，一般情况下设置为 10 米。

接下来通过 CLLocationManager 的实例调用 startUpdatingLocation 方法，开始更新当前的地理位置信息，这个方法是实时更新的，也就是说每秒更新一次。我们知道，开启定位功能是非常耗电和耗流量的，所以一旦获取了当前的地理位置信息之后，还需要通过实例调用 stopUpdatingLocation 方法去停止更新地理位置信息。

〖步骤3〗 下面要实现 CLLocationManagerDelegate 协议中的代理方法。获取地理位置信息坐标是通过 CLLocationCoordinate2D 类来实现的，CLLocationCoordinate2D 是一个结构体，结构体中包含了 2 个值——latitude 和 longitude，分别表示纬度和经度。通过这 2 个值就能显示地理位置的坐标信息。代码如下。

```
16. - (void)locationManager:(CLLocationManager *)manager
17.     didUpdateToLocation:(CLLocation *)newLocation
18.            fromLocation:(CLLocation *)oldLocation
19. {
20.     CLLocationCoordinate2D coordinate = newLocation.coordinate;
21.     NSLog(@"当前位置坐标为: %f , %f",coordinate.longitude, coordinate.latitude);
22.     [manager stopUpdatingLocation];
23. }
```

以上代理方法中的 3 个参数分别代表了 CLLocationManager 实例、新的位置信息和旧的位置信息。构建并运行，可以看到在控制台上输出了当前设备的地理位置坐标的信息，如下所示。

```
2013-11-18 19:47:39.174 CLLocation[655:c07] Application windows are expected to have a root view controller at the end of application launch
2013-11-18 19:47:40.263 CLLocation[655:c07] 当前位置坐标为: -122.030721 , 37.331464
```

〖步骤4〗 在读取地理位置坐标信息之后，例如又到了另一个地方，或者说想要去另一个地方，那么还可以通过 CLLocationDistance 类来获取到两个地点之间的距离。代码如下。

```
24. - (void)locationManager:(CLLocationManager *)manager
```

```
25.        didUpdateToLocation:(CLLocation *)newLocation
26.             fromLocation:(CLLocation *)oldLocation
27. {
28.     …
29.     CLLocationDistance distance = [newLocation distanceFromLocation:
oldLocation];
30.     NSLog(@"两地之间的距离为:%f",distance);
31. }
```

oldLocation 是上一次定位的地理位置的坐标信息，读者也可以重新定义一个准确的地理位置。最后构建并运行程序，可以在控制台上看到两个地理位置距离的信息。因为设备并没有移动，所以两个坐标信息是一致的，如下所示。

CLLocation[655:c07] 两地之间的距离为:-1.000000

12.2 MKMapView 编程

与安卓系统中的地图相比，iOS 的地图使用更为方便，只需要创建一个 MKMapView 类的实例，然后将它添加到视图中即可。XCode 中自带的 MapKit 框架是基于 Google 地图的框架的，它调用了一些 Google 地图的基本功能。

MKMapView 类属于 MapKit.framework，所以在使用地图之前仍要将 MapKit 框架导入到项目中，并在头文件中添加框架的头文件。

〖步骤 1〗 在 XCode 中新建一个 Single View Application 项目模板，首先把 MapKit 框架和 CoreLocation 框架都导入到项目中，紧接着将头文件和相应的协议添加到项目中。MapKit 类库中也提供了许多代理方法，均遵循 MKMapViewDelegate 协议。此外，还要添加定位的 CLLocationManagerDelegate 协议。因此，首先需要在 ViewController.h 中引入相关头文件以及协议方法。代码如下。

```
1.   #import <UIKit/UIKit.h>
2.   #import <CoreLocation/CoreLocation.h>
3.   #import <MapKit/MapKit.h>
4.   @interface ViewController : UIViewController<MKMapViewDelegate,
CLLocationManagerDelegate>
5.   @end
```

接下来将 UIViewController 的实例添加到窗口上，并将它设置为窗口的根视图控制器。

----------------AppDelegate.m----------------
```
6.   #import "AppDelegate.h"
7.   #import "ViewController.h"
8.   - (BOOL)application:(UIApplication *)application didFinishLaunching
WithOptions:(NSDictionary *)launchOptions {
9.       // Override point for customization after application launch.
10.      ViewController *vc = [[ViewController alloc]init];
11.      self.window.rootViewController = vc;
```

```
12.     vc.view.backgroundColor = [UIColor whiteColor];
13.     [vc release];
14.     return YES;
15. }
```

〖**步骤2**〗 一切准备工作就绪后就可以开始添加地图信息了。由此在ViewController.h文件中创建一个MKMapView的实例。代码如下。

```
---------------ViewController.h---------------
16. @interface ViewController : UIViewController<MKMapViewDelegate,CLLocationManagerDelegate>
17. {
18.     MKMapView *mapView;
19. }
20. @end
```

〖**步骤3**〗 接下来在实现文件中对MKMapView的实例进行初始化的操作，并设置相关的属性。代码如下。

```
---------------ViewController.m---------------
21. - (void)viewDidLoad
22. {
23.     [super viewDidLoad];
24.     mapView = [[MKMapView alloc]initWithFrame:CGRectMake(0, 0, 320, 480)];
25.     mapView.showsUserLocation = YES;
26.     mapView.delegate = self;
27.     mapView.mapType = MKMapTypeStandard;
28.     CLLocationCoordinate2D coords = CLLocationCoordinate2DMake(39.915352,116.397105);
29.     //故宫坐标点
30.     MKCoordinateSpan Span = {0.1, 0.1};
31.     MKCoordinateRegion region = MKCoordinateRegionMake(coords, Span);
32.     [mapView setRegion:[mapView regionThatFits:region] animated:YES];
33.     [self.view addSubview:mapView];
34. }
```

以上代码中用到了许多MKMapView中的属性，其中showsUserLocation属性是用于显示用户定于的大头针信息的，会在下一节的内容中学习如何在地图中添加大头针信息。iOS中提供的地图有以下3类：

- MKMapTypeStandard：普通地图；
- MKMapTypeSatellite：卫星地图；
- MKMapTypeHybrid：混合地图。

以上代码中MKCoordinateSpan方法用来定义地图的精度，精度越小，在地图上返回的地理位置信息会越精确。MKCoordinateRegion方法用来确定地图显示的范围，它的两个参数分别代表了坐标和精度。最后通过setRegion方法将地图信息显示在mapView实例中。这样就完成了一个对特定坐标位置的地理位置的显示。

〖步骤 4〗构建并运行，可以看到最终的故宫的地图信息已经显示在屏幕上，如图 12-3 所示。

以上的方法是显示特定坐标点的地理位置信息，那么如何将设备当前所处位置的地理位置信息显示在地图上呢？这里就要用到在 12.1 节中提到的 CLLocation 类来实现了。

〖步骤 5〗在 viewDidLoad 方法中添加一个 CLLocationManager 类的实例，并设置代理，最后开启定位功能。代码如下。

图 12-3　在应用中显示特定地理位置信息

```
35. - (void)viewDidLoad
36. {
37.     [super viewDidLoad];
38.     // Do any additional setup after loading the view.
39.     CLLocationManager *locationManager = [[CLLocationManager alloc]init];
40.     locationManager.delegate = self;
41.     [locationManager startUpdatingLocation];
42.     mapView = [[MKMapView alloc]initWithFrame:CGRectMake(0, 0, 320, 480)];
43.     mapView.showsUserLocation = YES;
44.     mapView.delegate = self;
45.     mapView.mapType = MKMapTypeStandard;
46.     CLLocationCoordinate2D coords = CLLocationCoordinate2DMake(39.915352,116.397105);
47.     MKCoordinateSpan Span = {0.1, 0.1};
48.     MKCoordinateRegion region = MKCoordinateRegionMake(coords, Span);
49.     [mapView setRegion:[mapView regionThatFits:region] animated:YES];
50.     [self.view addSubview:mapView];
51. }
```

然后通过定位的代理方法去定位到当前位置的坐标信息,并将坐标信息在地图中显示。代码如下:

```
52. - (void)locationManager:(CLLocationManager *)manager
53.     didUpdateToLocation:(CLLocation *)newLocation
54.            fromLocation:(CLLocation *)oldLocation
55. {
56.     CLLocationCoordinate2D coordinate = CLLocationCoordinate2DMake(newLocation.coordinate.latitude, newLocation.coordinate.longitude);
57.     MKCoordinateSpan Span = {0.1,0.1};
58.     MKCoordinateRegion region = MKCoordinateRegionMake(coordinate, Span);
59.     [mapView setRegion:[mapView regionThatFits:region] animated:YES];
60.     NSLog(@" 当前位置坐标为: %f , %f ",coordinate.longitude,coordinate.latitude);
61.     [manager stopUpdatingLocation];
62. }
```

以上首先定义了以 newLocation 为坐标的新坐标作为当前的地理位置信息,然后设置了地图的精度为 0.1,开启定位功能之后,就可以定位到我们所在位置的地理位置信息了。因为 iOS 模拟器上的坐标位置选择的是苹果公司总部的位置,所以构建并运行程序,可以看到最后在地图上显示的是苹果公司总部的地理位置。

12.3 MKAnnotation 标注的使用

当在使用地图应用时,经常需要在地图上做一些标注以起到提醒的作用,这就是地图大头针。在本节的内容中,将在上节内容的基础上,在地图中添加北京故宫博物院的大头针信息。

大头针的信息定义在 NSObject 类中的一个名为 MKAnnotation 的协议中,通过在 XCode 中查看它的 API,可以看到它有 1 个必须实现的属性和 2 个可选的属性,还有一个设置坐标的方法,这个方法也是可选的,用户也可以自己定义。代码如下:

```
63. @property (nonatomic, readonly) CLLocationCoordinate2D coordinate;
64. @optional
65. // Title and subtitle for use by selection UI.
66. @property (nonatomic, readonly, copy) NSString *title;
67. @property (nonatomic, readonly, copy) NSString *subtitle;
68. // Called as a result of dragging an annotation view.
69. -(void)setCoordinate:(CLLocationCoordinate2D)newCoordinate NS_AVAILABLE(NA, 4_0);
```

coordinate 属性是必须定义的一个属性,因为如果没有坐标,那么将无法在地图中创建大头针,其他两个可选的属性分别是对大头针的解释,例如可以添加该大头针对应的地址的名称和一些详细的信息。

第 12 章　GPS 位置服务与地图编程

〖**步骤 1**〗　我们打开上一节中的例子，在项目中新建一个以 NSObject 为父类的文件，并且将 MKAnnotation 协议添加到头文件中，还需要定义一下协议中声明的属性和方法。

这里要注意，如果在头文件中没有包含 MapKit/MapKit.h 头文件，那么 MKAnnotation 协议也是无法包含进来的，因为这个协议也是属于 MapKit 框架中的，所以还要在头文件中引入 MapKit 头文件。代码如下。

```
---------------CustomAnnotation.h---------------
70. #import <Foundation/Foundation.h>
71. #import <MapKit/MapKit.h>
72. @interface CustomAnnotation : NSObject<MKAnnotation>
73. {
74.     CLLocationCoordinate2D coordinate;
75.     NSString *title;
76.     NSString *subtitle;
77. }
78. - (id)initWithCoordinate:(CLLocationCoordinate2D)coords;
79. @property (nonatomic, readonly) CLLocationCoordinate2D coordinate;
80. @property (nonatomic, copy) NSString *title;
81. @property (nonatomic, copy) NSString *subtitle;
82. @end
```

以上使用了 property 语法，用于自动生成 Getter 和 Setter 方法，但是因为在定义 coordinate 属性的时候使用的是 readonly，所以就无法对它生成 Getter 方法，这就要求对 coordinate 属性进行初始化操作。代码如下。

```
---------------CustomAnnotation.m---------------
83. #import "CustomAnnotation.h"
84. @implementation CustomAnnotation
85. @synthesize coordinate,title,subtitle;
86. - (id)initWithCoordinate:(CLLocationCoordinate2D)coords
87. {
88.     if (self = [super init]) {
89.         coordinate = coords;
90.     }
91.     return self;
92. }
93. @end
```

这样就创建好了一个用于显示大头针信息的类，接下来在 ViewController.m 文件中创建一个人头针类的实例，并将实例显示在地图中。

〖**步骤 2**〗　实现一个创建大头针的方法。代码如下。

```
---------------ViewController.m---------------
94. - (void)createAnnotationWithCoords:(CLLocationCoordinate2D)coords
95. {
96.     CLLocationCoordinate2D Coords = CLLocationCoordinate2DMake (39.915352,116.397105);
```

```
97.    CustomAnnotation *Annotation = [[CustomAnnotation alloc]initWith
Coordinate:Coords];
98.    Annotation.title = @"故宫博物院";
99.    Annotation.subtitle = @"The Palace Museum";
100.   [mapView addAnnotation:Annotation];
101. }
```

以上首先定义了一个坐标点,用于插入大头针,然后创建并初始化一个大头针实例,并将开始创建的坐标信息作为大头针的坐标,添加相应的标题和副标题,最后将大头针信息添加到地图中。

在 viewDidLoad 方法中调用创建的大头针方法,就可以将大头针显示在地图中了。因为创建的是一个特定坐标位置的大头针信息,所以需要将上一节例子中的定位功能关闭,即将 "[locationManager startUpdatingLocation];" 这行代码删除。

```
102. - (void)viewDidLoad
103. {
104.   …
105.   [mapView setRegion:[mapView regionThatFits:region]animated:YES];
106.   [self.view addSubview:mapView];
107.   [self createAnnotationWithCoords:coords];
108. }
```

〖**步骤 3**〗 构建并运行,可以看到大头针的信息已经显示在地图中,效果如图 12-4 所示。

图 12-4 为特定地理位置添加大头针信息

本章小结

本章通过介绍 MKMapView 与 MKAnnotation 讲解了 iOS 中地图位置的编程方法。

习题 12

1. 在本章内容的基础上，实现即时定位功能，当手持手机走动时，能够即时获得设备的位置，并显示在地图上。
2. 在第 1 题的基础上，添加大头针，用于标注设备位置改变的情况。

第 13 章 综合编程案例

本章通过一个综合案例将 iOS 编程涉及的相关知识进行关联，帮助读者更好地掌握各种控件、视图控制器以及网络数据读取等知识的运用。

豹考通是一款高考服务类软件，能够提供近几年高考省控线、学校投档线的查询，还可以实现帮助考生预测今年投档线，并根据考生基本信息向其推荐有机会投档的学校等功能。图 13-1 与 13-2 分别展示了豹考通"推荐学校"与"投档预测"功能界面。

图 13-1 "推荐学校"界面　　　　图 13-2 "学校投档线查询"界面

在本章中，因为篇幅有限，所以只对"推荐学校"模块进行讲解，如果读者想阅读完整代码，可以登录教学资源网站 http://www.10LAB.cn/resource.html 下载完整代码。

由于"推荐学校"模块中各个控件的位置相对固定，不需要动态地变化，所以这里就采用 XIB 方法进行视图的布局，布局情况如图 13-3 所示。

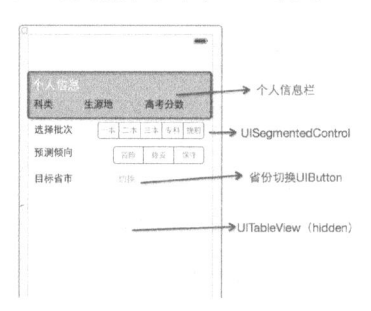

图 13-3 推荐 XIB 文件布局界面

实现界面布局有两种方式，一种是代码实现，另一种则是 XIB 实现。代码实现是使用代码方式实现，也就是通过代码去定义一个 UILabel 或者 UIButton 的位置、名称、显示的内容等信息；针对 XIB 方法，在新版本的 Xcode 中将其改成了 StoryBoard，即在原有的 XIB 的基础上进行了改进。

13.1 创建推荐学校模块实例并进行界面布局

创建推荐学校模块实例需要先创建 recommendViewController 类，在推荐学校功能中，需要用户选择学校，所以还需选择省份 proViewController 类和选择学校 SchoolInfoViewController 类。在 recommendViewController.h 文件中，将两个子类的头文件导入，同时将 XIB 文件中的控件与.h 文件链接起来，创建关联（插座）。也就是在 XIB 文件中拖入控件，要在.h 文件中进行链接，链接的方式如图 13-4 所示。

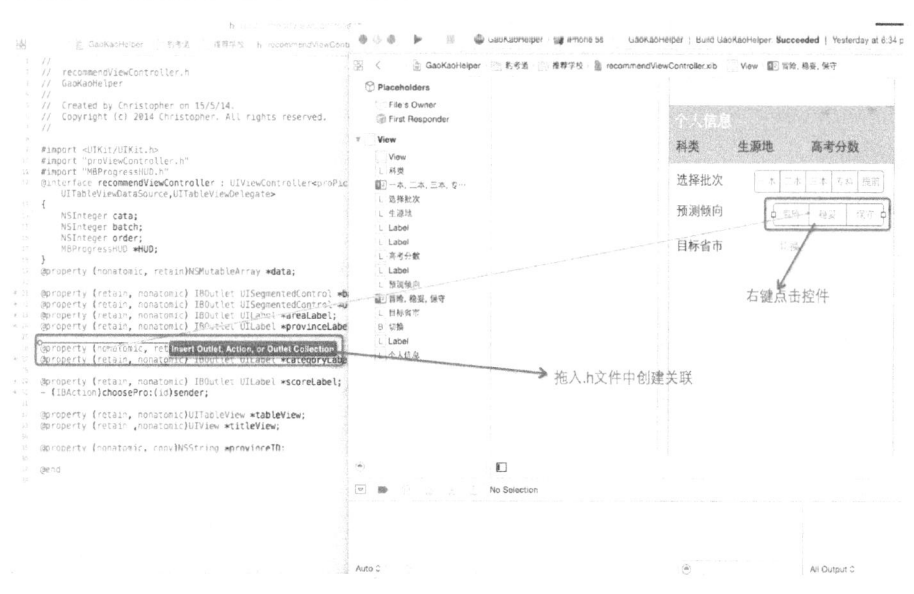

图 13-4　XIB 文件控件与.h 文件创建关联

以下是推荐学校的接口 URL。

http://www.xs360.cn/zhushou/getRecommendSchoolsJson.action?c=%d&b=%d&a=%@&ta=%@&score=%@&order=%d

〖步骤 1〗　创建参数与控件实例

可以看到，需要的参数有科类、批次、生源地、目标省市、成绩和推荐方式 6 个参数，所以在.h 文件中还需要对参数进行创建。

程序清单：SourceCode\Chapter13\iOS\GaoKaoHelper\recommendViewController.h

```
1.  #import <UIKit/UIKit.h>
2.  #import "proViewController.h"
3.  @interface recommendViewController : UIViewController
4.  <UITableViewDataSource,UITableViewDelegate>
```

```
5.  {
6.      int cata;                          //科类
7.      int batch;                         //批次
8.      int order;                         //推荐方式
9.  }
10. @property (nonatomic, retain)NSMutableArray *data;
//存储网络数据数组
11. @property (retain, nonatomic) IBOutlet UISegmentedControl *batchSeg;
//批次选择控件
12. @property (retain, nonatomic) IBOutlet UISegmentedControl *orderSeg;
//方式选择控件
13. @property (retain, nonatomic) IBOutlet UILabel *areaLabel;
//生源地标签
14. @property (retain, nonatomic) IBOutlet UILabel *provinceLabel;
//省市标签
15. @property (nonatomic, retain)NSArray *proviceIdArray;
//省份 ID 数组
16. @property (retain, nonatomic) IBOutlet UILabel *categoryLabel;
//科类标签
17. @property (retain, nonatomic) IBOutlet UILabel *scoreLabel;
//分数标签
18. @property (retain, nonatomic) UITableView *tableView;
//表视图
19. @property (retain ,nonatomic) UIView *titleView;
//信息头视图
20. - (IBAction)choosePro:(id)sender;
//选择省市按钮
21. @end
```

〖步骤 2〗 添加 UISegmentedControl 控件方法，并读取个人信息

在.m 文件中，为选择控件添加方法，并通过本地 NSUserDefualts 读取用户的个人信息，将它们显示在个人信息栏中。

程序清单：SourceCode\Chapter13\iOS\GaoKaoHelper\recommendViewController.m

```
1.  - (void)viewDidLoad
2.  {
3.      [super viewDidLoad];
4.      // Do any additional setup after loading the view from its nib.
5.      cata = 2;
6.      batch = 1;
7.      [_batchSeg addTarget:self action:@selector(batchAction:) forControlEvents:UIControlEventValueChanged];
8.      [_orderSeg addTarget:self action:@selector(orderAction:) forControlEvents:UIControlEventValueChanged];
9.      //分数
```

```
10.    NSUserDefaults *scoreDefaults = [NSUserDefaults standardUserDefaults];
11.    NSString *scoreString = [scoreDefaults objectForKey:@"score"];
12.    _scoreLabel.text = scoreString;
13.    //生源地
14.    NSUserDefaults *areaDefaults = [NSUserDefaults standardUserDefaults];
15.    NSString *areaString = [areaDefaults objectForKey:@"area"];
16.    _areaLabel.text = areaString;
17.    //科类
18.    NSUserDefaults *cateDefaults = [NSUserDefaults standardUserDefaults];
19.    NSString *cateString = [cateDefaults objectForKey:@"subject"];
20.    _categoryLabel.text = cateString;
21. }
```

这里还需要注意的是 UISegmentedControl 的事件不再是 UIControlEventTouchUpInside 了，而应该是 UIControlEventValueChanged。

〖**步骤3**〗 对信息视图以及表视图进行布局

接下来对信息头视图 titleView 和表视图 tableView 进行初始化。代码如下。

```
22.    _titleView = [[UIView alloc]initWithFrame:CGRectMake(0, recButton.bottom + 10, 320, 40)];
23.    _titleView.backgroundColor = [UIColor colorWithRed:0 green:0.5 blue:0.8 alpha:1];
24.    [self.view addSubview:_titleView];
25.    [_titleView release];
26.    _titleView.hidden = YES;
27.    UILabel *schoolNameLabel = [[UILabel alloc]initWithFrame:CGRectMake(10, 10, 80, 20)];
28.    schoolNameLabel.text = @"学校名称";
29.    schoolNameLabel.textColor = [UIColor whiteColor];
30.    schoolNameLabel.font = [UIFont systemFontOfSize:12.0f];
31.    [_titleView addSubview:schoolNameLabel];
32.    [schoolNameLabel release];
33.    UILabel *batchLabel = [[UILabel alloc]initWithFrame:CGRectMake(85, 10, 80, 20)];
34.    batchLabel.text = @"批次";
35.    batchLabel.textColor = [UIColor whiteColor];
36.    batchLabel.font = [UIFont systemFontOfSize:12.0f];
37.    [_titleView addSubview:batchLabel];
38.    [batchLabel release];
39.    UILabel *categoryLabel = [[UILabel alloc]initWithFrame:CGRectMake(130, 10, 80, 20)];
40.    categoryLabel.text = @"科类";
41.    categoryLabel.textColor = [UIColor whiteColor];
42.    categoryLabel.font = [UIFont systemFontOfSize:12.0f];
43.    [_titleView addSubview:categoryLabel];
```

```
44.     [categoryLabel release];
45.     UILabel *riskLabel = [[UILabel alloc]initWithFrame:CGRectMake(180,
10, 80, 20)];
46.     riskLabel.text = @"冒险";
47.     riskLabel.textColor = [UIColor whiteColor];
48.     riskLabel.font = [UIFont systemFontOfSize:12.0f];
49.     [_titleView addSubview:riskLabel];
50.     [riskLabel release];
51.     UILabel *safeLabel = [[UILabel alloc]initWithFrame:CGRectMake(230,
10, 80, 20)];
52.     safeLabel.text = @"保守";
53.     safeLabel.textColor = [UIColor whiteColor];
54.     safeLabel.font = [UIFont systemFontOfSize:12.0f];
55.     [_titleView addSubview:safeLabel];
56.     [safeLabel release];
57.     UILabel *reliableLabel = [[UILabel alloc]initWithFrame:CGRectMake(
280, 10, 80, 20)];
58.     reliableLabel.text = @"稳妥";
59.     reliableLabel.textColor = [UIColor whiteColor];
60.     reliableLabel.font = [UIFont systemFontOfSize:12.0f];
61.     [_titleView addSubview:reliableLabel];
62.     [reliableLabel release];
63.     _tableView = [[UITableView alloc]initWithFrame:CGRectMake(0,
_titleView.bottom , 320, ScreenHeight - 400) style:UITableViewStylePlain];
64.     _tableView.dataSource = self;
65.     _tableView.delegate = self;
66.     [self.view addSubview:_tableView];
67.     [_tableView release];
68.     _tableView.hidden = YES;
```

表视图中的内容需要访问网络数据之后再加载,所以在初始化时,将它的 hidden 属性设置为 YES,当有信息加载后,才使它显示在界面中,以增强用户体验。如代码第 68 行所示。

最后在 viewDidLoad 方法中,初始化一个推荐按钮,用于实现推荐方法。代码如下。

```
69.     UIButton *recButton = [UIButton buttonWithType:UIButtonTypeRounded
Rect];
70.     [recButton setTitle:@"推荐" forState:UIControlStateNormal];
71.     recButton.showsTouchWhenHighlighted = YES;
72.     recButton.layer.borderWidth = 1;
73.     recButton.layer.cornerRadius = 10;
74.     recButton.layer.masksToBounds = YES;
75.     recButton.titleLabel.font = [UIFont systemFontOfSize:20.0f];
76.     [recButton setTitleColor:[UIColor whiteColor] forState:
UIControlStateNormal];
```

```
77.     [recButton setBackgroundColor:[UIColor colorWithRed:0 green:0.5
blue:0.8 alpha:1]];
78.     recButton.frame = CGRectMake(20, 275, 280, 30);
79.     [recButton addTarget:self action:@selector(RecAction) forControlEvents:
UIControlEventTouchUpInside];
80.     [self.view addSubview:recButton];
```

对于推荐按钮的创建采用了自定义的方式,通过 view 的 layer 属性为按钮添加了圆角和阴影属性,使得按钮更加美观。

13.2 省份选择功能实现

下面将实现选择省份的功能。首先创建两个子视图控制器,proViewController 用于选择省份和 schoolInfoViewController 用于显示学校信息。现在来实现选择省份功能,显示学校信息功能留给读者课后实现。

〖步骤1〗 创建实例及协议

在 proViewController.h 文件中,初始化一个表视图和一个数组用于存储省市信息,还需要声明一个协议代理方法用于视图控制器之间的传值。

程序清单:SourceCode\Chapter13\iOS\GaoKaoHelper\proViewController.h

```
1.  #import <UIKit/UIKit.h>
2.  //地区标签值改变协议
3.  @protocol proPickViewControllerDelegate <NSObject>
4.  @optional
5.  - (void)changeProLabelText:(NSString *)text;
6.  @end
7.  @interface proViewController : UIViewController<UITableViewDataSource,
UITableViewDelegate>
8.  @property (nonatomic, retain)UITableView *tableView;
9.  @property (nonatomic, retain)NSArray *proviceArray;
10. @property (nonatomic, assign)id <proPickViewControllerDelegate>
proDelegate;
11. @end
```

〖步骤2〗 实现省份选择功能

下面是选择省份信息的方法,通过 modalViewController 模态视图的形式来选择。该方法是在 recommendViewController.m 文件中实现的。

程序清单:SourceCode\Chapter13\iOS\GaoKaoHelper\recommendViewController.m

```
1.  - (IBAction)choosePro:(id)sender
2.  {
3.      proViewController *pro = [[proViewController alloc]init];
4.      pro.proDelegate = self;
5.      UINavigationController *navi = [[UINavigationController alloc]init
```

```
WithRootViewController:pro];
   6.    [self.navigationController presentViewController:navi animated:YES
completion:NULL];
   7.    [navi release];
   8. }
```

需要注意的是还应设置 proViewController 实例的代理。协议代理方法实现如下。

```
   9. #pragma mark - proPickViewControllerDelegate
  10. -(void)changeProLabelText:(NSString *)text
  11. {
  12.    _provinceLabel.text = text;
  13. }
```

〖**步骤 3**〗 对省份选择 UITableView 表视图布局，并实现协议方法

接下来将创建 UITableView 表视图实例，设置代理和数据源。

程序清单：SourceCode\Chapter13\iOS\GaoKaoHelper\proViewController.m

```
   1. - (void)viewDidLoad
   2. {
   3.    [super viewDidLoad];
   4.    _tableView = [[UITableView alloc]initWithFrame:CGRectMake(0, 0, 320,
ScreenHeight) style:UITableViewStylePlain];
   5.    _tableView.dataSource = self;
   6.    _tableView.delegate = self;
   7.    [self.view addSubview:_tableView];
   8.    //自定义取消按钮
   9.    UIButton *cancel = [UIButton buttonWithType:UIButtonTypeRoundedRect];
  10.    cancel.frame = CGRectMake(0, 0, 40, 20);
  11.    [cancel setTitle:@"取消" forState:UIControlStateNormal];
  12.    [cancel setShowsTouchWhenHighlighted:YES];
  13.    [cancel addTarget:self action:@selector(cancelAction) forControlEvents:
UIControlEventTouchUpInside];
  14.    UIBarButtonItem *barButton = [[UIBarButtonItem alloc]initWith
CustomView:cancel];
  15.    [cancel release];
  16.    self.navigationItem.leftBarButtonItem = barButton;
  17.    [barButton release];
  18.    //读取 plist 文件，读取省市信息
  19.    NSString *plistPath = [[NSBundle mainBundle]pathForResource:@"
area" ofType:@"plist"];
  20.    _proviceArray = [[NSArray alloc]initWithContentsOfFile:plistPath];
  21. }
```

这里实现选择省市的方法是通过弹出模态视图（ModalViewController）的方法，此外还自定义了一个取消按钮，如代码所示。最后通过读取 plist 文件，将省市信息存储在 provinceArray 数组中。

取消按钮执行的操作是让模态视图消失。代码如下。

```
14.  - (void)cancelAction
15.  {
16.      [self dismissViewControllerAnimated:YES completion:NULL];
17.  }
```

接下来实现 UITableView 的两个数据源方法,以显示省市信息。代码如下。

```
18.  #pragma mark - UITableView Delegate
19.  - (NSInteger)tableView:(UITableView *)tableView numberOfRowsInSection:(NSInteger)section
20.  {
21.      return [_proviceArray count];
22.  }
23.  - (UITableViewCell *)tableView:(UITableView *)tableView cellForRowAtIndexPath:(NSIndexPath *)indexPath
24.  {
25.      static NSString *identifier = @"identifier";
26.      UITableViewCell *cell = [tableView dequeueReusableCellWithIdentifier:identifier];
27.      if (cell == nil) {
28.          cell = [[UITableViewCell alloc]initWithStyle:UITableViewCellStyleDefault reuseIdentifier:identifier];
29.      }
30.      cell.textLabel.text = [[_proviceArray objectAtIndex:indexPath.row]valueForKey:@"State"];
31.      cell.selectedBackgroundView = [[[UIView alloc] initWithFrame:cell.frame] autorelease];
32.      cell.selectedBackgroundView.backgroundColor = [UIColor colorWithRed:0 green:1 blue:0 alpha:0.3];
33.      return cell;
34.  }
```

每行 cell 内容对应的是 provinceArray 中的每个元素,为了使表视图的颜色与系统背景搭配,将单元格的颜色设置为绿色。

最后当用户单击一个省市信息时,需要通过协议代理方法将选择的值传给 recommendViewController 视图控制器,并将信息显示在界面上。选择完成后,模态视图消失。代码如下。

```
35.  - (void)tableView:(UITableView *)tableView didSelectRowAtIndexPath:(NSIndexPath *)indexPath
36.  {
37.      NSString *provinceString = [[_proviceArray objectAtIndex: indexPath.row] valueForKey:@"State"];
38.      if ([self.proDelegate respondsToSelector:@selector(changeProLabelText:)]) {
39.          [self.proDelegate changeProLabelText:provinceString];
```

```
40.     }
41.     [self dismissViewControllerAnimated:YES completion:NULL];
42. }
```

〖步骤 4〗 实现推荐学校视图控制器信息读取和 UISegmentedControl 控件选择方法

回到 recommendViewController.m 文件中。因为个人的信息会根据用户的修改而改变，所以在 viewDidAppear 方法中重新读取了一次本地 NSUserDefualts 文件，这样每次视图显示时都能显示最新的个人信息。

程序清单：SourceCode\Chapter13\iOS\GaoKaoHelper\recommendViewController.m

```
1.  - (void)viewDidAppear:(BOOL)animated
2.  {
3.      [super viewDidAppear:animated];
4.      self.tabBarController.tabBar.hidden = NO;
5.      //重新获取生源地和高考成绩信息（在用户改变信息之后重新加载）
6.      NSUserDefaults *scoreDefaults = [NSUserDefaults standardUserDefaults];
7.      NSString *scoreString = [scoreDefaults objectForKey:@"score"];
8.      _scoreLabel.text = scoreString;
9.      NSUserDefaults *areaDefaults = [NSUserDefaults standardUserDefaults];
10.     NSString *areaString = [areaDefaults objectForKey:@"area"];
11.     _areaLabel.text = areaString;
12.     NSUserDefaults *cateDefaults = [NSUserDefaults standardUserDefaults];
13.     NSString *cateString = [cateDefaults objectForKey:@"subject"];
14.     _categoryLabel.text = cateString;
15. }
```

前面的内容中提到，推荐学校接口需要的参数有 6 个，个人信息中已经有 3 个，省市的参数也已经选择，最后 2 个参数分别是批次和推荐方式。这 2 个参数是通过分段控制器（segmented control）来实现的。代码如下。

```
16. - (void)batchAction:(UISegmentedControl *)seg
17. {
18.     seg.tag = 2;
19.     NSInteger index = seg.selectedSegmentIndex;
20.     batch = index + 1;
21. }
22. - (void)orderAction:(UISegmentedControl *)seg
23. {
24.     seg.tag = 3;
25.     NSInteger index = seg.selectedSegmentIndex;
26.     order = index;
27. }
```

以上是将 batch 批次和 order 推荐方式的值通过 index 来控制。

13.3 网络接口读取

上述操作完成后，接下来是读取网络数据的方法实现。与上一节查询省控线模块一致，使用 HTTP 协议和 Json 方法解析网络数据。

程序清单：SourceCode\Chapter13\iOS\GaoKaoHelper\recommendViewController.m

```objc
28.  - (void)loadnetData
29.  {
30.      NSUserDefaults *areaIdDefaults = [NSUserDefaults standardUserDefaults];
31.      NSString *areaIdString = [areaIdDefaults objectForKey:@"areaID"];
32.      NSString *provinceString = _provinceLabel.text;
33.      if ([provinceString isEqualToString:@"上海"]) {
34.          provinceID = [NSString stringWithFormat:@"3"];
35.      }else if([provinceString isEqualToString:@"浙江"]) {
36.          provinceID = [NSString stringWithFormat:@"10"];
37.      }else{
38.          provinceID = [NSString stringWithFormat:@"13"];
39.      }
40.      NSUserDefaults *cateDefaults = [NSUserDefaults standardUserDefaults];
41.      NSString *cateString = [cateDefaults objectForKey:@"subject"];
42.      _categoryLabel.text = cateString;
43.      if ([cateString isEqualToString:@"理科"]) {
44.          cata = 2;
45.      }else{
46.          cata = 1;
47.      }
48.      NSURL *url = [NSURL URLWithString:[NSString stringWithFormat:@"http://www.xs360.cn/zhushou/getRecommendSchoolsJson.action?c=%d&b=%d&a=%@&ta=%@&score=%@&order=%d",cata,batch,areaIdString,provinceID,_scoreLabel.text,order]];
49.      ASIHTTPRequest *request = [ASIHTTPRequest requestWithURL:url];
50.      [request setRequestMethod:@"GET"];
51.      [request startSynchronous];
52.      NSData *netData = request.responseData;
53.      NSString *jsonString = [[NSString alloc]initWithData:netData encoding:NSUTF8StringEncoding];
54.      SBJsonParser *parser = [[SBJsonParser alloc] init];
55.      data = [parser objectWithString:jsonString];
56.      NSLog(@"data:%@",data);
57.  }
```

与录取线查询功能类似，对于这里的网络接口 URL，如果读者使用的是本地 PC 作为服务器，那么网络接口 URL 用的就是本地 PC 的 IP 地址。

13.4 显示推荐结果

最后一步就是实现推荐学校功能，并将最后的结果显示在 UITableView 表视图中。

在推荐学校方法中，我们需要作出一些判断，例如没有选择省市的会提示用户选择；没有相关信息的批次会提示用户重新选择批次。如以下代码第 5 行至 13 行所示。

程序清单：SourceCode\Chapter13\iOS\GaoKaoHelper\recommendViewController.m

```
1.  - (void)RecAction
2.  {
3.      [self loadnetData];
4.      NSArray *test = @[];              //对比数组，判断获取的数据是否有值
5.      if (_provinceLabel.text.length == 0){
6.          UIAlertView *alertView = [[UIAlertView alloc] initWithTitle:nil message:@"请输入目标省份" delegate:self cancelButtonTitle:@"知道了" otherButtonTitles:nil, nil];
7.          [alertView show];
8.          [alertView release];
9.      }else if ([data isEqualToArray:test] || [data isEqualToArray:NULL]) {
10.         UIAlertView *alertView = [[UIAlertView alloc]initWithTitle:nil message:@"没有相关信息" delegate:self cancelButtonTitle:@"知道了" otherButtonTitles:nil, nil];
11.         [alertView show];
12.         [alertView release];
13.     }
14.     _titleView.hidden = NO;
15.     _tableView.hidden = NO;
16.     [self.tableView reloadData];
17. }
```

在单击推荐学校按钮之后，信息头视图和表视图的 hidden 属性都设置为 NO，不再隐藏，如代码第 14 行和第 15 行所示。reloadData 方法用于刷新表视图的数据源。

以下是实现两个 UITableView 表视图的数据源方法，用于显示推荐学校的信息。代码如下。

```
28. - (NSInteger)tableView:(UITableView *)tableView numberOfRowsInSection:(NSInteger)section
29. {
30.     return [data count];
31. }
32. - (UITableViewCell *)tableView:(UITableView *)tableView cellForRowAtIndexPath:(NSIndexPath *)indexPath
33. {
34.     static NSString *identifier = @"identifier";
35.     UITableViewCell *cell = nil;
```

```
36.    cell = [[UITableViewCell alloc]initWithStyle:UITableViewCell
StyleDefault reuseIdentifier:identifier];
37.    CBAutoScrollLabel *schoolLabel = [[CBAutoScrollLabel alloc]init
WithFrame:CGRectMake(0, 10, 80, 20)];
38.    schoolLabel.text = [[data objectAtIndex:indexPath.row]valueForKey:
@"school_name"];
39.    schoolLabel.textColor = [UIColor blueColor];
40.    schoolLabel.labelSpacing = 35; // distance between start and end labels
41.    schoolLabel.pauseInterval = 1.7; // seconds of pause before scrolling
starts again
42.    schoolLabel.scrollSpeed = 15; // pixels per second
43.    schoolLabel.font = [UIFont systemFontOfSize:10.0f];
44.    schoolLabel.textAlignment = NSTextAlignmentCenter; // centers text
when no auto-scrolling is applied
45.    schoolLabel.fadeLength = 12.f;
46.    [cell.contentView addSubview:schoolLabel];
47.    [schoolLabel release];
48.    UILabel *batchLabel = [[UILabel alloc]initWithFrame:CGRectMake(85,
10, 80, 20)];
49.    batchLabel.text = [[data objectAtIndex:indexPath.row]valueForKeyPath:
@"batch_name"];
50.    batchLabel.font = [UIFont systemFontOfSize:13.0f];
51.    [cell.contentView addSubview:batchLabel];
52.    [batchLabel release];
53.    UILabel *categoryLabel = [[UILabel alloc]initWithFrame:CGRectMake
(130, 10, 80, 20)];
54.    categoryLabel.text = [[data objectAtIndex:indexPath.row]valueForKey
Path:@"category_name"];
55.    categoryLabel.font = [UIFont systemFontOfSize:13.0f];
56.    [cell.contentView addSubview:categoryLabel];
57.    [categoryLabel release];
58.    UILabel *riskLabel = [[UILabel alloc]initWithFrame:CGRectMake(175,
10, 80, 20)];
59.    riskLabel.text = [NSString stringWithFormat:@" %@",[[data object
AtIndex:indexPath.row]valueForKeyPath:@"risk"]];
60.    riskLabel.textColor = [UIColor redColor];
61.    riskLabel.font = [UIFont systemFontOfSize:13.0f];
62.    [cell.contentView addSubview:riskLabel];
63.    [riskLabel release];
64.    UILabel *safeLabel = [[UILabel alloc]initWithFrame:CGRectMake(227,
10, 80, 20)];
65.    safeLabel.text = [NSString stringWithFormat:@" %@",[[dataobject
AtIndex:indexPath.row]valueForKeyPath:@"safe"]];
```

```
66.     safeLabel.textColor = [UIColor redColor];
67.     safeLabel.font = [UIFont systemFontOfSize:13.0f];
68.     [cell.contentView addSubview:safeLabel];
69.     [safeLabel release];
70.     UILabel *reliableLabel = [[UILabel alloc]initWithFrame:CGRectMake (278,
10, 80, 20)];
71.     reliableLabel.text = [NSString stringWithFormat:@" %@",[[data
objectAtIndex:indexPath.row]valueForKeyPath:@"reliable"]];
72.     reliableLabel.textColor = [UIColor redColor];
73.     reliableLabel.font = [UIFont systemFontOfSize:13.0f];
74.     [cell.contentView addSubview:reliableLabel];
75.     [reliableLabel release];
76.     cell.selectedBackgroundView = [[[UIView alloc] initWithFrame:cell.
frame] autorelease];
77.     cell.selectedBackgroundView.backgroundColor = [UIColor colorWithRed: 0
green:1 blue:0 alpha:0.3];
78.     return cell;
79. }
```

因为考虑到有些学校的名称较长，所以用户可以使用第三方类 CBAutoScrollLabel 滚动 Label 来显示学校的信息。

最后的运行结果如图 13-5 所示。

图 13-5 "推荐学校"界面

本章小结

本章通过一个实例（豹考通）来讲解 iOS 开发中框架搭建、用户交互、访问网络、数据显示的方法，读者可以利用此实例大致了解到一个 App 中的小模块的开发过程，对以后的编程之路有很好的帮助。

习题 13

1．按照本章内容，搭建基本框架，并实现"推荐学校"功能。
2．思考"推荐学校"功能中访问网络部分的优缺点，并通过异步加载网络数据方法实现"推荐学校"功能。
3．修改省份选择功能，通过 UIPickerView 来实现，选择省份时，使 UIPickerView 从客户端界面底部出现，实现 UIPickerView 的代理方法后，使其消失在界面中。

参 考 文 献

[1] 关东升 著.IOS开发指南：从零基础到App Store上架（第2版）.北京：人民邮电出版社，2014.4
[2] （美）Joe Conway，（美）Aaron Hillegass 著.夏伟频 译.IOS编程（第2版）.武汉：华中科技大学出版社，2012.4
[3] （美）Stephen G.Kochan 著.林冀，朱奕欣 译.Objective-C程序设计（第4版）.北京：电子工业出版社，2012.9
[4] 李刚 著.疯狂软件教育标准教材·疯狂IOS讲义.北京：电子工业出版社，2014.1